建设新农村培养新农民系列丛书

一产农民"技能+基础"专用教材

畜禽养殖

ChuQinYangZhi

李玉冰 主编

中国农业大学出版社
ZHONGGUONONGYEDAXUE CHUBANSHE

系列教材主　编　郑伯坤
系列教材副主编　昝景会　刘建波
系列教材编　者　赵晨霞　李玉冰　杨永杰　张文革
林宗源　凌　芳　王向军

《畜禽养殖》作者

主　编　李玉冰

副主编　李长军

参　编（按姓氏笔画为序）

付静涛　齐军喆　李玉清

李桂伶　张凡建　张永东

张京和　张孝和　彭晓培

蔡泽川

建设新农村培养新农民系列丛书

一产农民"技能＋基础"专用教材

总　序

建设新农村是涉及千百万农民切身利益的事业，关键是要调动农民的积极性、主动性和创造性。农民是建设社会主义新农村的主体，农民的思想、道德、文化、职业技能等素质和水平，直接决定新农村建设的兴衰成败。

采取多种形式，培养与新农村建设要求相适应的一大批有文化、懂技术、会经营的新型农民，是新农村建设系统工程中的重要组成部分，是新农村建设内在的基本要求，是新农村建设最本质、最核心的内容。

加快社会主义新农村建设，要求改善农民的文化结构和技能结构，提升其文明素养和就业、创业能力。为此，北京市教委根据《北京市人民政府关于大力发展职业教育的决定》精神，在北京市开展了"技能＋基础"为核心课程的成人学历教育模式试点工作。为全面提升郊区农民的综合素质和职业能力，培养社会主义新型农民开拓了一种有效途径。

按照北京市教委的要求，北京市农业广播电视学校 2007 年开始实践"技能＋基础"新型农民培养模式，面向专业农民即从事种植业、养殖业的一产农民开展职业技能与综合素质培训，取得了显著效果。

"技能＋基础"新型农民培养模式，其要点在于普遍开展农民职业技能培训，进行职业技能鉴定，提高农民的职业能力。农民在取得相关农业工种的职业技能证书或绿色证书的前提下，加强文化基础教育和职业综合能力教育，从而完成对学员的中等专业教育。

具体做法是：

(1)围绕新农村建设规划的主导产业办班。

对农民实施学历教育，需要有乡镇、村委会以及农民个人三方的积极性。三方积极性的结合部，即当地新农村建设规划的主导产业。围绕主导产业办班，乡镇政府支持、村委会热心、农民有积极性。

(2)围绕农民的创业需求办班。

北京郊区有一部分四五十岁的农村劳动者尤其是女性劳动者，在劳动力转移就业中，走上了离土不离乡的自主创业道路，其中发展乡村旅游是一个重要创业方向。针对农民对旅游服务与管理知识技能的需求，北京市农广校经北京市教委批准于 2002 年设置了乡村旅游专业。在门头沟、延庆等区县旅游资源密集的乡镇村办起了旅游中专班，采取“技能＋基础”模式办学，受到农民欢迎。

（3）围绕城乡一体化需要办班。

近年，京郊城市化进程加快，城乡一体化格局已初步形成，许多地方农民已经市民化。但是，一些市民化的农民存在就业困难。举办农民“技能＋基础”中专班，提高农村劳动力的综合素质即职业能力，实现了农村劳动力由基本就业向稳定就业、高质量就业发展。

为了推动“技能＋基础”的新型农民培养模式科学、规范、健康发展，北京市农委、市教委委托北京市农业广播电视学校组织力量编写了这套《建设新农村培养新农民系列丛书——一产农民“技能＋基础”专用教材》。本套教材结合北京郊区都市农业发展实际，依据都市农民的职业需求，吸取了相关专业最新研究成果，形成了一套新颖、通俗、实用的农民培训教材，为北京郊区都市农民职业教育的教学资源建设，做了基础性工作。

郊区新型农民培养工作任重道远，教育教学资源建设需进一步加大力度、加快速度，农民教育工作者应振奋精神、努力创新、开拓进取，为农民朋友生产出更多的精神食粮，为新型农民培养事业做出更大贡献。

丛书编委会

2009 年 8 月

内 容 提 要

《畜禽养殖》教材从现代畜禽养殖实际需要出发，按照各种家畜家禽生产环节和生产规律安排编写，内容包括牛的生产技术、猪的生产技术、羊的生产技术和家禽生产技术。本教材既符合生产要求，也符合读者对畜禽养殖的认识和学习。教材体系力求内容科学，技术新颖，层次清楚，结构合理，通俗易懂，实用性强，贴近养殖生产实际，文字简练规范，图表简洁清晰。

本书内容丰富、技术性强、语言通俗、图文并茂，力求农民看得懂、用得上、能见效。适用于新型农民畜禽养殖技术和动物疾病防控技术教学培训，适用于畜禽饲养工、畜禽繁殖工等职业岗位资格证书的教学培训，适用于中等职业学校畜牧兽医及相关专业教学，也可作为基层畜牧兽医工作者的自学用书。

编写说明

新农村建设的关键是培养新型农民。只有把农民培养成掌握和运用现代科技的新型农民,才能使农业科技成果真正转化为现实生产力。只有培养造就千千万万高素质的新型农民,把农村巨大的人口压力转化为人力资源优势,形成持续推动建设新农村的力量源泉,才能让农民共享和使用农业科技成果,推进现代农业建设;才能提高农民务农和转移就业的能力,形成增收致富的长效机制。新农村建设以经济建设为中心,农民是农业生产的主体,也是农业科学技术转化的载体,农民科技文化素质的高低直接决定农业生产力的发展水平。

《畜禽养殖》面向新农村建设一线农民,旨在全方位、系统地培养畜牧兽医职业素养的新型农民,农民向有文化、懂科技、善经营、会管理方向发展,促成农民学科技、用科技、依靠科技致富。

《畜禽养殖》采用“技能+基础”教育教学模式,以畜牧兽医职业岗位资格证书的能力规范为引领,通过专业基础课和专业综合技术的教学实现途径,注重畜牧兽医职业岗位实践能力培养。教材注重畜牧兽医职业工作实际和养殖业特点,注重养殖新技术的应用,力求农民看得懂、用得上、能见效。语言通俗易懂、技术性强、图文并茂。本书的内容在编排上由浅入深,紧密衔接,注重技能与知识的整体性和系统性,将临床诊断技术、病理学诊断技术与外产科疾病、寄生虫疾病及畜禽传染病的科技内容进行了有机整合,内容翔实丰富。

本书可作为新型农民畜禽养殖技术和动物疾病防控技术教学培训教材,可作为畜禽饲养工、畜禽繁殖工等职业岗位资格证书的培训教材,还可作为中等职业院校兽医专业、现代养殖技术专业、畜牧兽医专业、动物防疫检疫专业及兽医医药专业的教材,也可作为基层兽医工作者的参考用书。本教材在使用过程中可根据各校的学制、专业特点、培训实际等情况进行调整和教学。

由于编者知识和能力所限,漏误之处在所难免,敬请广大读者多提宝贵意见。

作　者

2009 年 6 月

目　　录

第一章　牛的生产

第一节　牛的品种

一、乳用品种

（一）荷斯坦牛

1. 原产地　原产于荷兰，也称荷兰牛（图 1-1，图 1-2）。因为其毛色为黑白相间、界限分明的花片，故荷斯坦牛又称黑白花牛。

荷斯坦牛早在 15 世纪就以产奶量高闻名于世，现普及世界各地，是奶牛中数量最多，单产最高的著名乳用品种。

该品种经各国的风土驯化，培育成各有特点的荷斯坦牛，并冠以国名，如日本荷斯坦牛、美国荷斯坦牛、中国荷斯坦牛等。

由于各国对荷斯坦牛的选育方向不同，又分为以美国荷斯坦牛为代表的乳用型和以荷兰及欧洲国家为代表的乳肉兼用型荷斯坦牛。

图 1-1　荷斯坦母牛

图 1-2　荷斯坦公牛

2. 外貌特征　体型高大，结构匀称，头清秀，皮薄，皮下脂肪少，被毛细短，毛色为明显的黑白花片，后躯较前躯发达。乳房大而丰满，乳静脉粗而且弯曲。成年公牛体高 143～147 cm，体重 900～1 200 kg，母牛体高 130～135 cm，体重 650～750 kg。

乳用型荷斯坦牛体型高大，四肢较长，外形清秀，黑白相间，黑白比例及位置不等，但额部有白星，尾帚、四肢下部为白色。母牛后躯发达；乳静脉粗大而多弯曲，乳房特别庞大，发达且结构良好，一般个体结构匀称，皮下脂肪少，被毛较细短。

3. 生产性能　产奶量为奶用牛品种中最高。一般年平均产奶量为 4 500～

6 000 kg,乳脂率 3.6%～3.7%。母牛具有性情温顺,易于管理的特点,但不耐热,抗病力较弱。

（二）娟姗牛

1.产地 原产英国英吉利海峡的娟姗岛,并因此得名。

2.外貌特征 娟姗牛毛色以褐色为主,但深浅不一,在腹下,四肢内侧,眼圈及口轮为淡毛色,而鼻镜、副蹄、尾帚呈黑色。体质紧凑,骨骼细致,颈细长,颈垂发达,乳房形态好,乳静脉发达。

3.生产性能 娟姗牛体格小,成年公牛活重平均为 650～700 kg,母牛 360～400 kg。一般产奶量 3 000 kg 以上,乳脂率 5%～7%。娟姗牛的牛乳中干物质含量为各种乳用品种之冠,牛乳色黄,风味佳。因为其耐热性好,是热带、亚热带地区培育乳用牛的一个良好亲本。

二、肉用品种

（一）海福特牛

1.原产地 原产地为英国西南部的海福特县,原产于英格兰,是世界著名的中小型早熟肉用品种。

2.外貌特征 头短额宽,颈短厚,垂皮发达,体躯宽深,前胸发达,肌肉丰满,四肢粗短,体躯呈圆筒状,被毛为暗红色,有"六白"的特征,即头、颈垂、鬐甲、腹下、四肢下部及尾帚为白色(图 1-3)。

图 1-3 海福特牛

3.生产性能 成年体重公牛为 850～1 100 kg,母牛为 600～700 kg。该牛增重速度快,在 140 日龄内,平均日增重为 1.31 kg,周岁体重达 415.9 kg,540 日龄体重 720 kg,一般屠宰率为 60%～65%,肉质柔嫩多汁,味美可口。海福特牛具有早熟、生产快、饲料利用率高、屠体瘦肉多、耐粗饲、抗病和牧饲性强、性情温顺的特点。但肢蹄不佳，公牛有跛行或单睾现象，它与本地黄牛杂交，有一定效果。

海福特牛性成熟较早，6 月龄可出现性行为，15 月龄可初次配种。与各地本地黄牛杂交。杂种牛的增重性能明显优于土种黄牛。

（二）夏洛来牛

1. 原产地　原产于法国的夏洛来及涅夫勒地方，以体型大、生长迅速、瘦肉多、饲料转化率高而著名。我国不少地区都有饲养（图 1-4）。

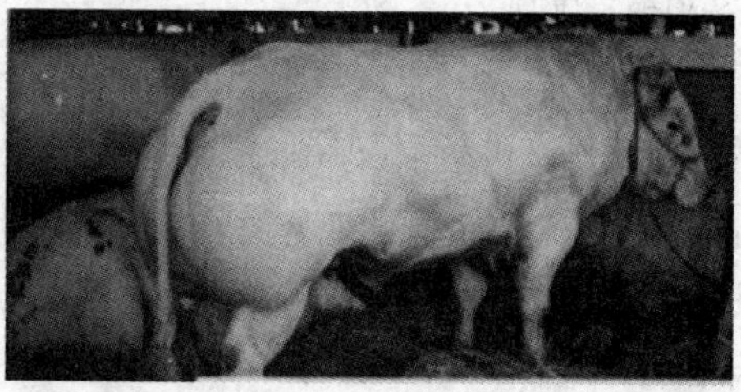

图 1-4　夏洛来牛

2. 外貌特征　体型高大，毛白色或乳白色，头小而短，角圆而较长，并向前方伸展，胸宽深，背宽肉厚，全身肌肉发达。成年公牛体高平均为 142 cm，体重 1 100～1 200 kg，母牛体高 132 cm，体重 700～800 kg。

3. 生产性能　成年公牛平均活重 1 100～1 200 kg，母牛 700～800 kg。夏洛来牛以生长速度快、瘦肉产量高、肉嫩味美而著称。在良好饲养条件下，哺乳期平均日增重公犊为 1 296 g，母犊为 1 062 g。屠宰率一般为 60%～70%。该牛在繁殖方面存在难产率较高（13.7%）的缺点。

（三）安格斯牛

1. 产地　安格斯牛属于小型肉牛品种，原产于英国。

2. 外貌及品种特征　安格斯牛以被毛黑色和无角为其重要的外貌特征，故亦称无角黑牛。该牛体格低矮，结实，头小而方，体躯宽而深；四肢短，且两前肢、后肢间距相当宽。该牛皮肤松软，被毛光泽而均匀。

3. 生产性能　成年公牛平均活重 800～900 kg，母牛 500～600 kg。安格斯牛具有良好的增重性能，平均日增重可达 1 kg；该牛早熟易肥，屠体品质和产肉性能均高，被认为是专门化肉用品种中肉质很好的品种。肥育牛只屠宰率一般为 60%～65%。

该牛通常在 12 月龄可达性成熟，18～20 月龄可初次配种；初生重小，难产极少。

(四)短角牛

1. 产地 短角牛原产于英国。

2. 外貌及品种特征 肉用短角牛被毛红色,眼圈色淡;皮肤细致柔软。典型的肉用牛体型,背部宽平,背腰平直,尻部宽广,丰满,腹线平直;股部宽而多肉。

3. 生产性能 短角牛成年公牛平均 1 000 kg,母牛 700 kg 左右。肉用性能好,在良好饲养下,肥育期日增重可达 1 kg 以上;在肉用牛中,短角牛的泌乳力很好,成年母牛可泌乳 1 800～3 000 kg。

(五)利木赞牛

1. 产地 原产法国。

2. 外貌及品种特征 被毛黄棕色,角细色白,蹄壳琥珀色。头短、额宽、口方、体躯呈长圆筒形。

3. 生产性能 成年公牛体重 1 100 kg,母牛 600 kg。在较好的饲养条件下,日增重可达 1 400 g,肌肉细腻。由于特色与我国黄牛相近,用于杂交改良很受欢迎。

(六)秦川牛

1. 原产地 秦川牛(图 1-5)产于我国陕西省关中地区,与南阳牛、鲁西牛、晋南牛、延边牛共为我国黄牛五大品种。

图 1-5 秦川牛

2. 外貌特征 秦川牛属于大型役肉兼用品种。毛色有紫红、红、黄 3 种,以紫红和红色者居多。鼻镜多呈肉红色,蹄壳和角多为琥珀色。体格大,各部位发育匀称,骨骼粗壮,肌肉丰满,体质健壮,头部方正,肩长而斜,胸部宽深,肋长而开张,背腰平直宽广,长短适中,荐骨部稍隆起。前躯发育良好而后躯发育稍差。四肢粗壮结实,两前肢间距较宽,有外弧现象,蹄叉紧。

3. 生产性能 秦川牛体重成年公牛为 656 kg,母牛为 414 kg。在中等饲养水平下饲养,325 日龄,平均日增重公牛为 700 g,母牛 550 g,阉牛 590 g。

产肉性能好,在一般饲养水平下,周岁体重公牛为(297.2±77.3) kg,母牛为

(271.1±51.7) kg。27 月龄时屠宰,平均屠宰率为 63%,净肉率为 53%,肉质细,大理石花纹明显,肉味鲜美。优于国外肉牛品种。

其适应性良好,与国外品种及国内其他品种杂交中,杂种优势明显。

(七)南阳牛

1. 原产地　产于我国河南省南阳地区白河和唐河流域的广大平原。

2. 外貌特征　南阳牛(图 1-6,图 1-7)属大型役肉兼用品种。体格高大,肌肉发达,结构紧凑,体质结实。皮薄毛细,行动迅速。鼻镜宽,口大方正,角形较多。公牛颈侧多有皱襞,肩峰隆起 8～9 cm。毛色有黄、红、草白 3 种,以深浅不等的黄色为最多。一般牛的面部、腹下和四肢下部毛色较浅。鼻镜多为肉红色,其中部分带有黑点,黏膜多数为淡红色。蹄壳以黄蜡色、琥珀色带血筋者较多。四肢健壮,性情温驯,役用性能良好。

图 1-6　南阳公牛

图 1-7　南阳母牛

3. 生产性能　成年体重公牛为 980 kg,母牛为 478 kg。南阳牛役力好,最大挽力为体重的 70%。其产肉性能:在一般肥育下,公牛 1.5 岁时屠宰,其平均活重为 411 kg,日增重 813 g;屠宰率 55%, 3～5 岁阉牛强度肥育,屠宰率达 64%。肉质细嫩,味道鲜美,大理石花纹明显。南阳牛在东北严寒地区和南方炎热地带均可正常生长繁殖,适应性好。

(八)鲁西牛

1. 原产地　主要产于我国山东省西部的菏泽、济宁地区。

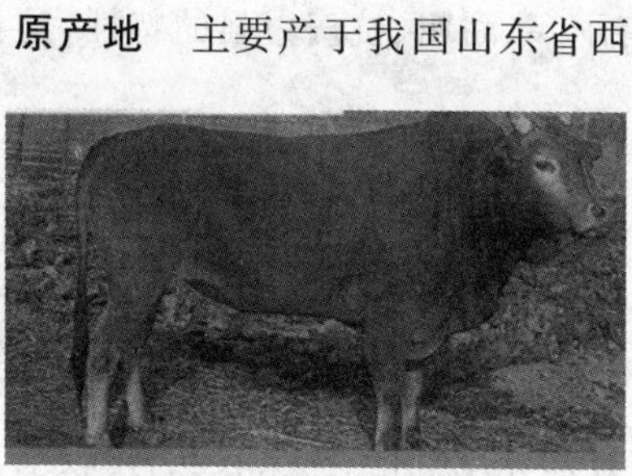

图 1-8　鲁西公牛

图 1-9　鲁西母牛

2. 外貌特征 体躯结构匀称，细致紧凑，具有较好的肉役兼用体型。公牛（图1-8）多为平角或龙门角；母牛（图1-9）角形多样，以龙门角较多。垂皮较发达，后躯发育较差。被毛从浅黄到棕红色都有，眼圈、口轮、腹下及四肢内侧色淡。体型高大，体躯较短，胸部发育好，骨骼细致，管围指数小，屠宰率较高。

3. 生产性能 成年牛平均活重公牛为644 kg，母牛为365 kg。最大挽力为体重的55%。肉用性能：18月龄平均屠宰率为57%，净肉率为49%；该牛皮薄骨细，肉质细致，大理石花纹明显。

繁殖能力强。母牛性成熟早，有较强的抗焦虫病能力。对高温适应能力较强，对低温适应能力则较差。

（九）晋南牛

1. 产地 原产于山西省南部。

2. 外貌及品种特征 晋南牛属于我国大型役肉兼用品种。毛色枣红，鼻镜、蹄壳粉红。公牛额宽、顺风角，颈较短粗、垂皮发达，肩峰不明显；胸部发达，臀端较窄；母牛乳房发育较差，乳头小。具有役用牛体型特征。

3. 生产性能 成年体重公牛607 kg，母牛340 kg。该牛役用能力好，最大挽力平均为体重的55%；一般育肥条件下，24月龄屠宰率为58%，育肥期日增重782 g；强度育肥屠宰率和育肥期日增重分别可达63%和960 g。表现了良好的肉用性能。

（十）延边牛

1. 产地 延边牛产于吉林省延边朝鲜族自治州。

2. 外貌及品种特征 毛色为浓淡不等的黄色，鼻镜呈淡褐色。被毛密而厚，皮厚有弹力。胸部宽深；公牛颈厚隆起；母牛乳房发育较好。

3. 生产性能 成年体重为公牛466 kg，母牛为365 kg。延边牛适于水田作业，且喜走山路。瞬间最大挽力为体重的75%。肉用性能：18月龄屠宰的公牛屠宰率为57.7%，平均日增重813 g。该牛有耐寒、耐粗、抗病力强的特性，是我国宝贵的耐寒黄牛品种。

三、乳肉兼用品种

（一）西门塔尔牛

1. 产地 西门塔尔牛原产于瑞士。

2. 外貌及品种特征 西门塔尔牛被毛黄白花或红白花，头较长，角较细。体躯长，肋骨开张；前后躯发育好，尻宽平，四肢结实，大腿肌肉发达；乳房发育好。

3. 生产性能　成年公牛活重平均 800～1 200 kg，母牛 600～750 kg。产奶性能，平均泌乳量达 3 500～4 500 kg，乳脂率 3.8%；产肉性能，平均日增重 1 kg 以上；肥育后屠宰率 65%左右。适应性强，耐粗放管理。

（二）三河牛

原产内蒙古，由西门塔尔等 10 多个品种杂交选育而成，红白花色，属乳肉兼用型品种。

（三）新疆褐牛

原产新疆，由瑞士褐牛和当地牛杂交选育而成，褐色，属乳肉兼用型品种。

（四）中国草原红牛

原产内蒙古、河北，由短角牛、本地牛、丹麦红牛杂交选育而成，深红色，属乳肉兼用型品种。

四、水牛品种

水牛主要分布在亚洲地区，印度最多，有 9 219 万头，我国第二，有水牛 2 352 万头。水牛分为沼泽型和河流型两种不同的类型。

（一）沼泽型水牛

这里主要介绍中国水牛。

1. 产地　北至山东、河南、陕西，南至海南岛，东至台湾，西至四川、云南都有分布。

2. 外貌及品种特征　前额平坦较狭，眼大稍突出，口方，鼻孔大，鼻镜黑色，耳中等大小，角基方形、上部渐成圆尖形、呈新月形。前胸宽阔而深，胸部肌肉发达，肋骨弓张良好，腹大，腰角粗大、突出，斜尻，后躯发育较差。前肢开阔、呈外弧形；后肢飞节弯曲呈 X 状；蹄圆大，质地致密坚实；乳房呈碗形，乳头短小。

3. 生产性能　水牛是水稻产区的主要役畜，以耕作为主，也可挽运等。挽力较一般黄牛约大 50%，且持久力强，使役时间可达 16～18 岁。但水牛的肉质较粗，不如黄牛肉嫩味美。

江苏的海子水牛、湖南的滨湖水牛、四川的德昌水牛等是我国水牛中的良种。西林水牛和富钟水牛是广西的优良品种。

（二）河流型水牛

1. 摩拉水牛

（1）产地　原产于印度。

（2）外貌及品种特征　皮肤和被毛黝黑尾帚白毛。公牛前额宽而略突，耳小，薄且下垂；角呈螺旋状弯曲，如绵羊角。母牛乳房发育良好，乳头粗长。尾长过飞节，四肢粗壮。

(3)生产性能　成年公牛 969 kg，母牛 648 kg。泌乳期产奶量为 2 000 kg 左右，高产牛群达 3 000 kg 左右，乳脂率为 7%。该牛引入我国后表现良好。抗病力较强，耐热性超过我国水牛。与当地水牛杂交效果良好。杂交一代平均泌乳期 152 天，产乳量 1 128 kg，比当地水牛高出 1 倍。

2. 尼里/拉菲水牛

(1)产地　原产于巴基斯坦，简称尼里牛。

(2)外貌及品种特征　被毛、皮肤黑色。玉石眼，面部与四肢下部有白斑，尾帚白色。角短且基部较粗，向后方弯曲。体躯深厚，中躯桶状。前躯较窄而后躯宽广，乳房发达，乳头粗长而分布均匀。

(3)生产性能　成年公、母牛平均活重分别为 800 kg 和 600 kg。泌乳期产奶量平均为 2 000～2 700 kg，乳脂率为 7%。与本地牛杂交一代泌乳期 311 天，泌乳量平均为 1 900 kg，含脂率平均为 8%。尼里牛、摩拉牛与当地牛的三品种杂平均泌乳量为 1 500～3 000 kg，优秀个体达 3 800 kg，含脂率平均为 8%，乳中干物质率为 18%。

五、牦牛

1. 产地　主要分布于青藏高原。牦牛是适于高海拔繁衍的唯一牛种，除家养牦牛外，现还有成群的野牦牛出没于山中，且体格远大于家养牦牛。

我国目前约有牦牛 1 500 万头。

2. 外貌及品种特征　牦牛外貌近似野牛，头长而宽，躯体强壮，全身被毛粗长，体侧被毛可长达 20 cm 以上，形似“围裙”，毛丛中生绒毛。背腰略凹陷，尾短但尾毛长。蹄底有坚硬的突起边缘，能在崎岖的山路上行走自如。

毛色较杂，以黑色居多，也有黑白花、白色、褐色等。

3. 生产性能　成年体重公牛为 300～450 kg，母牛 200～300 kg。牦牛属原始品种，没有专门化的经济用途，除乳、肉、役用外，还产皮，产毛。每头牛负重80 kg，尚能翻山越岭，日行 25 km，有“高原之舟”的称誉。

牦牛同黄牛的杂交，其杂种一代称为犏牛，生产性能表现良好。但杂种公牛无生殖能力，母牛繁殖力正常。以黄牛为父本的杂种一代叫真犏牛，以牦牛为父本的杂种一代称假犏牛。

第二节　牛的外貌

一、牛体各部位特征

外貌是体躯结构的外部表现，是以内部器官的发育程度为基础。不同用途的牛，具有不同的体型外貌。体型外貌在一定程度上能反映内部机能、生产性能和健康状况。为了掌握不同用途牛的外貌特点，应先了解牛体各部位的名称，如图1-10所示。

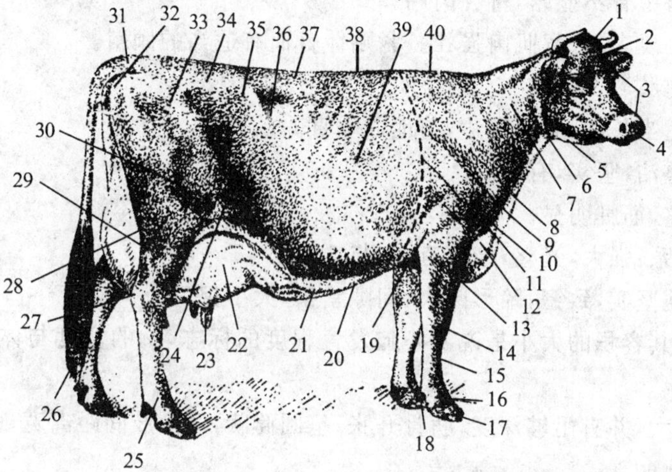

1. 额顶 2. 前额 3. 面部 4. 鼻镜 5. 下颚 6. 咽喉 7. 颈部 8. 肩 9. 垂皮 10. 胸部 11. 肩后区 12. 臂 13. 前臂 14. 前膝 15. 前管 16. 系部 17. 蹄 18. 副蹄(悬蹄) 19. 肘端 20. 乳井 21. 乳静脉 22. 乳房 23. 乳头 24. 后肋 25. 球节 26. 尾帚 27. 飞节 28. 后膝 29. 大腿 30. 乳镜 31. 尾根 32. 坐骨端 33. 髋(臀角) 34. 尻 35. 腰角 36. 肷 37. 腰 38. 背 39. 胸侧 40. 鬐甲

图1-10　牛的体表部位图

(一)头颈部

1. 头部　表现品种特征、生产用途、性别等。

公牛头宽短、粗重，不露凶相；母牛头清秀、细致，性温和；要求眼大，明亮；嘴宽阔，口裂深，上下唇整齐，鼻梁正直，鼻孔大。

2. 角的形态　有迎风角、顺风角、上向外曲角、扁角、扁担角、笋角等。

3. 颈　有长短，粗细，平直，隆起，凹陷及有无皱纹之分。不论何种品种，头与颈，颈与躯干的连接要自然，结合部位不明显凹陷，否则是生长发育不良的表现。

（二）前躯

1. 鬐甲 鬐甲是连接颈，前肢和躯干的枢纽，对保证前肢自由运动和体躯结构极为重要。

理想要求：长鬐甲，公牛更高、厚、长。

不理想鬐甲：分岔鬐甲、尖鬐甲、低凹鬐甲、短薄鬐甲。

2. 前肢

（1）肩部

理想型：广长肩：宽、长、适当倾斜，肌肉发达。

肥肩：肩甲脊不显露，符合肉用。

（2）臂 要求长、宽肌肉强壮。紧贴体臂而有适当的倾斜。

（3）下前肢

前臂：适当长度，肌肉发达，与地面垂直。

前膝：整洁，坚实，有力。

管：光整，筋腱明显。

球节及系：强大，光整，结实有力，与地面呈 45°～55°；

蹄：质地坚实，致密，蹄形圆大，间隙紧密，大小相等。

3. 胸 其容积的大小是说明心肺发育程度的标志，胸的宽度与体躯的宽度成正比。

胸要宽大，并有足够深度，肋骨开张，呈圆筒状，两前肢间距离宽。

（三）中躯

1. 背 要求长、直、宽、平，强健并与鬐甲和腹部结合良好。

2. 腰 要求平直而宽广。

3. 腹

（1）充实腹 亦称饱满腹，在胸部以后比较下垂，至臁部下方，开始逐步紧缩。

（2）平直腹 腹下线与地平线平行延伸，腹腔的容量受一定影响，不利于后肢运动。

（3）卷腹 又称犬腹，腹部的后方特别紧缩，容量小，食欲差，体质弱，是严重缺点。

（4）草腹 腹壁两侧凸出，特别膨大而松弛，如不影响背线，不算严重缺点。

（四）后躯

1. 尻、臀部 要求长、平、宽、或稍倾斜，发育良好，肌肉丰满，推进力强。

2. 乳房　是乳牛的最重要器官。要求如下：

(1)形状　盆状乳房，四个乳区均称，乳头大小适中，间距宽，充奶时底线平坦。

(2)大小　大而深，前乳房向腹前延伸至腰角垂线之前；后乳房向股间的后上方充分延伸，附着极高。

(3)品质　具有弯曲而明显的乳静脉，乳井要大。内部结构中，腺体占75%～80%，结缔组织和脂肪占20%～25%。富于弹性，挤奶前后形状变化大。

3. 生殖器官

公牛：睾丸发育良好，对称，大小一致，包皮整洁。

母牛：阴唇发育好，大而肥润，闭合完全。

4. 后肢

(1)大腿　要求宽、深、适当长度，适当倾斜，发育良好，间距大。

(2)小腿　要求长度适中，与股骨成100°～130°，有利于保证后肢的步伐畅快。

(3)飞节　以跗关节为基础，要求高度、角度适中，后侧宽，肌腱明显，角度适中。

5. 肢势与步伐

(1)肢势　如图1-10所示。

(2)步伐　步伐大而轻、稳健。“四蹄两行”、“过步牛”。

二、牛的外貌特点

(一)乳用型牛的外貌特点

奶用牛是以产奶为主，它的外貌形态，则有别于耕牛和肉用牛。其特点是：头清秀，胸宽深，背腰平直，腹圆大而不下垂。尻部宽、长、平，四肢端正、结实。乳房大，乳腺组织发育良好。四个乳区发育均匀对称，四个乳头排列整齐，大小、长短适中，呈圆柱状，乳头间距宽。乳房皮薄柔软，被毛细短，乳静脉粗大弯曲。

从奶牛整体来看，皮薄骨细，被毛短细、有光泽，全身肌肉不甚发达，皮下脂肪沉积不多，体质健壮、结实，胸腹宽深，后躯和乳房发达。从侧望、前望、上望均呈“楔形”。

对公牛、母牛进行外貌鉴定时，若乳房、四肢和体躯三项中有一项有明显生理缺陷者，不能评为特级；有两项者不能评为一级；有三项者不能评为二级(表1-1，表1-2和1-3)。

表 1-1　中国荷斯坦公牛外貌鉴定评分表

项目	细目与给满分要求	标准分
(一)一般外貌	1. 毛色黑白花,体格高大	7
	2. 有雄相,肩峰中等,前区较发达	8
	3. 各部位结合良好而匀称	7
	4. 背腰平直而结实,腰宽而平	5
	5. 尾长而细,尾根与背线呈水平	3
	小计	30
(二)体躯	6. 中躯:长、宽、深	10
	7. 胸部:胸围大、宽而深	5
	8. 腹部:紧凑,大小适中	5
	9. 后躯:尻部长、平、宽	10
	小计	30
(三)乳用特征	10. 头、体型、后大腿的棱角明显,皮下脂肪少	6
	11. 颈长适中,垂皮少,甲呈楔形,肋骨扁长	4
	12. 皮肤薄而有弹性,毛细而有光泽	3
	13. 乳头呈柱形,排列距离大,呈方形	4
	14. 睾丸:大且左右对称	3
	小计	20
(四)肢蹄	15. 前肢:肢势良好,结实有力,左右两肢间宽;蹄形正,蹄质坚实,系部有力	10
	16. 后肢:肢势良好,结实有力,左右两肢间宽;飞节轮廓明显,系部有力,蹄形正,蹄质坚实	10
	小计	20
总计		100

表 1-2　中国荷斯坦母牛外貌鉴定评分表

项目	细目与给满分要求	标准分
(一)一般外貌与乳用特征	1. 头、颈、甲、后大腿等部位棱角和轮廓明显	15
	2. 皮肤薄而有弹性,毛细而有光泽	5
	3. 体高而结实,各部位结构匀称,结合良好	5
	4. 毛色黑白花,界线分明	5
	小计	30
(二)体重	5. 长、宽、深	5
	6. 肋骨间距宽,长而开张	5
	7. 背腰平直	5
	8. 腹大而不下垂	5
	9. 尻长、平、宽	5
	小计	25

续表 1-2

项目	细目与给满分要求	标准分
(三)泌乳系统	10.乳房形状好,向前后延伸,附着紧凑	12
	11.乳房质地:乳腺发达,柔软而有弹性	6
	12.四乳区:前乳区中等大,四个乳区匀称,后乳区高、宽而圆,乳镜宽	6
	13.乳头:大小适中,垂直成柱形,间距匀称	3
	14.乳静脉弯曲而明显,乳井大,乳房静脉明显	3
	小计	30
(四)肢蹄	15.前肢:结实,肢势良好,关节明显,蹄形下,蹄质坚实,蹄底呈圆形	5
	16.后肢:结实,肢势良好,左右两肢间宽,系部有力,蹄形正,蹄质坚实,蹄质坚实,蹄底呈圆形	10
	小计	15
总计		100

表 1-3　中国荷斯坦牛外貌鉴定等级标准

性别	特等	一等	二等	三等
公牛	85	80	75	70
母牛	80	75	70	65

(二)肉用型牛的外貌特点

肉用牛的外貌特点是(表 1-4,表 1-5):头宽多肉,颈短而粗,胸宽而深,肋骨开张,多肉,鬐甲宽厚,背腰和尻部宽广。四肢短直,皮肤柔软、有弹性,皮薄骨细,全身各部位肌肉丰满,后躯肌肉发达、深厚,整个牛体前望、侧望、后望均呈近似长方形。

表 1-4　肉牛外貌鉴定评分

部位	鉴定要求	评分	
		公牛	母牛
整体结构	品种特征明显,结构匀称,体质结实,肉用体型明显,肌肉丰满,皮肤柔软有弹性	25	25
前躯	胸宽深,前胸突出,肩胛平宽,肌肉丰满	15	15
中躯	肋骨开张,背腰宽而平直,中躯呈圆筒形,公牛腹部不下垂	15	20
后躯	尻部长、平、宽,大腿肌肉突出伸延,母牛乳房发育良好	25	25
后蹄	肢蹄端正,两肢间距离宽,蹄形正,蹄质坚实,运步正常	20	15
合计		100	100

表 1-5 肉牛外貌鉴定等级标准

性别	特等	一等	二等	三等
公牛	85	80	75	70
母牛	80	75	70	65

(三)兼用型牛的外貌特点

体型呈倒三角形,也就是后躯显著发达。头、颈。髻甲棱角明显,体躯长、宽深,肋骨长而开张,背腰平直,房部长、平、宽,骨路显细,关节明显,肌肉发育适度,两后肢间距大;乳房大向前后延伸,附着紧凑,乳腺发达,柔软而有弹性,乳区发育匀称,乳头整齐,乳井大而深,乳静脉粗大。乳肉兼用改良牛一般还应具备体格健壮,肌肉发达结实等向用牛的特点。

三、牛的年龄鉴别、体尺测量及体重估测

(一)牛的年龄鉴别

1. 根据牙齿鉴别 牛牙齿的生长、更换、磨损程度是有一定规律的,鉴定牛的年龄可以根据牛的门齿变化来判定(即根据乳齿的生长或乳齿更换成永久齿以及永久齿的磨损程度来判定)。

牛的乳齿(即生后长出的牙齿)形小而洁白,有明显的齿颈,齿间隙较大;永久齿(即由乳齿脱落后更换的新齿)大而厚,色微黄,排列整齐,彼此紧密相靠。一般犊牛生后半个月左右第 1 对乳门齿长出,4～5 月龄时 4 对乳门齿长齐,以后逐渐磨损变短。水牛 3 岁左右、黄牛 1.5～2 岁第 1 对乳门齿脱落。长出第 1 对永久齿,即"对牙",以后每年脱落更新 1 对,逐渐由"4 牙"、"6 牙"、到"8 牙"(即"齐口"),一般水牛 6 岁左右齐口,黄牛 4.5～5 岁齐口。

牛齐口后,永久齿开始按顺次磨损,磨损面逐渐由长方形花纹变成黑色椭圆形以至三角形,齿间间隙逐渐扩大,直至齿根露出乃至永久齿脱落,牙齿磨损面出现的长方形花纹为"印"。水牛 7 岁左右,黄牛 5.5～6 岁即出现"2 印",依此逐年磨损 1 对,直至"8 印",水牛有 10 岁左右,黄牛则 8.5～9 岁。牙齿磨损面出现的黑色椭圆形花纹为"珠",水牛 11 岁左右,黄牛 9.5～10 岁时即出现"2 珠",依此类推直至"8 珠"(即"满珠",也称"老口"),水牛满珠 14 岁左右,黄牛满珠 12.5～13 岁。水牛超过 14 岁,黄牛超过 13 岁已达到了老年,基本丧失了役用性能,繁殖性能也基本丧失。

2. 根据外貌鉴别 根据外貌鉴别牛的年龄,只能鉴定其老幼,而不能判断准确年龄。

一般，年轻的牛被毛有光泽，粗硬适度，皮肤柔润而富有弹性，眼盂饱满，目光明亮，举动活泼有力；而老年牛则相反，四肢站立姿势不正，被毛乱而无光泽，皮肤干枯，眼盂凹陷，目光呆滞，眼圈多皱纹，举动迟缓。水牛除上述变化外，随年龄增长毛色变深，而密度变稀。

3. 根据角轮鉴别　角轮意如树木的年轮。角轮一般是在饲草枯乏季节，或在怀孕期间，由于营养不足形成的。母牛每分娩 1 次，角的表面即形成一凹轮。所以，角轮数加配种年龄，即为母牛年龄。但这只是正常情况下才准确，若母牛空怀、流产、患病或营养不平衡时，角轮的深浅，宽窄都不会一样，而且往往界限不清，每年也不止形成一个。因此，通常只计算大而明显的角轮。否则，易导致判定错误。

对于饲养条件好的种公牛来说，角上一般是没有角轮的。

（二）牛的体尺测量

测量体尺部位的多少，依据需要而定。为了观察和评定牛的生长发育状况，可测多个部位。估计牛的体重只需测体斜长和胸围。

1. 体斜长　从肩端前缘至坐骨结节后缘的距离。用卷尺或测杖量取，但须注明所用量具。

2. 胸围　肩胛骨后缘量取的周径。用卷尺测定。

3. 体高　自鬐甲最高点到地面的垂直距离。用测杖测定。

4. 十字部高（腰高）　两腰角的中央到地面的垂直距离。用测杖测定。

5. 头长　从头顶（角间线）至鼻镜上缘的距离。用卷尺测定。

6. 最大额宽　两眼眶间的最远点距离。用圆测器测定。

7. 尻长　从腰角前缘至臀端后缘的直线距离。用测杖测定。

8. 胸宽　左右第六肋骨间的最大距离，即肩胛后缘的距离。用测杖或圆测器测定。

9. 腰角宽（后躯宽）　两腰角处的最大宽度。用测杖或圆测器测定。

10. 坐骨结节宽（臀端宽）　两侧坐骨结节外缘间的直线距离。用圆测器测定。

11. 腿围　从右侧的后膝前缘经尾下绕过胫股间至对侧后膝前缘的水平距离。用卷尺测量。

12. 管围　管骨上 1/3 处（管骨最细的部位）的周径。用卷尺测量。

（三）牛的体重测定

1. 用度量衡测定　此法准确性最高，但在实际操作时难度较大，一般采用 1 000 kg 型的地磅。

2. 用体尺估测　活牛的体重和体尺有一定的相关关系，仅需测量牛的体斜长和胸围等少数体尺，便可推算出牛的体重。此法简单，但精确性较差（表1-6，表1-7）。

表1-6 奶牛各阶段的体尺与体重

性别	阶段	十字部高(m)	体斜长(m)	胸围(m)	体重(kg)
公牛	初生				≈40
	4月龄				150
	5月龄				175
	6月龄	1.08	1.23	1.30	200
	12月龄	1.27	1.50	1.63	375
	18月龄	1.40	1.70	1.88	525
	2岁	1.47	1.85	2.05	670
	成年	1.61	2.09	2.40	1050
母牛	初生				≈35
	3月龄				97
	6月龄	1.06	1.10	1.28	178
	12月龄	1.22	1.35	1.60	302
	15月龄	1.25	1.44	1.69	360
	18月龄	1.31	1.50	1.78	416
	一胎	1.38	1.62	1.91	532
	三胎	1.40	1.70	2.00	612

乳用母牛体重估测公式：

$$6\text{月龄}=\text{体斜长(m)}\times\text{胸围(m)}^2\times 98.7$$

$$18\text{月龄}=\text{体斜长(m)}\times\text{胸围(m)}^2\times 87.5$$

$$\text{成乳牛}=\text{体斜长(m)}\times\text{胸围(m)}^2\times 90$$

四、奶牛体型线形鉴定

奶牛体型线性鉴定有两种评分方法：美国的50分制和加拿大的9分制。自1994年中加奶牛综合育种项目在中国执行以来，我国逐步采用加拿大的9分制，并取得了一定的效果。1999年2月，国际公牛组织第一次采用生产性能和体型来计算多性状全球评估法评定，这使得加拿大的评分方式成为国际线性鉴定的先驱者。

加拿大奶牛线形评定方法及标准：这里注重强调头胎牛标准，因为头胎牛被鉴定为好（＋83分），那么在以后它成为优秀母牛，并且头胎牛是评价公牛最有效的牛群。

表 1-7　牛胸围(cm)和体重(kg)对照表

胸围	体重	胸围	体重	胸围	体重	胸围	体重
66	36	96	79	126	176	156	310
68	38	98	84	128	181	158	321
70	39	100	89	130	187	160	332
72	41	102	94	132	197	162	342
74	43	104	99	134	205	164	355
76	46	106	105	136	214	166	367
78	49	108	111	138	222	168	380
80	52	110	117	140	231	170	395
82	55	112	125	142	239	172	412
84	58	114	133	144	248	174	424
86	61	116	139	146	257	176	436
88	64	118	145	148	266	178	448
90	68	120	151	150	275	180	462
92	72	122	161	152	289	182	476
94	76	124	170	154	300	184	490

(一)体躯结构(占总分 20%)

1. 体高(20%)　十字部高度,对于 25～30 月龄母牛 130 cm -1 分;140 cm -5 分;145 cm -7 分;150 cm -9 分。

2. 前段(10%)　水平-5 分;明显前低后高-1 分;明显前高后低-9 分。

3. 体重(20%)　24 月龄 408 kg -1 分;454 kg -3 分;499 kg -5 分;544 kg -7 分;590 kg -9 分。

4. 胸宽(20%)　极窄-1 分;25 cm -5 分;极宽-9 分。

5. 体深(20%)　参考最后一根肋骨处的深度。极浅-1 分;中等-5 分;极深-9 分。

6. 腰强度(10%)　背部与尻部之间的强度。极弱-1 分;中等-5 分;极强-9 分。

(二)尻部　(占总分 10%)一般要求长、平、宽

1. 尻部(50%)　两坐骨端之间的宽度。15 cm -1 分;20 cm -5 分;24 cm -9 分。

2. 尻角度(50%)　坐骨端与腰角的相对高度或倾斜度。水平-3 分;5°-5 分;10°-9 分。

(三)肢、蹄(占总分的 16%)

1. 蹄角度(30%)　25°-1 分;45°-5 分;55°-9 分。

2. 骨质(40%) 极粗 -1 分;中等 -5 分;极细致 -9 分。

3. 后肢侧视(30%) 直飞 -1 分;145°-5 分;曲飞 -9 分;一般认为偏直飞节要比偏内飞节持久力高得多。

(四)泌乳系统(占总分 40%)

1. 乳房深度 乳房底部至飞节距离。低于飞节 5 cm -1 分;高于飞节 13 cm -5 分;高 22 cm -9 分。

2. 乳房质地 肉质型-1 分;半腺质-5 分;腺质-9 分。

3. 悬韧带 中隔深 1 cm -1 分;中隔深 3.5 cm -5 分;深 8 cm -9 分。

4. 前乳房附着 极弱-1 分;中等-5 分;极强-9 分。

5. 前乳头位置 极外-1 分;中央-5 分;极内-9 分。

6. 前乳头长度 3 cm -1 分;5 cm -5 分;9 cm -9 分。

7. 后乳房附着高度 乳腺组织上缘至阴门基部距离。28 cm -1 分;21 cm -5 分;17.5 cm -9 分。

8. 后乳房宽度 乳腺组织上缘宽度 7 cm -1 分;14 cm -5 分;24 cm -9 分。

9. 后乳头位置 极外 -1 分;中央 -5 分;极内 -9 分。

(五)乳用特征 综合性,一般用肋骨开张,肋间宽(最后两肋骨间距离,2 指半为中等,3 指以上优秀)。粗重-1 分;中等-5 分;极清秀-9 分;

在以上五大类进行评定时,还要鉴定相对的缺陷并判断出准确的产犊时间,最后会得出该牛的等级评分:

优秀:90 分;非常好:85～89 分;好+:80～84 分;好:75～79 分;一般:65～74 分;差:<65 分。

通过对奶牛的评定,就可以得到每头牛的分析结果,最后可以对使用过的所有公牛进行分析,找出最佳公牛为以后的平衡作计划。

第三节 牛的繁殖与改良

一、母牛的发情与配种

(一)初情期、性成熟与体成熟

初情期是指母牛初次发情或排卵的年龄。这时母牛虽有发情表现,但发情往往不完全,发情周期也不正常,而生殖器官仍在继续生长发育。

性成熟即是公母牛生长发育达到一定年龄,生殖器官发育基本完成。母牛具有成熟的卵子和排卵能力，并随之发情，如果在发情时，配种可以受胎；公牛有成熟的精子，有性欲出现，具有配种的能力，这便为性成熟。奶牛一般为9～10月龄；肉牛为7～10月龄。

体成熟是指牛只机体各器官、系统已发育到适宜于繁殖小牛的阶段。对于青年母牛来说，体成熟意味着机体的功能可以负担妊娠和哺育犊牛了。一般来说，性成熟早的母牛，体成熟也早，可以早点配种、产犊，从而提高母牛终生的产犊数并增加经济效益。

(二)母牛的发情

1. 发情特点 母牛到了性成熟的年龄，就有性活动的表现，出现所谓发情。发情有一定的周期性，即发情后如不交配或交配而未受胎，达一定时间后，又会出现发情。由上一次发情到下一次发情开始的间隔时间，叫做发情周期。牛的发情周期平均为21天。

母牛由发情开始至发情结束这段时间称为发情持续期。黄牛的发情持续期一般为1～2天。

2. 发情征状 母牛在发情期间有种种表现，其特点是：举动不安，鸣叫，食欲减退或不食，喜欢接近公牛，并接受公牛爬跨，在爬跨时母牛站立不动，举尾接受公牛交配。不发情的母牛，则没有此举动，当被公牛爬跨时，往往拱背逃走。发情的母牛也喜欢其他母牛爬跨或爬跨别的母牛，阴户红肿，排尿频繁，阴道内流出一些白色透明而黏滑的液体。这些表现，发情盛期比发情初期较为明显。

母牛到了发情后期，一般趋于恢复常态，即性欲减退，拒绝公牛的爬跨和交配，食欲也逐渐趋于正常。发情的母牛，虽有上面几种征状表现，但由于品种和个体的不同，其表现的程度也并非一样，一般黄牛和奶牛的发情征状较水牛明显。

3. 发情鉴定 发情鉴定采用观察法，每天不少于3～4次，主要观察性欲、黏液量和黏液性状，必要时检查卵泡发育情况。

(三)母牛的配种

1. 初配年龄 牛达到性成熟年龄，并非配种的适龄，因为性成熟期比身体发育成熟期早。当性成熟时，身体的生长发育尚未完全成熟，所以只有当身体发育成熟后才能配种。过早配种，会影响公母牛的生长发育和健康，缩短利用年限，同时也会影响到胎儿的生长发育和体质，故不宜早配。但过迟配种也会降低繁殖率。何时开始配种较适宜，应视牛的生长发育情况而定。牛初配种时的体重以达到成年体重的70%左右为好。育成奶牛的初配年龄为15～18月龄，体重达320～350 kg时开始配种。肉牛为18～20月龄。公牛一般满2岁才正式采精。

2. 配种时间 母牛的配种时间，与母牛的排卵及保持受精能力有关。母牛的排卵时间，黄牛与水牛不同，黄牛多在发情停止后 4～15 h，水牛一般在 10～18 h。卵子与精子受精的地方是在输卵管上部的 1/3（壶腹部）处。卵子在输卵管存活 12～24 h，通过壶腹部的时间一般仅 6～12 h，精子进入母牛生殖道内保持受精能力的时间约为 30 h（24～48 h）。据此，配种较适宜的时间，黄牛多在发情开始后 12～20 h 内，水牛以在发情开始后 24～36 h 为宜，或发情后第二天下午配一次，第三天上午配一次。黑白花奶牛上午发情，当日傍晚配一次，第二天早上再配一次；下午发情的母牛，第二天早上配一次，下午或傍晚再配一次。母牛产犊后，一般 40～50 天发情，也有早于 40 天的，但为了让母牛的子宫得到完全康复，一般是在产后 40～60 天发情配种。适宜配种时间如图 1-11 所示。

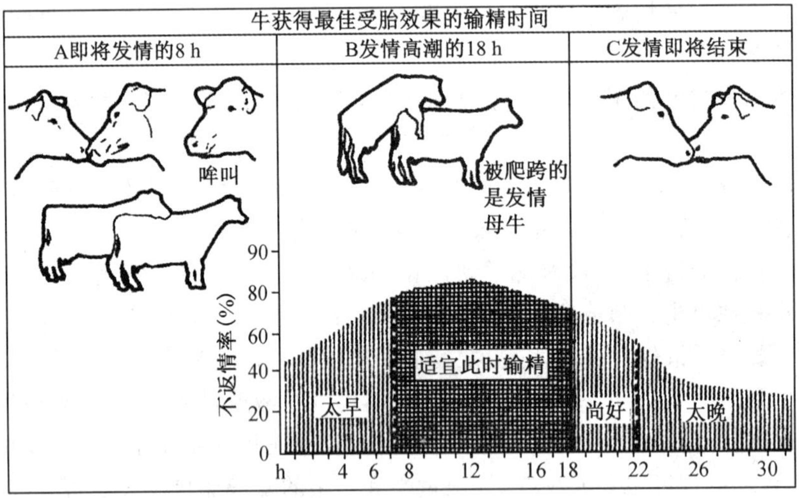

图 1-11 牛的适宜配种时间

3. 人工授精技术 牛的配种方法可分为自由交配、人工辅助交配和人工授精三种。前两种属于本交，较为落后。目前较为先进的人工授精技术是：通过人工的方法采集公牛的精液，经过检查和稀释，再用输精器将公牛的精液输入发情母牛的生殖道内，使卵子受精，繁殖后代，以代替公母牛自然交配方法。

人工授精比自然交配优越很多。人工授精能充分发挥良种公牛的作用，增加与之交配母牛的头数，扩大配种范围（一头公牛一年可配母牛达几千头，甚至上万头），防止生殖道传染病的传播。由于人工授精有很多优点，所以世界上大多数国家都广泛使用，我国奶牛也普遍采用人工授精，但本地黄牛和水牛采用人工授精尚未普及，正在逐步推广使用。

人工授精包括:采精→精液检查→精液稀释和保存(包括冷冻保存)→解冻→输精(采用冷冻精液则需经解冻)。

(1)采精　是用器械采取种公牛的精液。

(2)精液检查　采得的精液,应立即置于30℃左右的恒温水浴中,以防温度突然下降,对精子造成低温打击。检查时也要在20～30℃的定温下进行。检查的项目,主要包括精子的形态、活力、密度。

(3)精液稀释与保存　精液经检查后,还要进行稀释,其目的是增加精液的容量,提高公牛一次射精量的可配母牛头数,延长精液的保存时间,方便运输。一般稀释的倍数为5～10倍,使每毫升稀释精液中含有活精子2 000万～5 000万个。

精液稀释后即行保存,按保存温度,分为常温保存(5～20℃)、低温保存(0～5℃)、冷冻保存(－79～－196℃)。前两种的保存温度都在0℃以上,以液态形式保存,所以称液态精液。冷冻保存的温度大大地低于0℃以下,精液冻结,故称冷冻精液。冷冻保存是当前保存精液最好的一种方法。它可使保存的精液长期保存使用,即使公牛死亡,其已采得的精液,经冷冻保存,仍能应用,继续配种。这对促进牛的繁殖、育种工作有重大的意义。一般牛的冷冻精液存放于添加液氮的液氮罐内保存和运输。液氮罐结构见图1-12。

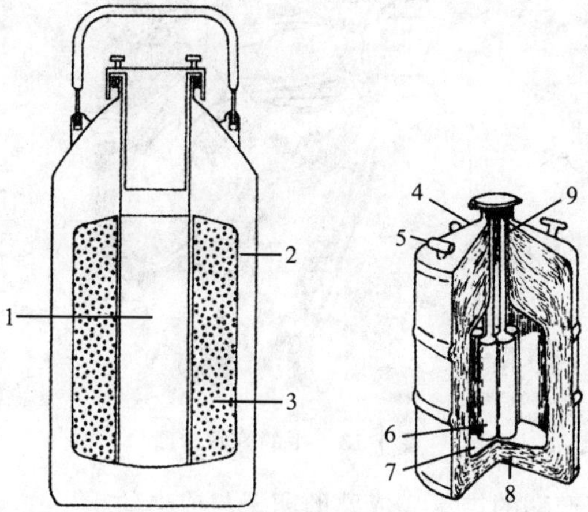

两种液氮容器

1.冷冻物存放区 2.真空和隔热器 3.吸湿屋 4.罐外壳 5.手柄 6.提斗 7.罐内壳 8.优质隔热层 9.颈管

图1-12　液氮罐结构

(4)输精　输精是指把一定量的优质精液准确地输到发情母牛生殖道内的适当部位。输精前应先将解冻液预升温至(38±2)℃,然后取一粒冻精投入到1～

1.5 mL 解冻液中。解冻后进行精液品质检查，精子活力达 0.35 以上、直线运动精子数颗粒 1 200 万以上、细管 1 000 万以上方可输精。采用直肠把握子宫颈输精法输精。输精时机掌握在发情中、后期，一个发情期输精 1～2 次。

牛的输精量一般为 1～2 mL，输入精子数一般为 2 000 万～3 000 万个，其中活动精子数不应少于 1 500 万个。

二、母牛的妊娠与分娩

(一)母牛的妊娠

1. 妊娠征候 母牛配种后，经过一两个发情周期不再发情，可能是妊娠了。妊娠与非妊娠的母牛在外形和举动上有所不同。妊娠的母牛，性情变得安静、温顺、举动迟缓，放牧时往往走在牛群的后面，常躲避角斗和追逐，食欲好，吃草和饮水量增多，被毛光泽，身体渐趋饱满，腹部逐渐变大，乳房也逐渐胀大。

2. 早期妊娠检查 母牛是否妊娠，除从母牛的外形和举动判别外，也可采用直肠检查方法(图 1-13)，即母牛配种 60 天后，直肠触摸子宫角，如果子宫角扩大，便为妊娠。不同妊娠期子宫的变化见妊娠图 1-14。

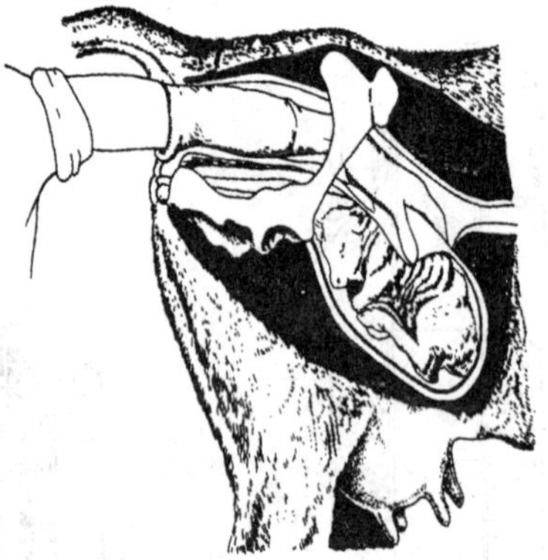

图 1-13 牛的妊娠诊断

3. 妊娠期与预产期的推算 成熟的卵子与成熟的精子在输卵管相遇结合成为合子这就是受精。由受精开始，经过发育，一直到成熟胎儿产出为止，这段时间称为妊娠期。牛的妊娠欺期一般平均为 280 天。母牛妊娠后，为做好分娩的准备工作，应准确推算母牛的产犊期。推算方法为：按妊娠期 280 天计算，将交配月份减 3，配种日期加 6 即为预产期。如：某母牛 2001 年 5 月 12 日配种，可算出预产期为 2002 年 2 月 18 日。

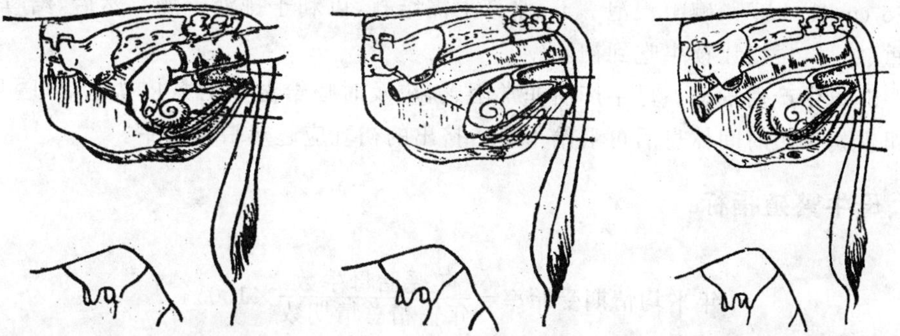

牛未妊娠子宫的收缩情况　　妊娠40天的子宫　　妊娠60天的子宫

图 1-14　不同妊娠期子宫的变化

(二)母牛的分娩

1. 临产征状　分娩是指成熟的胎儿、胎衣及其中的水分从子宫腔排出的一种生理过程。临近分娩的母牛,尾根两侧凹陷,特别是经产母牛凹陷更甚,乳房胀大,分娩前期一两天内甚至可挤出初乳。外阴部肿胀,阴唇逐渐松弛、柔软,皱襞展开,阴道黏膜潮红,有透明的黏液由阴道流出。母牛时起时卧,显得不安,减食或不食,常作排粪尿状态,头不时回顾腹部。有这种情况出现,意味着分娩即将来临。这时应加强看护,并做好接产的准备。

2. 分娩过程

(1)开口期　开口期平均约 6 h。子宫肌开始收缩,收缩时间由短逐渐变长,子宫颈口张开。

(2)胎儿产出期　一般为 0.5～4 h,初产母牛产出胎儿的时间比经产母牛长些。

(3)胎衣排出期　胎儿产出后,子宫还在继续收缩,且有轻微的努责,以将胎衣排出。胎衣排出后,要及时拿走。胎衣排出的时间一般为 5～8 h,最长不应超过 12 h。若超过 12 h 后胎衣仍未排出,应按胎衣不下处理。

3. 助产　正常分娩情况下可以不用助产。当胎儿体格过大时,应做好助产的准备。

助产人员手臂应消毒。将母牛左侧卧,以免瘤胃压迫胎儿。母牛尾部与外阴部用药水消毒。助产应在母牛努责无力时进行,将消毒的绳子拴在胎儿系部,配合母牛努责,缓缓拉出胎儿,拉时不可用力过猛,防止撕破子宫血管,造成大出血。

4. 出生犊处理　胎儿产出后,先将口鼻部的黏液擦干,便于胎儿呼吸。再擦干胎儿身上的黏液。脐带消毒必须彻底,用手挤出血水,以消毒剪刀剪断脐带,留

6～8 cm 长，以 5%碘酊浸泡一下，脐带不需结扎，以利于排液干燥。然后，给犊牛称重、编号，尽快让犊牛吃到初乳。

5. 母牛产后护理 母牛产后非常困乏，应及时喂给温热的麸皮盐水，以暖身、充饥。奶牛短时间休息后可喂给干草。挤出的初乳应趁热喂给犊牛。

三、母牛繁殖指标

$$年平均情期受胎率=\frac{年受胎母牛数}{年输精总情期数}\times 100\%$$

$$年总受胎率=\frac{年受胎母牛数}{年受配母牛数}\times 100\%$$

$$年平均胎间距=\frac{\sum 胎间距}{n}（\sum 胎间距——n 个胎间距的合计天数；n——头数）$$

$$年繁殖率=\frac{年实繁母牛数}{年应繁殖母牛数}\times 100\%$$

$$成活率=\frac{断奶时成活犊牛数}{出生时犊牛数}\times 100\%$$

中国奶牛协会在“中国奶牛繁殖技术管理规范”中提出母牛的繁殖指标如下：

①初产月龄 25～28 个月；

②年平均情期受胎率≥50%；

③年总受胎率≥85%；

④年平均胎间距≤420 天；

⑤年繁殖率≥80%。

第四节 牛的消化生理

一、牛的食性与习性

1. 瘤胃消化特点 牛的瘤胃中含有大量细菌和纤毛虫，它们能消化饲料中的纤维素，为牛体提供所需能量的 60%～70%。所以，牛的日粮应以青粗饲料为主。

牛瘤胃微生物能利用饲料中的蛋白质，也可利用氨如尿素，来合成微生物体蛋白质，以供牛体蛋白质的需要。因此，一般牛对饲料中的蛋白质品质要求不严格，所以当前畜牧生产中，肉用牛、低产奶牛、犊牛和役用牛的日粮中常用尿素代替约 30%蛋白质。而高产奶牛因产奶量高，日需要蛋白质数量可达 2 000 g 以上，如果全靠瘤胃微生物体蛋白质是不够的，仍需供给品质较好的蛋白质饲料。

另外，成年牛瘤胃微生物能合成B族维生素、泛酸、生物素及维生素K。但犊牛因瘤胃还未充分发育，若日粮中这些维生素缺乏，有可能患B族维生素缺乏症。

2. 反刍行为 牛对食物不经仔细咀嚼就吞下，进入瘤胃后经过水分的湿润、膨胀和微生物的发酵，又重新返回口腔内细嚼，并再混入大量唾液，然后吞咽入胃，这一过程称为反刍。犊牛出生后3周龄，就可以出现反刍动作，但要到6～9月龄才能达到成年牛的反刍动作水平。反刍时间，一般一昼夜进行6～8次，多者达10～16次，总共需7～8 h，且大部分时间在夜间进行，白天只反刍4～6次。牛患病、劳累过度、饮水量不足、饲料品质不良、环境干扰等均能抑制反刍。

3. 牧食行为 牛采食不仔细，在采食牧草时，因无上门齿，用舌将草卷入口内，上腭齿板和切齿将草切断吞下。牛适宜在牧草较高的草地放牧。采食整块圆形块根块茎类饲料(如马铃薯等)时，很容易卡在食道内，危及牛的生命。牛的舌面上长有很多尖端朝后的角质刺凸出物，食物一旦被舌头卷入口中就难以吐出。所以，喂圆形块根块茎要切成片喂。如果饲草饲料中混入铁钉、铁丝异物时，就会进入瘤胃，刺破胃壁，造成创伤性胃炎，有时还会刺伤心包，引起心包炎，甚至造成死亡。因此，给牛备料时应格外注意，避免铁器及其锐物混入料中。牛喜欢清洁，爱吃新鲜饲料，不爱吃长时间拱食而黏附有鼻唇镜黏液的饲料，因此喂草料时应做到少添、勤添。下槽后清扫饲槽，把剩下的草料晾干后再喂。每日采食鲜草量为其体重的10%～14%，乳用牛以干物质计算，每头每日采食量为8.2～12.3 kg。

4. 牛饮水量大 饮水量受多种因素影响，气温升高，需水量增加；泌乳牛需水量多，每产1 kg奶，需水3～4 kg；放牧饲养牛较舍饲牛需水多1倍。一般情况下，牛的需水量可按每千克干饲料需水3～5 kg供给。舍饲肉牛一般每天上槽喂料2次，喂后下槽饮水，中午可加饮水1次。最好是自由饮水。冬天应饮温水(不宜低于10℃)以促进采食、消化吸收并减少体温散失，以利于增重。

5. 群体行为 牛科动物在自然状况下常常是自发地组成一群，以一个老母牛为主体的“母性群体”，老母牛及其后裔和犊牛组成持久的联系。成年公牛通常是独居生活或生活在“单身群”中，只有在繁殖季节才同母牛群接触。在牛群中，常有一头是“首领”牛，例如当母牛走向挤奶厅时，排列在牛群前头的就是“首领”牛，它们的先后顺序是严格的，许多活动总是“首领”牛先动作，其他牛才跟着动作起来。放牧时，牛喜欢结成小帮(3～5头)活动。

6. 排泄行为 牛类是到处随意排粪的动物，并且常躺卧在被粪尿污染的地方。因此放牧地上牛集中过夜的地方，或牛棚就是牛粪堆集之地。牛在运步或躺下时虽然也排粪，但主要是站立时，特别是在躺卧后刚起立时排粪。母牛在运步中不能排尿，躺卧也很少见到排尿。

7. 牛对环境的适应性 牛有较强的适应外界环境的能力。未经改良的某些牛如耗牛，只适应在海拔 3 000 m 以上的高寒地带。水牛则比较能适应潮湿、低洼地区。从国外或外地引入的良种牛，只要自然环境条件与本地区相类似，就能较快适应新的生活条件。在生产中须积极创造条件，改善饲养环境，加强引进牛或易地育肥牛适应性锻炼，使之在短时间内适应当地条件。肉牛散热机能不发达，较耐寒，不耐热，当环境温度上升超过 27℃时影响牛的食欲，采食量减少。环境温度从 10℃逐渐降低时，可使牛对干物质的采食量增加 5%～10%，温度过低也会影响增重，浪费饲料。所以，要注意冬季保暖、夏季防暑，牛舍内 10～15℃为宜。夏季放牧时以夜牧为主，冬天则宜舍饲。

8. 牛对外界刺激的反应 牛的性情温驯，只要经过合理调教，细心管理，一般都比较驯顺，但若经常粗暴对待，则可导致顶人、踢人等恶癖。因此，对牛不要打骂、恫吓，最好每天刷拭牛体，这样不仅可保持皮肤清洁、预防皮肤病，促进血液循环和新陈代谢，还能培养牛对人的感情，使牛更温顺，利于管理和育肥。牛的鼻镜感觉最灵敏，给牛套上鼻环或用手指、鼻钳子挟住鼻中隔时就能驯服它。

二、牛的消化特点

（一）牛胃的组成与功能

1. 瘤胃 容积达 90 多升，占整个胃容积的 80%，是细菌发酵饲料的主要场所。

2. 网胃 又称蜂巢胃，帮助食团逆吐反刍和嗳气。

3. 瓣胃 功能是榨干食糜中的水分和吸收少量营养。

4. 真胃 又称皱胃，能产生蛋白酶及胃酸，功能与单胃动物的胃相同。

（二）牛的特殊消化生理现象

1. 反刍 由逆吐、重咀嚼、混合唾液、吞咽四个过程构成。通过反刍，粗饲料可两次或两次以上被咀嚼，可提高粗料的消化率和使牛不用仔细咀嚼即可吞咽。

牛通常食后 1～2 h 开始反刍，每天的反刍时间为 6～8 h（每天的反刍、采食、休息时间几乎各占 1/3）。

2. 瘤胃发酵与嗳气 牛的瘤胃中寄生着大量的细菌和纤毛虫，每毫升瘤胃内容物的微生物数量高达数十亿个，分解瘤胃饲料中的营养物质，使微生物增殖以及产生挥发性脂肪酸和气体（二氧化碳、氨、甲烷等）。这就是瘤胃的发酵。

发酵产生的气体通过不断地嗳气排出体外，如不能及时排出，就会发生瘤胃臌气。

3. 唾液分泌　一头成年母牛一天产生的唾液量约 150 L。

4. 食道沟反射　在哺乳期的犊牛，通过吸吮乳汁，会使部分瘤胃和网胃收缩出现闭合，形成管或沟状，使乳直接进入瓣胃和真胃。这种现象称为食道沟反射。

食道沟反射可避免乳进入瘤胃中，被细菌发酵和消化能疾病。一般在哺乳期结束后，食道沟反射逐渐消失。

三、非蛋白氮(NPN)的利用

(一)原理

从牛的消化特性可知，瘤胃微生物可利用非蛋白氮一氨作为氮源，合成菌体蛋白，所以可用非蛋白质含氮物代替部分蛋白质饲料喂牛。

尿素是最常用的 NPN 饲料，硫铵、醋酸铵和碳酸铵等都可喂牛，但含氮量较低。

但尿素只提供了氮素，无其他营养，必须同时补充能量等养分才能收到应有的效果。

(二)尿素换算成蛋白质的方法

尿素含氨量为 46%，1 g 氮相当于 6.25 g 蛋白质。1 kg 尿素相当于 46%×6.25=2.875 (kg)粗蛋白质。

以油饼类含粗蛋白 36%～50%计，1 kg 尿素上当于 5～8 kg 油饼类饲料。

(三)尿素喂牛的应用效果

对于日产奶 20 kg 以下的奶牛，日粮中添加尿素，其产奶量，奶的成分等无不良影响。

犊牛瘤胃具有利用尿素能力约在 6 周龄停奶后，以尿素氮代替部分油饼类饲料增重效果相似。

肥育牛喂尿素与用饼类饲喂具有同样的增重效果。且长期饲喂尿素对牛肉的质量没有发现不良影响。

(四)影响尿素利用的因素

1. 日粮的蛋白质水平　日粮的蛋白质不足时，加喂尿素效果好；当日粮蛋白质足够时，再喂尿素便造成浪费。

2. 蛋白质的可溶性　饲料蛋白质的可溶性强，在瘤胃中释放氨的速度快，而细菌利用 NPN 的能力有限，从而降低 NPN 的利用率。按每 100 g 蛋白质加 2 g 甲醛可降低蛋白质的可溶性，提高 NPN 的利用率。

3. 日粮中碳化合物的种类 瘤胃微生物在利用氨时需要耗费能量，作为能量提供者，碳水化合物的种类和数量直接影响非蛋白氮的利用效果。纤维素提供能量的速度太慢，糖过快，淀粉效果好，熟化后更好。

4. 硫的补充 硫是合成蛋氨酸，胱氨酸的原料，如果硫缺乏则影响到这两种含硫氨基酸的合成，从而影响增重，但一般日粮中不缺硫。

（五）尿素的用量与用法

1. 用量

①替代日粮蛋白质量的35%；

②占精料的3%；

③占日粮干物质的总量的1%；

④每日每头限喂150～220 g。

2. 使用方法

①尿素青贮：按青料重量的0.5%～0.6%将尿素配成33%的溶液，均匀喷在青料上装填。

②做成舔砖：由尿素、糖蜜、石灰、黄泥、短稻秆、盐等搅拌晾干而成。

③拌入精料中喂。

④拌入粗料中喂。

（六）防止尿素中毒

1. 尿素中毒的机理 喂量过大→分解为氨的速度过快→微生物来不及利用→吸收进血液→血氨升高→中毒。

2. 尿素中素的原因

①喂尿素未经过适应期：瘤胃微生物的适应期为2～4周，适应期尿素应逐渐增加。

②每日喂量过大。

③尿素的每日量一次喂。

④尿素溶在水中喂，使尿素分解加快，饲喂尿素后也不宜立即饮水。

⑤尿素青贮时，加得不均匀或水分过多渗漏使尿素集中。

⑥与其他料混合不匀。

⑦尿素舐剂潮解变软或雨淋引起采食过多。

2. 中毒症状

前期：不安，精神紧张，唾液多，肌肉震颤。

中期：共济失调，呼吸困难，频频排尿，前肢僵硬，挣扎叫喊。体温下降。

末期:阵发性强直性痉挛,抽搐,颈静脉明显跳动。瘤胃常有臌胀。

常在 30 min～2.5 h 死亡。

3. 治疗方法

①在痉挛前灌服 2%醋酸溶液 2～3 L。可使瘤胃 pH 值下降,与氨合成不易溶解的醋酸铵。

②灌服大量的冷水(20～30 L)。

③重症病牛,可用硫代硫酸钠 50～100 g,静脉缓慢注射。

(七)其他 NPN 饲料的利用

1. 双缩脲　双缩脲是尿素的缩合物,比尿素难溶解,分解为氨的速度慢,毒性小,效果比尿素好。

2. 铵盐　硫酸铵,醋酸铵,氯化铵等。

3. 异丁基二脲　含氮 32% 具有氨的释放速度慢,较安全,利用率高,且能提供能源——异丁酸。饲喂效果比尿素好。

(八)氨化粗饲料

①堆放稻草,密封,按稻草重的 3%通入液氨

②按稻草重的 3%～5%称取尿素,并溶解于 20 倍的水中,然后边堆稻草边加尿素水,最后用塑料薄膜盖紧(用水泥窖或池更好)

处理时间 2～5 周(温度高则需时间短)。

第五节　牛的饲养管理

一、种公牛的饲养管理

(一)养好种公牛的意义与要求

随着牛的人工授精技术的提高和普及,每头种公牛能为数千头母牛配种,只有优秀的种公牛才能用于繁殖配种。

因此种公牛饲养管理得好可不断提高牛群的质量,否则会造成很大的损失。

(二)对种公牛的要求

1. 健康的体质　种公牛应保持良好的种用体况、充沛的精力,种用年限长,尽量发挥种公牛的优良遗传特性。

2. 旺盛的性欲　要顺利地配种或采精,必须使种公牛保持旺盛的性欲。公牛的性欲与其健康状况、精液质量是密切相关的。

3. 良好的精液品质 种公牛应该射精量大，精子密度高、活力强，且能耐冻，适于冷冻精液制作的要求。

（三）种公牛的饲养

1. 喂全价营养的日粮 精液中含有全部必需氨基酸，所以要注意日粮营养的全价性，特别是蛋白质、钙磷和维生素 A、维生素 D、维生素 E 的营养要充足，如果缺乏会造成精液品质和性欲下降、睾丸萎缩等不良后果。

给种公牛加喂些鸡蛋、鱼粉和牛奶等动物性饲料，可增加公牛体力，提高精液品质。

冬季青料不足时，可喂给胡萝卜、豆芽来补充维生素的需要。

2. 日粮容积不能太大 种公牛的日粮应是精料型的，易于消化，容积不宜太大，精料提供的营养约占 60%，粗料占 40%，喂量要根据公牛膘情调整，不实行自由采食，以免公牛过肥。

应喂给公牛优质的粗料，不宜喂体积过大、营养价值低的粗料（如秸秆、酒糟、木薯渣等），以免形成草腹。

3. 限制一些饲料的用量 菜籽饼，棉籽饼因为含有芥子苷、棉酚等有害成分，应限制用量，最好不喂。

玉米含能很高，在精料中的用量不宜超过 30%～40%（豆饼、麦麸可多用一些）。

青贮含有较多的酸，要控制在 10 kg 以下，饲喂过多会影响配种和精液品质。

钙、磷的需要量没有泌乳母牛高，不能共用精料，否则易患关节炎症。

4. 饲喂方法 种公牛一般日喂 3 次，定时定量。饲喂时可先给精料，再给粗料。保证充足饮水，但配种或采精前后、运动前后的 30 min 以内不应饮水。

（四）种公牛的管理

1. 公牛的特点

(1)记忆力强 不能随意打骂公牛，兽医员与饲养员要分开。

(2)防御反射强 不要挑逗公牛，不轻易接近公牛及与其对视。

(3)性反射强 采精时动作要熟练、准确、迅速。

2. 种公牛的日常管理

(1)拴系 公犊在 6 月龄应习惯于戴笼头牵引，10～12 月龄穿鼻，戴鼻环。鼻环用皮带吊起系在缠角带上，缠角带上的两条绳索分别系在两侧立柱上。

(2)牵引与运动 经常牵引训练，养成温驯的性格。每天运动 2 次，每次约 2 h，行走距离 4 km，保持健壮的体质。

(3)刷拭、洗浴与修蹄　公牛每天应刷拭一两次，特别注意头，颈部的刷拭，以免皮肤发痒，养成顶人恶习。夏季可给牛洗浴，边洗边刷，浴后擦干。

每年可修蹄1～2次，每日应冲洗蹄部、清除牛蹄壁和蹄叉内的粪土。

(五)种公牛的繁殖利用

1. 合理利用种公牛　种公牛一般1岁半开始利用，进行后裔测定的可在12月龄便开始采精，未得到结果前，进行人工采精、精液冷冻贮存。5～6岁后繁殖机能减退。

2. 精液品质检查与处理　主要检查射精量、外观、气味、精子活力和密度等内容。合格后制成冷冻精液保存、利用。

二、犊牛的饲养管理

这里指出生后至6月龄断奶犊牛的饲养管理。

(一)初生犊牛的护理

1. 清除黏液　犊牛出生后立即用清洁毛巾擦去口、鼻、耳内的黏液，再清除体躯黏液。也可让母牛自行舐食，这有助于刺激犊牛呼吸和加强血液循环。

2. 断脐　挤出脐带内潴留的血液，距腹壁基部5～10 cm处用消毒剪刀剪断脐带，断端浸泡于5%～7%的碘酊中消毒。称重，填写出生记录。

3. 喂初乳

(1)初乳的成分　初乳是母牛产犊后5～7天内所分泌的乳。

(2)初乳的作用

①初生犊牛胃肠壁黏膜不发达，吃初乳后乳覆在胃肠壁上，可阻止细菌侵入。

②初生的犊牛没有免疫力，初乳中含有大量的营养物质(蛋白质、脂肪、维生素和矿物质等)和生物活性物质(免疫球蛋白、干扰素和溶菌酶)，因此它不仅能提供全面营养，保障犊牛生长发育需要，而且能使犊牛尽早获得母源抗体，获得被动免疫，提高其抗病力。

③初乳的酸度高(45～50°T)，使胃液变酸，可抑制有害菌。

④可促进皱胃分泌消化酶。

⑤初乳中较多的镁盐，促进胎粪排出。

⑥初乳中丰富的养分使犊牛获得充足的营养。

初乳的哺喂一定要及时，因为初乳的养分含量不但随着产后时间的延长而迅速下降，而且犊牛生后约36 h发生的“肠壁闭锁”现象，使免疫球蛋白不能再以大分子的状态通过。

(3)初乳的哺喂方法　生产上要求生后1 h内吃到初乳，第一次喂量不可低于1 kg，初乳的日喂量可为体重的1/6，日喂2～3次。

以后每天增加0.5 kg，第五天达到8～9 kg。也有的不论日龄大小，每天均喂5 kg，不足部分靠采食精料补充。一般喂3～5天，亦可喂至7日龄。

奶温要保持在35～39℃，不可过高或过低。

壶喂、桶喂均可使用。

(二)哺乳期犊牛的饲养

1.哺喂方法

(1)保姆牛哺育法　指犊牛直接随母牛哺乳。广泛地应用于肉役犊牛，乳用牛也有利用低产牛为保姆牛的。

优点：乳质不受污染；易于管理；节省劳力。

缺点：犊牛吃奶量不易控制，哺乳期较长。

(2)人工哺乳法

①充裕全乳哺育法：全乳任其饮用，以不引起不痢为度，一般充分饲喂6～8周，多用于“小牛肉”生产，过去乳牛也曾采用。哺乳期3～4个月，哺乳量800 kg。

②限量全乳哺育法：限制全乳用量，不足部分用代乳品和精料等补充，多用于乳犊牛。通常与早期断奶结合，哺乳量在400 kg以内，少者不足100 kg。

(3)补喂植物性饲料

①干草。犊牛从7～10日龄开始即可训练采食干草，促进瘤胃发育。

②精料。犊牛15～20日龄开始训练采食精料。涂于犊牛口鼻或撒于奶桶等教其舔食，适应后再单独用料槽饲喂。

③多汁料。能采食精料后可加入胡萝卜等多汁料，由于犊牛的胃容积不大，量不宜多。

④青贮料。从2月龄开始喂给。最初100～150 g/天，3月龄2 kg，6月龄增加到5 kg。

⑤饮水。自由饮水，1周内水温与奶温一致，以后可饮常温水。

2.犊牛早期断奶　一般把犊牛在4～8周龄断奶称早期断奶。

(1)早期断奶的优点

①节约商品乳，降低犊牛培育成本。

②提早补饲精料和牧草，促进消化器官的发育。

③减少哺乳期设备的购置，节约劳动力。

(2)早期断奶的饲养方案。犊牛料开始时需要调教，经2、3天后可自由采食，为促使犊牛多采食犊牛料，1月龄内暂时少喂青料，但必须有。

断奶后采食精料达 2 kg/天时，不再增加。

早期断奶的犊牛，在 6 月龄之前的体重稍低于晚断奶的牛，但在 6～18 月龄可得到很好的补偿生长。

早期断奶后有 1～2 周的增重很慢，甚至不增重，毛色暗淡，不活泼等。这是瘤胃的微生物区系正在建立，日粮营养水平偏低生成的。只要采食量达到 1 kg 精料和适量干草，这种现象可很快消失。

(3)代乳料及犊牛料的配制

①代乳料：又称人工乳，是以乳业副产品为主的粉末状的商品饲料，要求粗蛋白含量≥20%(如加大豆蛋白浓缩物则提高到 22%～24%)，粗脂肪 10%～20%，粗纤维≤0.5%。

添加的脂肪可用大豆卵磷脂等进行乳化，再经过均质，其吸收效果与天然牛奶一样。

在饲喂时必须稀释成液体，约按 1∶7 的比例加水，喂法与全乳相同。

②犊牛开食料：犊牛在 7～10 天后能吃干饲料，此时应喂开食料。开食精料宜含粗蛋白质 17%～18%，并要注意能量、维生素、矿物质和微量元素的添加。6 月龄时可每日饲喂 2～2.5 kg。在吃开食料的同时，为刺激瘤胃发育，应让犊牛自由采食优质的青干草。

3. 犊牛的管理

(1)犊牛的卫生管理

①哺乳卫生：首先要注意哺乳用具的卫生，每次用完后要及时洗净，用前消毒。喂奶完毕，用干净的毛巾将犊牛口鼻周围残留的乳汁擦干，防止养成“舔癖”。

②饲喂抗菌素：在犊牛瘤胃没有发挥功能以前，加喂抗菌，能使犊牛增强抵抗能力，还可以提高饲料报酬及日增重。

③刷拭：每日刷拭 1 次，保持牛体清洁，促进犊牛健康，养成温驯的性格。

(2)犊牛栏的卫生

①户外单栏培育法：这种犊牛舍为一半敞开式单间，前面设一简单犊牛围栏，并有小饲槽与草架。

容易保持清洁卫生，用阳光自然消毒，防止犊牛间互相吸吮脐带和耳朵传播病菌，降低犊牛脐带炎及大肠杆菌病的发生。可提高犊牛成活率和抗病力。犊牛舍要尽可能保持干燥通风，还应保证犊牛进食量，避免相互抢食现象。

②群栏培育：3 月龄后由单栏转入群饲，每栏约 5 头。

(3)称重及编号　初生时要称重，以后每月称重 1 次。

准确地给母牛编号是配种、产奶记录、免疫接种的基础。编号分永久性和非永久性两种。永久性的编号可用墨刺法、剪耳号法、耳号牌法、烙号法等;暂时编号可用颈链系号法、油漆法等。

(4)运动与放牧　犊牛应在10日龄起开始运动,逐渐增加运动量,第二个月后开始放牧。

(5)去角　去角目的是防止牛伤人或伤害其他牛。一般在生后7～10天时去角。

①苛性钠(钾)棒法:先将角基部的毛剪去,用凡士林涂一圈,然后用棒状苛性钠(钾)稍湿水后涂擦角基部,至有血渗出为止。

②电烙铁法:用烧红的电烙铁烧烙,待角基成白色时再涂以青霉素软膏。

(6)切除副乳头　有的犊牛出生后,除了正常的4个乳头外,还多出1、2个乳头,将其称为副乳头。副乳头即影响外观,又易造成细菌感染及影响挤奶,国外一般待犊牛1～2月龄时,将副乳头切除。

三、育成牛的饲养管理

育成牛又称后备牛、青年牛。

育成牛在体型、体重、乳腺等方面发育迅速,相对而言,需要较多的能量及钙磷的补充。

由于育成牛抗病力增强,采食量大、消化率高,而又没有产乳,使得饲养管理上往往过于粗放,而导致体重不足。

(一)育成牛的饲养

1.6～12月龄的饲养　此阶段性器官发育很快,同时增重迅速。

①6～12月龄是育成牛发育最快时期,发育正常时育成牛12月龄体重可达280～300 kg。犊牛在断奶后应继续喂给断奶前的开食精饲料,每日每头喂2～3 kg,日喂2次。4月龄后喂给蛋白质为14%～15%的生长精料,数量同前。

②已能利用较多的粗料,干草、青贮、秸秆都可喂给,让牛自由采食,以促进瘤胃的进一步发育。但瘤胃容积有限,1岁以内的育成牛仍需喂给适量的精料(1.5～3 kg/d)。为节约成本,可用尿素代替20%～25%的粗蛋白质。要防止因营养过分充足而使牛过肥,以保证断奶至12月龄的小母牛具有合适的体尺和体重,以便在15～16月龄提早配种。

2.12月龄到初次配种的饲养

①18月龄育成牛体重应达400～420 kg。此期,精料喂量每头每日为3～3.5 kg。粗饲料喂量:青贮饲料每头每日15～20 kg,青干草为2.5～3.0 kg。

②此阶段消化器官、性腺的发育已接近成熟,又无妊娠、产乳负担,只喂优质青粗料就能满足需要,青精料质量差时可补给精料,并注意矿物质、食盐的补充。

3. 受胎到第一次产犊的饲养　后备母牛在配种以后，怀娠前期仍按配种前的水平饲养。喂给占体重2%的青粗饲料（以干物质计），一般青贮饲料每头每日喂量15～20 kg，干草为2.5～3.0 kg，并给予3.0～3.5 kg的配合精料，以满足后备母牛生长、怀孕后期积聚养分和初产后泌乳的需要。

到产前3个月，随着胎儿的迅速增大逐渐增加营养。一方面满足胎儿的需要，另一方面为泌乳贮备营养。日喂配合精料4.0～4.5 kg。

饲料以优质青粗料为主，体积不宜太大，以免压迫胎儿，另外加喂精料2～4 kg，喂量逐渐增加，以适应产后大量喂精料的需要。

（二）育成牛的管理

1. 分群　犊牛在6月龄和12龄时，需按生长发育情况和其父母的生产性能资料而给予综合评定，分别进行选留。选留的犊牛，按月龄相近的原则集中饲养。公母犊牛由于发育及饲养管理条件要求不同，必须分开饲养。

2. 刷试　刷试有利于保持被毛光滑、畜体卫生或性情的培育，建立人畜感情，便于产犊后挤奶。每天1～2次，每次5 min。

3. 适时配种　育成牛满15～18月龄，要仔细观察发情表现，当体重达到370 kg时，应及时配种。对长期不发情牛，应仔细检查、治疗。

发情母牛兴奋，哞叫，频频排尿，食欲减退，反刍减少，爬跨其他牛，也接受爬跨。外阴部肿大充血，阴门附近有黏液结痂或透明黏液流出，体温升高0.7～1℃，泌乳量下降。

生产中一般在观察到发情后8～12 min用直肠把握法进行输精配种。

4. 乳房按摩　性成熟后是乳腺组织发育旺盛的时期，特别是妊娠中后期，按摩乳房可促进乳腺发育。

一般妊娠后5～6个月开始，用温水清洗、干毛巾擦拭，按摩乳房，每天1～2次，每次5 min，至产前1个月停止。但严禁拭挤，以免发生乳房炎。

5. 运动　母牛运动有利于胚胎发育及分娩，是预防难产的重要措施。每天可行走2 km。

6. 其他管理事项　使育成牛逐渐习惯于成年母牛的牛舍、颈枷、触摸等，以利于将来的挤奶操作。不要驱赶过快、碰撞，防止流产。冬季不饮喂冰水，不喂发霉变质及冰冻饲料。

四、乳牛的饲养管理

（一）乳房的内部结构

1. 韧带　悬韧带和侧韧带将乳房分成四个独立的乳区，互不连通，后乳区的产奶量一般大于前乳区。

2. 结缔组织 也称实质部，有支持腺体分泌细胞的作用。

3. 乳腺 牛奶的分泌器官。许多乳腺组成乳腺小叶，乳腺小叶再组成乳腺叶。

4. 导管 乳的通道，并有贮存乳汁的作用，它与乳腺连接形成葡萄串状，渐渐汇集变粗。

5. 乳池 上与乳导管相连，下与乳头中的乳头管相连，并在乳头的下端开口。

（二）乳的分泌

1. 乳的合成 乳的合成是以血液为原料，在乳腺腺泡内通过复杂的生理生化反应而形成的，并非简单地渗透或传递而形成。

2. 乳的分泌 泌乳期间奶的分泌是持续的，刚挤完奶时分泌速度最快，挤奶前最慢。两次挤奶期间，由于内压不断提高，奶的分泌速度随之下降，如不挤奶，约在最后一次挤奶后 35 h 泌乳停止。

乳的分泌速度在挤奶后 8～10 h 快而较为稳定，所以母牛每天要挤奶 2～3 次。

3. 乳的排出 乳腺泡分泌的乳汁绝大部分留在腺泡腔和小导管内，少部分流入导管和乳池。

在犊牛吸吮或挤奶操作的刺激下，垂体分泌催产素进入血液，引起乳腺壁的收缩，大量乳汁才能流入乳池。这种现象称为“排乳反射”。

排乳反射维持的时间 4～7 min，超过此时间就不容易将牛乳挤出。

（三）泌乳规律（曲线）

产后产奶量逐渐增加，30～60 天达到泌乳高峰，此后逐渐下降，高产牛一般高峰期稍迟，持续时间长，下降较慢，低产牛则相反。

（四）挤奶技术

1. 清洗与按摩乳房 开始挤奶前，首先用水、毛巾清洗乳房，在洗擦过程中起到按摩和刺激作用，使乳房膨胀，皮肤表面血管努张，呈淡红色，这是引起排乳反射的象征，要立即迅速地挤乳。

因近乳头的奶含细菌较多，且为了检查乳房炎的需要，开始挤奶时，将第 1、2 把奶挤到玻璃杯里不要。

2. 挤奶方法

（1）手工挤奶

①压榨法：又称拳握法，先用食指和拇指紧握乳头上端，堵住回流，然后用中指、无名指、小指将乳头内的奶挤出。

②滑榨法:又称滑下法,以拇指、食指和中指捏住乳头上端,向下滑动,将乳挤出。适用于乳头短小者。

手工挤奶时的握力 15～20 kg,挤奶速度为 80～120 次/min,由慢到快,最后又变慢。

挤奶操作要尽量在排乳反射消失前完成,否则会挤不干净。所以在挤奶时不能中途停顿,对于高产牛甚至要采用两人同时挤。

将要挤完时,按摩一下乳房,再把最后一些奶挤干净,可提高乳脂率和产奶量。

挤完奶后,进行乳头药浴,可有效预防乳房炎的发生。

(2)机器挤奶　机器挤奶不是用压力将奶挤出,而是利用真空负压,将乳头内的奶吸出。一个挤奶动作包括吸吮、压缩(休息)节拍组成,每分钟搏动次数为 48～60 次。

优点:

①吸吮动作接近自然哺乳,对乳头损伤少。

②四个乳区同时挤,较手工挤奶快。

③牛奶受污染少,干净卫生。

④节约劳动力,减轻劳动强度。

3. 每天的挤奶次数　根据乳腺的泌乳特点以及劳动力条件,目前一般多采用每天挤奶 2 次或 3 次,每次挤奶间隔尽量相同或相近。

高产牛每天挤 3 次比 2 次产量高 5%～20%,4 次挤奶又比 3 次多 5%～10%。但日产 15 kg 以下的牛每天挤 3 次与 2 次差别不大,为节约劳动力,只需挤 2 次即可。

(五)饲养

奶牛对能量、蛋白质、矿物质和维生素的需要,除了维持自身生理需要外,还要满足产奶需要,由于泌乳阶段不同,生理需要不同,饲养也随之改变。

1. 泌乳牛营养需要和日粮要求

(1)泌乳早期　也称围产后期,指分娩后至第 15 天。

分娩后喂给 30～40℃麸皮盐水(麸皮约 1 kg、盐约 100 g、水约 10 kg)。母牛产后 1～3 天,机体较弱,消化道功能尚未恢复,喂优质精料 4 kg,青贮 10～15 kg、干草 2～3 kg。可适当喂给少量块根或糟渣,以尽快促使瘤胃功能恢复。分娩 4 天后根据牛食欲状况逐步增加精料、多汁料、青贮和干草的给量,精料每日增加 0.5～1 kg,至产后第 7 天达到泌乳牛日粮给料标准(含每头牛日补优质蛋白 200～300 g)。母牛食欲和消化功能逐渐好转,精料和多汁饲料可逐渐增加喂量。

(2)泌乳盛期　即泌乳高峰期，指分娩后第16天至第100天。

随产乳量的增加而增加精料喂量：日产乳20 kg给7.0～8.5 kg；日产乳30 kg给8.5～10.0 kg；日产乳40 kg给10.0～12.0 kg精料。谷物饲料最高喂量不应超过15 kg。供应优质的粗饲料：每头每天给青饲、青贮20 kg；干草4.0 kg以上；糟渣类12 kg以下；多汁类饲料3～5 kg，任牛自由采食，以维持瘤胃正常消化功能。日产奶40 kg以上应注意补给维生素及其他微量元素。精粗饲料比65∶35～70∶30的持续时间不得超过30天。此期营养需要按体重550～650 kg、乳脂率3.5%的奶牛日粮营养需要供给。

(3)泌乳中期　此期少数母牛产乳量开始逐渐下降，每月平均产乳量递减7%左右。精料喂量标准：日产奶30 kg给7.0～8.0 kg；日产奶20 kg给6.5～7.5 kg；日产奶15 kg给6.0～7.0 kg。粗饲料喂量标准：青贮、青饲料每头每天给15～20 kg，糟渣类饲料10～20 kg，块根多汁类饲料5.0 kg，干草自由采食，但最少也应保证4.0 kg以上。日粮营养需要按体重600～700 kg、乳脂率3.5%的奶牛日粮营养需要供给。

(4)泌乳后期　母牛怀孕，营养需要逐渐减少，为防止低产牛因采食过多饲料而造成饲料浪费，精料喂量应根据泌乳量而随时调整。精料给量标准6.0～7.0 kg。粗饲料给量标准：青饲、青贮每头每天不低于20 kg；干草4.0～5.0 kg；糟渣、多汁类饲料不超过20 kg。此期间胎儿发育加快，每头日应有0.5～0.7 kg的增重。

2. 干乳牛的营养需要和日粮要求　干乳期为2个月，前45天为干乳前期；后15天为干乳后期(也称围产前期)。干乳前期，以青粗料为主，适当搭配精料。青贮、青饲每头每天10～15 kg，优质干草3～5 kg，糟糟类、多汁类饲料喂量不超过5 kg。干乳后期应适当提高日粮中蛋白质水平，降低钙的给量(钙、磷每日喂量为50 g和30 g)，避免高钙日粮，以适应产后需要。对膘情差的牛适当控制青粗料，加喂一定的精料，加喂量应根据当时母牛膘情、健康、食欲及预期产奶量来决定。由于胎儿的快速生长，母牛应有适当的增重，至临产前应达8成膘，健壮而不过肥。

各阶段营养需要按饲养标准供给。

(六)管理

1. 饲养方式及设备

(1)拴系式饲养　拴系式牛舍亦称常规牛舍。母牛的饲喂、挤奶、休息均在牛舍内进行。

①拴系方式：常见的有杆式颈枷法和链式颈枷法两种。

②排列方式：分单列式、双列式、四列式等。最常用的是双列式，根据母牛站立方向的不同，又分为对尾式和对头式两种。

③其他设备：在对尾式牛舍中，从一侧往里依次是：给饲通道→饲槽→牛床→粪尿沟→中央通道。

④优缺点

优点：能做到个别饲养，分别对待；母牛如有发情容易发现；防寒效果好。

缺点：耗费劳力较多；牛舍造价较高；乳房易受损伤。

(2)散放式饲养

①牛舍布局：除挤奶外，其余时间不加拴系，可自由活动与采食，一般包括休息区、饲喂区、挤奶区等。

②挤奶设备：通常在挤奶厅集中挤奶，常见的有鱼骨式挤奶厅和转台式挤奶厅。也可采用移动式挤奶机。

③优缺点：

优点：便于机械化操作，节约劳动力；牛舍结构简单经济；母牛感觉舒适，运动充足。

缺点：不易做到个别饲养；共用饲槽和水槽，传染疾病机会较多。

2. 泌乳牛的管理　泌乳期母牛的基本管理是繁殖、营养和控制乳房炎。

(1)加强产后母牛的监护　母牛产犊后 20～30 min，将其轰起，喂饮 1%食盐麸皮水。对产后衰弱不能站立者，可用葡萄糖生理盐水 1 500～2 000 mL、25%葡萄糖液 500 mL 一次静脉注射。

当母牛产后努责强烈，用 1%来苏儿溶液彻底洗净术者手臂和母牛后躯，手伸入产道内仔细检查有无损伤、出血和胎儿等并及时处治。当产道无异常而仍努责，可用 1%～2%奴夫卡因 10～15 mL，行尾椎封闭，以防止子宫外翻和脱出。

胎衣在产后 10～12 h 仍未脱落者，应及时处理。如胎衣易剥离；如粘连较紧不易剥离，可向子宫内注入抗生素(土霉素 2～3 g)隔日 1 次，直至阴道分泌物清亮为止。

母牛产后 30～60 min 内进行第一次挤奶，挤出全部奶量的 1/3 左右，挤速不宜太快。第二次要适量增加挤出量，24 h 后正常挤奶。

产后 30～35 天进行直肠检查，判断子宫复旧和卵巢变化。如卵巢静止、子宫炎时应及时治疗。

产后 50～60 天尚未表现发情征兆的母牛，可用已烯雌酚 15～20 mL 一次肌肉注射，以诱导发情。

(2)要经常观察母牛的食欲和泌乳量　为使母牛产后尽快恢复食欲，应根据泌乳量和不同生理阶段，随时调整营养以供应平衡日粮。

(3)加强乳房卫生保健，控制乳房炎　洗乳房水和毛巾要清洁、干净；水可加

4%次氯酸钠,0.1%高锰酸钾,洗时要彻底,洗后应将乳房彻底擦干。定期进行乳房炎诊断。

(4)奶牛热应激的预防　奶牛的适宜环境温度为15～20℃,气温超过27℃时,会使产奶量明显下降。为减少热应激给奶牛带来的影响,可采取以下措施:

①合理的牛舍结构:牛舍要东西走向,坐北朝南,敞开式,有足够的高度,舍顶最好有隔热层,牛舍间的距离在2倍高度以上。

②搭凉棚:在牛舍的南面搭凉棚,防止阳光直射入牛舍。在运动场上也需搭建凉棚或种树,供牛遮阴。

③安装电风扇:可促进牛舍通风和牛体散热。

④喷水淋浴:直接给牛体喷水淋浴能有效地减轻热应激,如与风扇相结合效果更佳。

⑤饮冷水:利用温差传导散热,减少热负担,提高食欲。

⑥夜间凉爽时加喂饲料:补充白天由于天气炎热造成的采食量下降,避免白天大量的消化代谢产生的体增热加重热应激的影响。

3. 干乳牛管理　奶牛进入泌乳后期,体内贮存的能量、蛋白质和矿物质被用来弥补每天泌乳的需要。泌乳末期和干乳期的奶牛,不仅需要贮存一部分营养物质来补偿营养消耗,蓄积体力和恢复体质,而且还需要适当的营养来满足胎儿的迅速生长,因此在产犊前有一段时间停止产奶,即干乳。

干乳期奶牛需要特殊的管理,如果饲养管理不当,不仅直接影响到本胎次的健康养况,而且对下个泌乳期的产奶量也有极大影响。因此,干乳牛管理在奶牛场内应放在重要位置,具体内容包括以下几个方面:

(1)快速停乳　指在2～3天使泌乳完全停止的方法。日产奶13 kg以下的奶牛停奶容易。停喂精料并立即停止挤奶即可,2～3天后彻底挤最后一次奶就可以了。高产奶牛停奶时,应采取停喂精料,限制饮水等方法使产奶量减少,当产奶量下降后,立即停奶。最后一次挤奶后,用4%次氯酸钠或0.3%洗必泰溶液浸泡乳头。

(2)乳房炎预防　由于上个泌乳期存在隐性乳房炎感染,因此很多牛在产后常常发生乳房炎。为此,干乳期应进行药物治疗。将在最后一次挤奶后,4个乳区都用专治乳房炎的抗生素药物注入乳房。可对牛群进行细菌学检查。

(3)控制精料量,防止过肥　母牛产犊前后容易出现乳房炎、酮病、产乳热、肥胖母牛综合症和真胃移位。这些疾病都与干乳期饲喂能量过多和粗饲料不足有关。因此,日粮中应限制精料量、增加粗饲料如优质干草、低水分青贮料喂量。

(4)做好产前准备工作　对于奶牛经常观察外部表现,当腹围不随妊娠月龄增大时，应及时检查，防止妊娠中断而引起产犊间隔延长的可能性。当母牛腹围过大、乳房水肿时，应减少站立时间，提前将母牛放出棚外，令其自由活动。临近分娩时，应设专人看护，加强分娩前兆观察与做好接产准备。

五、肉牛的饲养管理

(一)犊牛的饲养管理

1. 初生犊牛的护理

(1)清除黏液　犊牛初生后，用清洁毛布将牛口、鼻及体躯上的黏液擦干净。也可让母牛将小牛身上的胎水舔干。

(2)断脐带　一般脐带会自然扯断，在未断裂的情况下，可用消毒后的剪刀距腹部 10～15 cm 处剪断，挤出脐带中的黏液并用碘酊消毒。脐带约在生后 1 周左右干燥脱落。如发生炎症，应及时治疗。

(3)早吃初乳　让犊牛出生后 0.5～1.0 h 内吃上初乳，当母牛乳头过大或乳房过低时要人工辅助犊牛吃初乳。

(4)常乳和代乳品　常乳用于犊牛初乳喂过后到断奶时的 50～60 天。为了降低成本，也可用代乳品以取代部分或全部牛乳。2 周内犊牛每天喂奶 4 次；3～5 周喂 3 次；6 周以上喂 2 次。

2. 犊牛的补饲　犊牛出生后对营养物质的需要不断增加，而母牛的产奶量 2 个月以后就开始下降。为了使犊牛达到正常生长量，并促进犊牛瘤胃发育，就必须进行补饲。

①从 2 周龄开始用奶拌少许精料引诱幼犊舔食。

②在 3～4 周龄时，可以逐渐给犊牛喂料。开始时，每天每头犊牛只能喂 100 g 精料，经过 5～7 天人工饲喂后，就可以让犊牛自己吃料。一旦犊牛学会吃料，饲槽内要始终保持有料，供犊牛采食。4 周龄后，按生长发育情况和喂奶量相应补喂精料，喂量 0.5～1 kg。从 3 周龄开始，应喂给优质的青干草或青绿饲草。到第 5 个月结束时，采食量可达到 3.6 kg。从 1 月龄到断奶，犊牛的补料量平均每天每头 1.4 kg 最合适，这个量正好能补充牛奶营养的不足，使犊牛的骨骼和肌肉正常生长。如果超过这个数量，会使犊牛过肥，不经济。

3. 犊牛的早期断奶

(1)早期断奶时间　犊牛一般在 7 月龄断奶。早期断奶指在出生后 35 天内断奶。

(2)早期断奶的优点　使犊牛快速进入肥育场；缩短母牛的配种间隔；减少母

牛的营养需要量，使母牛利用更多的粗饲料；延长纯种母牛的使用寿命；早期断奶犊牛的肉料比最高。

(3)早期断奶的原则　早期断奶的犊牛必须加强营养，喂给犊牛蛋白质、能量、维生素和微量元素含量平衡、适口性好的日粮。在断奶前 2～3 周给犊牛试喂开食料。

4. 犊牛的管理

(1)预防接种　2～3 月龄(特别是在转入放牧之前)接种气肿疽疫苗。断奶前的 3 周接种传染性牛鼻气管炎疫苗。断奶后 2～3 周接种牛病毒性腹泻疫苗。此外还要进行布氏杆菌及结核病的预防接种。

(2)适时去角　注意选择时机

(3)分群饲养和放牧　按月龄、体格大小和性别分群，每群 30～50 头。

(4)适宜的活动量及卫生　1 周龄内幼犊抵抗力低，通常不户外活动。注意犊牛舍内温度、干燥、通风及卫生良好，以提高犊牛成活率。

(二)生长牛的饲养管理

1. 育成牛的饲养管理原则　生长肥育牛(架子牛)是指断奶后供作肥育出售的幼牛。

犊牛断奶后仍有较强的生长优势，并有充分利用粗饲料的能力。通过这一阶段的饲养，使其早日达到出栏的体重。饲养生长肥育牛的关键不在于提高日增重的速度，也不要求过肥。一般多在秋季把收购集中来的 0.5～1 岁生长肥育牛在舍内饲喂大量粗料越冬，使牛日增重平均达 450 g 以上，翌年夏季通过继续放牧，养到 1.5 岁体重达 350～400 kg，以供出售肥育。

根据我国当前情况，肉用品种与本地牛杂交所生的犊牛断奶后，单纯依靠放牧渡过第一冬季，于第二年秋天 18 月龄超过 300 kg 是很困难的，如果在经过第二个冬季，势必延长到 2.5 岁出栏，降低了架子牛的出栏率，增加了饲养成本。因此，应该特别重视第一个冬季的补饲。除了每天放牧之外，可用农作物秸秆、干草、青贮和部分精料(配合一定数量的尿素等蛋白质补充料)，使日增重不低于 350～400 g，经第二年夏季放牧饲养，使活重超过 300～350 kg 出栏，会取得明显的经济效益。

2. 育成牛的营养需要和饲养　一般到 18 月龄时，育成母牛体重要达到成年体重的 70%，并开始初配。同时，早期断奶的犊牛，在此期间体重逐步得到较好的补偿生长。

刚断奶的牛由于消化机能比较差，粗料的质量应较好。在青草季节以青绿饲料为主时，每天应补充混合精料 6.28 MJ 的净能；在枯草期应喂优质干草和苜蓿干草等品质较好的粗料，或搭配喂青贮饲料。断奶后育成牛的饲料应以品质较好的粗料为主，夏、秋季节以青绿饲料为主，最好进行放牧，营养不足部分用精料补充。精料中应重视蛋白质及矿物质的含量。

9～10月龄育成牛，在青草季节每天补饲0.5 kg混合料，就可获得0.6～1.0 kg的日增重。1岁以上育成牛，如粗料以秸秆为主，每天补精料2～2.5 kg；如以优质干草为主，每天补精料1～1.5 kg。生长发育较好的育成母牛，可在15～18月龄配种。9个月至1周岁的育成牛，在青草季节每天应补3.35 MJ的净能；在枯草季节或以秸秆饲料（未经氨化）为主时，粗料中应有较高比例的优质干草，每天补精料8.79 MJ的净能。1岁以上育成牛在青草季节不需补饲精料；在枯草季节和以秸秆为主（未经氨化）时，应补饲11.72～16.64 MJ的净能。作为种用的育成公牛，应保证青粗饲料质量，增加精饲料给量，以获得较高的日增重并防止草腹的形成。每天保证2～3 h的运动。周岁时戴鼻环，以便管理和调教。要经常刷试，以保证牛体清洁，做到人、牛亲和，防止发生恶癖。生长发育正常时，可在18月龄开始采精，采精频率控制在每周1次；2岁时转入正常采精，一般每周2次。

饲养方式宜采用放牧或舍饲。舍饲情况下，采用散养式饲养，不应拴饲。饲料应以粗料为主，这样得以刺激消化器官的发育，若用精料补充粗料中养分的不足，应重视精料中蛋白质含量，如果精料中蛋白质含量不足，能量较高，再加上粗饲料不足，会造成内脏发育不良，影响以后的生产性能。育成牛食盐给量，可按每100 kg体重5～10 g喂给，喂食盐切忌集中数天补1次，那样既浪费食盐也损害牛的健康。

春犊断奶后进入第一个冬春，喂给青干草、青贮料和精料，力争保持一个中等营养水平。到第二年青草季节，再集中放牧，并适当补料，“拉架子”到10月底，短期催肥，2.5～3个月出栏。

秋犊断奶后进入青草季节，应尽量延长放牧时间，适当补饲精料，当到达第二个冬春，催肥出栏。

断奶后犊牛必须公、母分群，不必拴系，任其自由活动和采食，定时称重，检查生长发育情况。

（三）肥育牛的饲养管理

育肥肉牛包括幼龄牛、成年牛及老残牛。不同种类育肥牛，在育肥期间所要求的营养水平也不相同。

1. 肥育牛的营养需要

（1）蛋白质的需要　草地肥育时，肥育速度较慢，因具备良好的牧草及品质优良的干草，即能满足肥育肉牛的蛋白质需要；架子牛舍饲肥育时，体重已达300 kg左右，不论采用易地育肥或就地育肥，日粮中蛋白质应占10%～13%，随着活重增大，其含量可逐渐减少，到肥育末期，日粮中蛋白质为10%。犊牛(6～12月龄)肥育时，体重150～200 kg，日粮中蛋白质可达15%。老龄牛肥育时，日粮中蛋白质为10%。

(2)能量需要　按照肉牛的能量需要，合理搭配日粮中精、粗饲料比例，且适当提高精饲料比例，能提高育肥肉牛的增重效果。

(3)矿物质的需要　肉牛很少由于矿物质的缺乏而生病或死亡，但矿物质供应不足时，则影响生产。因此，应保证肥育肉牛钙、磷、铁、铜、钴等矿物质的需要量。

(4)维生素的需要　应保证肥育肉牛对维生素A等的需要。冬季育肥时，加喂适量胡萝卜等多汁饲料，以补充维生素需要及增加牛对干草秸秆等粗饲料的采食量。

2. 肥育肉牛的管理

①育肥前要驱除体内及体外寄生虫，并严格清扫和消毒牛舍。

②舍内温度不低于0℃，不高于27℃。

③保证充足、清洁的饮水，冬季水温最好不低于10～20℃。

④适时出栏。

⑤选用杂交牛。

3. 肉牛肥育技术

(1)高能日粮饲喂技术　所谓高能日粮，是指每千克肉牛日粮中含有代谢能10.88 MJ以上或日粮中精料的比例70%以上者。

(2)围栏肥育技术　肥育牛不拴系，高密度(每头占有面积4～5 m^2)散养在围栏内，减少肥育牛的运动量。自由采食，自由饮水。粗、精料充分搅拌均匀后投喂。日粮结构和成分以肉牛体重、用途不同而有差别。

(3)犊牛肥育技术　犊牛肥育以生产优质高档牛肉为目的。在产犊区，犊牛6月龄断奶，正遇上冬季。因此准备肥育的6月龄犊牛，最好尽快转移到饲养条件较好、精料水平较高的地区。

越冬期要求日增重500 g左右，每头每日采食干物质量为4 kg左右，即为犊牛体重的2.7%。日粮中粗蛋白含量为11.3%～11.5%；日粮中粗料量约占75%。这样经过冬季(4个月)的饲养，犊牛体重可达210 kg左右。若犊牛18月龄时能达450 kg以上，最后8个月的饲养应增加每头每日采食干物质量。管理要点为自由饮水，自由采食，围栏育肥。日粮中精料比例上升到75%以上时，应注意牛只肚胀或腹泻拉稀。发现胀肚、停食现象应及时诊治。

(4)强度肥育技术　适用于强度肥育的肉牛，一般指2.5岁体重300 kg的架子牛。这种牛骨架已长成，只是膘情比较差，如果采用高精料饲养，将在短时间内

(1 个月)增加肉牛膘度,达到出栏体重 500 kg 左右。

(5)冬季快速育肥　肉牛冬季快速育肥,采取的主要措施有:舍饲、拴系饲养(一牛一桩,限制牛运动)、日粮满足蛋白质需要和多添加能量饲料、定时饲喂、适时出栏。一般体重达到 400～500 kg,便应出栏。

(6)高档肉牛肥育技术　高档牛肉生产技术要点:

①严格控制年龄。6 月龄断奶牛的活重达 200 kg 以上。一般 14～18 月龄屠宰。

②严格要求屠宰体重。上述月龄犊牛的宰前活重应达到 400～500 kg 以上,没有这样的宰前活重,牛肉品质达不到优等或精选等级。因此既要求月龄,又要求有一定的体重,两者缺一不可。

③丰富营养。采用高能平衡日粮,犊牛肥育技术饲养。

④围栏饲养。自由采食、自由饮水。

⑤选择适宜的牛品种。一般认为杂种肉牛增重快、肉品质优。引进品种牛与本地牛杂交改良为高档牛肉,牛肉品质在嫩度、风味、多汁性等方面均达到进口高档牛肉水平。

第二章　猪的生产

第一节　猪的类型和品种

一、猪的经济类型

猪的经济类型可分为脂肪型、瘦肉型和肉脂兼用型。这是由于人们根据市场对瘦肉和脂肪的需求差异和不同地区养猪的特点，经长期不同方向选育而形成的，是品种向专门化方向发展的产物。

(一)脂肪型

这类猪的胴体能提供较多的脂肪。猪的外形特点是体躯宽、深而不长，全身肥满，头颈较重，四肢短。体长与胸围之比不超过 2～3 cm。皮下脂肪达 4 cm 以上。在过去国外养猪业以产脂肪为重点的时代，培育的品种多属脂肪型。近年来，国内外市场需要的胴体，要求能提供较多的瘦肉，于是以肉脂兼用型替代了过去的脂肪型。

(二)瘦肉型

以生产瘦肉为主，其外形特点与脂肪型相反，一般是腿高、身长，胸浅而躯体狭窄，体长大于胸围 15～20 cm 以上。头颈较轻，体躯长，四肢高，前后肢间距宽，背线与腹线平直，头颈部轻而肉少。躯干较深，腹部容积较大。背膘薄，厚度 1.5～3.5 cm，脂肪坚实或半硬质。腿臀丰满，因而瘦肉多，胸腹肉特别发达。外国引进的长白猪、大约克夏猪、杜洛克猪、汉普夏猪和杜洛克猪，以及我国培育的三江白猪和湖北白猪均属瘦肉型。

(三)肉脂兼用型

这类猪现在比较受欢迎，其生产的肉品既鲜嫩又营养丰富。此种猪的体型和特征介于脂肪型和瘦肉型之间，体质结实，背线有时呈弓形，颈短，躯干不长而较宽，背腰厚，腿臂发达，肌肉组织致密，腹较紧，脂肪少。生产瘦肉与脂肪的能力都较好，瘦肉和脂肪大体各占 50%左右。我国培育的大多数猪种属于兼用型猪种。

猪的经济类型主要是根据其胴体的用途来划分的。不同用途的胴体，其中瘦肉和脂肪的比例不同，使得不同经济类型猪的外形表现也有所差异。这种外形和胴体的差异固然为遗传基础决定，但亦受饲养条件和肥育方式的影响，因而不能完全按照猪的经济类型来划分品种类别。

二、我国地方优良品种资源

（一）太湖猪

1. 产地和分布　太湖猪分布于长江下游的江苏、浙江省和上海市交界的太湖流域。依产地不同分为二花脸、梅山、枫泾、嘉兴黑和横泾猪等类型。1974 年始统称“太湖猪”。

2. 外貌特征　太湖猪体型中等，被毛稀疏，黑或青灰色，头大额宽，额部和后躯皱褶深密，耳大下垂、形如烤烟叶，鼻、四肢均为白色，四肢粗壮，腹大下垂，腹部紫红，臀部稍高，乳头 8～9 对(图 2-1)。

图 2-1　太湖猪

3. 生产性能　太湖猪早熟易肥，日增重 439 g，料重比为 3.82∶1，屠宰率 65%～70%，胴体瘦肉率 38.8%～45%，肉色鲜红，瘦肉中的脂肪含量较多，肉质口感好。

4. 繁殖性能　太湖猪以繁殖力高而著称于世，是世界上猪品种中产仔数最高的一个品种，尤以二花脸、梅山猪最高。太湖猪性成熟早，母猪 2 月龄即可发情，75 日龄母猪即可配种妊娠，母猪的第一胎产仔数 12.64 头，经产可达 15.83 头。太湖猪护仔性强，泌乳力高，起卧谨慎，能减少仔猪被压，仔猪育成率较高。

5. 杂交效果　太湖猪遗传性能较稳定，与瘦肉型猪种杂交优势强，最适宜作杂交母体。目前太湖猪常用作长太母本开展三元杂交。以杜×(长×太)或大×(长×太)等三元杂交组合较好，具有产仔数多、瘦肉率高、生长速度快等特点，瘦肉率可达 53%以上。

（二）东北民猪

1. 产地和分布　东北民猪是东北地区一个古老的地方猪种，有大民猪、中民猪和小民猪(荷包猪)三种类型。主要分布于辽宁、吉林、黑龙江、河北省和内蒙古自治区。目前主要饲养少量中型民猪。

2. 外貌特征 东北民猪全身被毛为黑色,体质强健,头中等大,嘴筒长直,头纹纵行,耳大下垂,背腰稍凹,四肢粗壮,后躯斜窄,猪鬃良好,乳头7对以上,冬季密生棕红色绒毛(图2-2)。

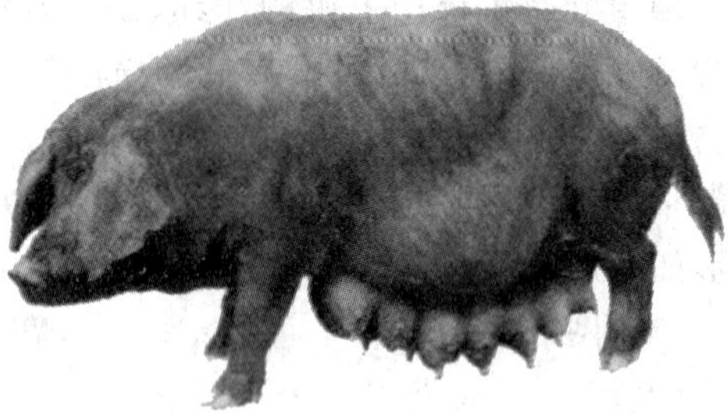

图2-2 东北民猪

3. 生产性能 东北民猪具有产仔多、肉质好、抗寒、耐粗饲的突出优点。8月龄公猪体重79.5 kg,体长105 cm,母猪体重90.3 kg,体长112 cm。233日龄体重可达90 kg,瘦肉率为48.5%,料重比为4.18∶1。

4. 繁殖性能 东北民猪4月龄即出现初情期。母猪发情周期为18～24天,持续期3～7天。公母猪7～8月龄体重60～70 kg即可开始配种。成年母猪受胎率一般为98%,窝产仔数高达14.7头,活产仔13.19头,2月龄成活11～12头。

5. 杂交效果 东北民猪是很好的杂交母本。杜洛克×东北民猪杂交,其子一代杂种猪205日龄体重达90 kg,料重比为3.81∶1,瘦肉率为56.19%;长白猪×东北民猪杂交,子一代杂种猪127.4天体重可达90 kg,料重比为3.22∶1,瘦肉率53.47%;汉普夏×东北民猪杂交,子一代杂种猪179日龄体重可达90 kg,料重比为3.78∶1,屠宰率70%,瘦肉率为56.65%。

(三)金华猪

1. 产地和分布 金华猪主要产于浙江省金华地区的义乌、东阳和金华3个县。

2. 外貌特征 金华猪毛色除头颈和臀尾为黑色外,其余均为白色,故有"两头乌"之称。耳中等大、下垂,额上有皱纹,颈粗短,背微凹,腹大微下垂,臀较倾斜,四肢较短,蹄坚实,皮薄毛稀,乳头为7～8对(图2-3)。

3. 生产性能 金华猪具有皮薄、肉嫩、骨细和肉脂品质好的特点,适宜腌制火腿和腊肉。以此为原料制作的金华火腿,是中国著名传统的熏腊制品,为火腿中的上品。该猪日增重464 g,屠宰率72.55%,瘦肉率43.36%。

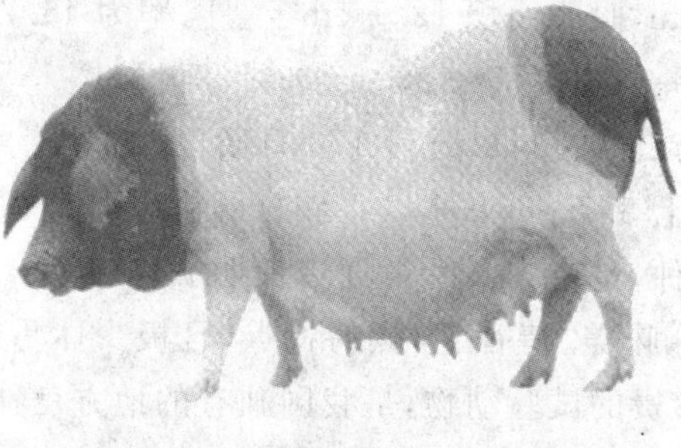

图 2-3　金华猪

4. 繁殖性能　金华猪具有性成熟早、性情温驯、母性好和产仔多等优良特性。经产母猪每窝产仔 14.22 头，护仔性强，仔猪育成率高达 94%。

5. 杂交效果　以金华猪作母本与大约克、汉普夏、杜洛克和长白猪进行二元杂交能明显地提高肥育猪增重速度。日增重提高 25.71%～38.25%，饲料消耗减少 10.30%～13.06%，瘦肉率提高 5.93%～8.90%。长×(大×金)，大×(长×金)，长×(苏×金)，苏×(大×金)等三元杂种猪的效果优于二元杂交。其日增重分别达 614 g 和 698 g，瘦肉率比纯种金华猪提高 5%～9%。

(四)香猪

1. 产地和分布　香猪原产地为我国广西、贵州省山区，中心产区在贵州省从江县，属微型猪种。其肉嫩味香，无膻无腥，故名香猪，是一个生产优质猪肉的良种。

2. 外貌特征　香猪体躯矮小，头较直，额部皱纹浅而小，耳较小而薄，略向两侧平伸或稍下垂。背腰宽而微凹，腹大，丰圆触地，后躯较丰满。四肢短细，后肢多卧系。皮薄肉细。毛色多全黑，但亦有“六白”或完全“六白”的特征(图 2-4)。

图 2-4　香猪

3. 生产性能　香猪的突出特点是体型小、体重小。公猪生长较慢。4 月龄 7.87 kg，6 月龄 16.02 kg，母猪 4 月龄 11.08 kg，6 月龄 26.29 kg。成年母猪体重 41.1 kg。肥育期日增重较好条件下为 210 g，香猪早熟易肥，宜于早期屠宰。屠宰率为 65.7%，膘厚 3 cm，眼肌面积 12.7 cm^2，瘦肉率为 46.7%。肉质鲜嫩宜做腊肉和烤乳猪。

4. 繁殖性能 香猪性成熟早，公猪 170 日龄配种，母猪 120 日龄初配，头胎产仔 4.5～6 头，三胎以上 5.7～8 头。

小香猪是微型猪种，是苗族人民将野猪长期驯化、精心培育而成的珍贵品种，具有皮薄、骨细、肉嫩、味美、清香、不腻的特点，且极少体重超过 30 kg，既是烧烤猪的上乘原料，也是珍贵的试验动物，是我国独有的地方良种。纯繁是保证香猪遗传稳定的关键。

三、引入优良品种资源

（一）大白猪（大约克夏猪）

1. 产地和分布 大白猪（大约克夏猪）原产英国北部的约克郡及其邻近的地区，迄今已有 220 余年的培育历史。约克夏猪分为大、中、小三个类型，大型猪属于瘦肉型，中型猪属于兼用型，小型猪属于脂肪型。小型猪现已少见，中型猪日渐较少，大型猪广布于世界各地，大白猪通常是指大约克夏猪。

2. 外貌特征 大白猪（大约克夏猪）体大，毛色全白，头长，颜面宽而呈中等凹陷，耳薄而大并向前直立，体躯长，胸深广，背平直稍呈弓形，腹充实而紧，后躯宽长，但后腿欠丰满，乳头 7～8 对。

3. 生产性能 大白猪（大约克夏猪）是瘦肉型猪的代表品种，具有增重快、饲料转化率高的优点。平均日增重 982 g，料重比为 2.8∶1，屠宰率 71%～73%，瘦肉率高达 61.9%。

4. 繁殖性能 与其他国外引进猪种相比，大白猪（大约克夏猪）繁殖能力较高，母猪初情期在 5 月龄左右，一般于 8～10 月龄、体重达 110 kg 以上时初配。经产母猪平均产仔 12.5 头，产活仔数 10 头。母猪泌乳性强，哺育率较高。

5. 杂交效果 世界各地曾先后引入大白猪（大约克夏猪）并用来杂交改良当地猪种，都取得了较好的效果。现在许多品种或多或少都含有其血缘。在国内的二元杂交中，常用大白作父本，地方猪种作母本开展杂交生产。大白×（长白×通城）三元杂种的日增重优势率为 24.22%，胴体瘦肉率为 53.76%。在国外，三元杂交中，大白猪常用作母本或第一父本。

（二）长白猪（兰德瑞斯猪）

1. 产地和分布 长白猪原名兰德瑞斯，原产于丹麦，是世界上分布最广的瘦肉型猪种。

2. 外貌特征　长白猪全身被毛白色，故在我国通称为长白猪。头狭长，嘴筒直，鼻梁长，面无凹陷，两耳大多向前伸，体躯呈楔形，前轻后重，胸宽深适度，背腰特别长，背线微呈弓形，腹线平直，后躯丰满，全身结构紧凑，呈“流线形”，乳头 7～8 对（图 2-5）。

图 2-5　长白猪

3. 生产性能　成年公猪体重平均 246.2 kg，母猪 218.7 kg。在国内良好饲养条件下，6 月龄体重达 90 kg 以上，料重比为 3∶1，胴体瘦肉率 62%以上，背膘较薄。

4. 繁殖性能　长白猪性成熟较晚，公猪一般在 6 月龄性成熟，10 月龄体重 120 kg 左右开始配种。母猪多在 6 月龄开始发情，8～10 月龄、体重达 110 kg 时开始配种。长白猪的繁殖性能较好，自引入中国后，产仔数有所增加，初产母猪平均产仔数 10.8 头，经产母猪为 11.33 头。

5. 杂交效果　长白猪与我国地方猪种杂交能显著提高后代的日增重、瘦肉率和饲料转化率。在杂交配套生产商品猪体系中既可以用作父系，也可以用作母系。

（三）杜洛克猪

1. 产地和分布　杜洛克猪原产于美国东部的纽约州和新泽西州，广布于世界各地。我国目前饲养的杜洛克来自美国和加拿大，即美系和加系杜洛克；产于我国台湾的杜洛克经过培育特点独特，因而称台系杜洛克。

2. 外貌特征　杜洛克猪全身棕红或红色，体躯高大，粗壮结实，头较小，面部微凹，耳中等大小，向前倾，耳尖稍弯曲，胸宽深，背腰呈弓形，腹线平直，四肢强健。

3. 生产性能　杜洛克猪适应性很强，能耐低温气候。具有良好的产肉性能，成年体重较大，成年公猪体重约 400 kg，母猪 350 kg。平均日增重 651 g，料重比 2.55∶1，屠宰率 74.38%，瘦肉率 62.40%。

4. 繁殖性能　杜洛克猪繁殖力一般，平均窝产仔数 9.93 头，母性较强，育成率较高。

5. 杂交效果　杜洛克猪主要用作父系或父本，尤其以杜洛克为终端父本，它能较大幅度地提高肥育猪的胴体瘦肉率，且肉质良好。上述三个品种猪是国内外均采用的三元杂种组合品种猪，即杜×(长×大)或杜×(大×长)。

（四）汉普夏猪

1. 产地和分布　汉普夏猪原产于美国肯塔州的布奥尼地区，是北美分布较广的瘦肉型品种，广泛分布于世界各地。

2. 外貌特征　汉普夏猪全身主要为黑色，肩部到前肢有一条白带环绕，俗称白带子猪。头大小适中，颜面直，耳向上直立，中躯较宽，背腰平直或稍弓，体躯紧凑(图 2-6)。

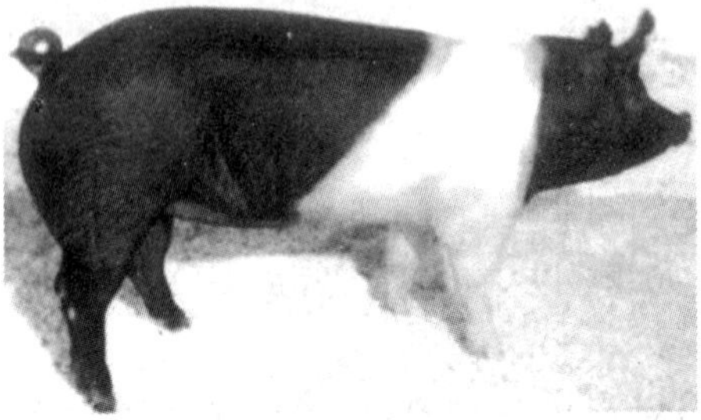

图 2-6　汉普夏猪

3. 生产性能　汉普夏生长速度稍慢，饲料转化率稍低，眼肌面积较大，6 月龄体重可达 90 kg，屠宰率 72%～75%，胴体瘦肉率 65%以上。

4. 繁殖性能　汉普夏猪性成熟晚，母猪一般在 6～7 月龄开始发情，繁殖性能不佳，平均产仔数 8～9 头。

5. 杂交效果　汉普夏猪是著名的瘦肉型父本品种，以地方品种或培育品种为母本，进行二元或三元杂交，可以明显提高杂种仔猪出生重和商品率，能获得良好的杂交效果。

（五）皮特兰猪

1. 产地和分布　皮特兰猪原产于比利时。我国从 20 世纪 80 年代开始引进。

2. 外貌特征　皮特兰猪毛色灰白，夹有黑白斑点，有的杂有红毛，耳中等大小且微向前倾。体躯宽短，肌肉特别发达，尤其前后躯发达，呈双肌臀，有“健美运动员”的美称(图 2-7)。

3. 生产性能　皮特兰猪瘦肉率特别高，背膘厚度 1 cm 左右。小猪 60 kg 以前生长较快，平均日增重 700 g，料重比 2.65∶1，瘦肉率 70%左右，90 kg 以后生长速度显著减慢，且肉质欠佳，肌纤维较粗。应激反应是所有猪种中最大的一个，1991年以后比利时、德国和法国培育了抗应激皮特兰新品系。

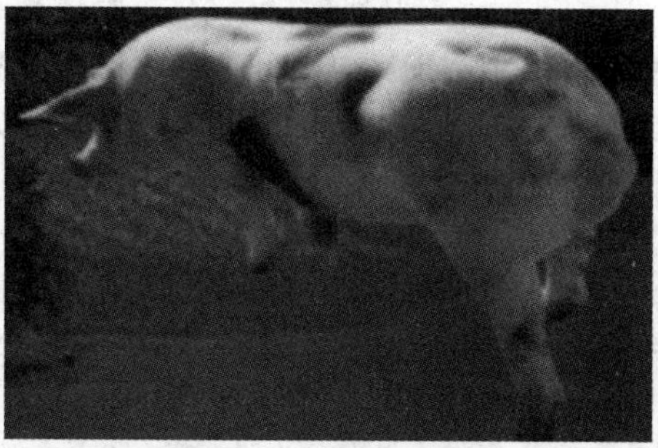

图 2-7　皮特兰猪

4. 繁殖性能　皮特兰母猪的初情期一般在 190 日龄，产仔数中等，平均产仔 10.2 头，断奶仔猪 8.3 头，护仔能力强，母性好。

5. 杂交效果　在杂交配套生产体系中，皮特兰是理想的终端杂交父本，可以明显地提高杂交后代的胴体瘦肉率，一般杂交方式有：皮×杜、皮×（长×大）、皮×大、皮杜×（长×大）、皮×地方猪种。

（六）斯格配套系

1. 产地和分布　斯格配套系种猪简称斯格猪，原产于比利时，主要用比利时长白、英系长白、荷系长白、法系长白、德系长白、丹系长白，经杂交合成，即为专门化品系杂交成的超级瘦肉型猪。我国从 20 世纪 80 年代开始从比利时引进祖代种猪，现在湖北、河北、黑龙江、辽宁、北京、福建等地皆有饲养。

2. 外貌特征　斯格猪体型外貌与长白猪相似，只是后腿和臀部十分发达，四肢比长白猪短，嘴筒也较长白猪短一些（图 2-8）。

图 2-8　斯格猪

3. 生产性能 斯格猪生长发育迅速，28 日龄体重 6.5 kg，70 日龄 27 kg，170～180 日龄达 90～100 kg，平均日增重 650 g 以上，料重比为(2.85～3.0)：1，胴体型状良好，平均膘厚 2.3 cm，后退比例 33.22%，胴体瘦肉率 60%以上。

4. 繁殖性能 斯格猪繁殖性能好，初产母猪平均产活仔猪数 8.7 头，初生仔猪重在 1.34 kg，经产母猪产活仔 10.2 头，仔猪成活率在 90%以上。

5. 杂交效果 利用斯格猪作父本开展杂交利用，在增重、饲料消耗和提高胴体瘦肉率方面均能取得良好效果。

四、我国培育的优良品种资源

(一)三江白猪

1. 产地和分布 三江白猪是我国培育成的第一个瘦肉型品种。分布于黑龙江东部合江地区境内的国营农牧场及其附近，产区为著名的三江平原地区。

2. 外貌特征 三江白猪被毛全白，头轻嘴直，耳较大下垂或前倾。背腰宽平，腿臀丰满，四肢粗壮，蹄质坚实，具有瘦肉型猪种体型结构。乳头一般为 7 对，排列整齐，毛丛稍密。

3. 生产性能 三江白猪成年体重，公猪 187 kg，母猪 138 kg。6 月龄肥育猪体重可达 90 kg 以上，平均日增重 666 g，料重比 3.5：1，瘦肉率为 58.6%，肉质良好。

4. 繁殖性能 三江白猪繁殖性能高，性成熟较早，初情期 4 月龄左右，发情表现明显。初产母猪平均产仔 10.2 头，经产母猪平均产仔 12.4 头。

5. 杂交效果 三江白猪与哈白、苏白、大白猪的正反交均表现出明显的杂种优势，而以三江白猪作父本的反交组合优于相应的正交组合。以杜洛克×三江白猪组合为优，日增重达 630 g，料重比 3.28 kg，瘦肉率高达 62%。

(二)北京黑猪

1. 产地和分布 用巴克夏猪、约克夏猪、苏白猪与河北定县黑猪杂交培育而成。主要特点是体型较大，生长速度较快。

2. 外貌特征 头大小适中，两耳向前上方直立或平伸，面微凹，额较宽。肩颈结实，结构匀称，全身被毛呈黑色。成年公猪体重 260 kg 左右，成年母猪 220 kg 左右。

3. 肥育性能 体重 20～90 kg 阶段，日增重 600 g 以上，料肉比 3.5～3.7，体重 90 kg 时屠宰率 72%～73%，胴体瘦肉率 49%～51%。

4. 繁殖性能 公猪 6～7 月龄，体重 90～100 kg 时开始配种，初产母猪每窝产

10头,经产母猪平均每窝产11.5头,平均产活仔10头。

5. 杂交效果 北京黑猪母猪母性好,与长白猪、杜洛克猪、大约克夏猪杂交效果好。

第二节 猪的生物学特性和猪群类别的划分

一、猪的生物学特性

猪的生物学特性是指猪在长期自然选择和人工选择的过程中,所形成的某些独特的本能、特征和特性。

1. 多胎高产 猪的性成熟早,我国地方猪一般在3月龄,培育品种和杂种猪5月龄左右性成熟。猪是长年发情的多胎动物,一年可以繁殖两胎,若提早断奶,两年能达到5胎。一般我国地方猪种母猪6～8月龄可开始配种,妊娠期平均114天,12月龄时或更早可以产第一胎。经产母猪平均每胎产仔10头左右,有的高达20多头,我国浙江的太湖猪曾有一胎产仔36头的最高纪录。猪的利用年限也较长,我国地方猪种一般利用5～6年,培育品种能利用4～5年。

2. 经济成熟早,屠宰率高 猪的生长速度快,我国地方猪种初生重一般为0.6～0.8 kg,国外品种和国内一些培育品种为1～1.5 kg,30日龄体重为初生重的5～6倍,60日龄体重一般达10～20 kg,为30日龄体重的2～3倍。同时,经济成熟早,通过肥育,我国地方猪种和杂交猪8～10月龄体重能达100 kg出栏,国外品种6月龄体重可达90 kg。肥育猪的屠宰率高,屠宰率为70%～75%。

3. 杂食性强 猪是杂食性动物。它的胃介于肉食动物的简单胃与反刍动物的复杂胃之间的中间类型。胃容量达7～8 L,小肠长度为16～20 m,大肠长4～5 m。肠子的长度与体长之比,国外猪种为13.5倍。由于猪的杂食性强,所以能广泛利用植物性、动物性和矿物质饲料。而且采食量大,利用能力强,对饲料消化较快。

猪对精饲料有机物的消化率为76.7%,对青草和优质干草分别为64.6%和51.2%,对粗纤维的消化利用能力较差,消化率为3%～25%。

4. 听觉和嗅觉灵敏,视觉不发达 猪的嗅觉发达,仔猪在生后几小时便能鉴别气味,母猪通过嗅觉能准确地辨别是否是自己所生的仔猪,对串圈的仔猪嗅出后会发生咬伤和咬死现象。

猪的听觉分辨能力很强,能精细鉴别声音的强度、音调和节律。因此,采用对猪呼名、各种口令和声音刺激物调教,容易养成习惯。母猪放奶前发出哼哼声,远在运动场自由活动的仔猪，能迅速听辨，及时回圈吃奶。

但是，猪的视觉很弱，对光线强弱和物体形象的分辨能力不强，分辨颜色能力也差，不靠近物体就看不见东西。

5. 对温湿度敏感 猪对环境温度和湿度的变化敏感，猪怕热，因为汗腺不发达，皮下脂肪层厚，阻止大量体内热量的散发，以及皮薄毛稀，对阳光照射的防护能力差。猪也怕冷，尤其初生仔猪，皮薄毛稀，皮下脂肪又少，大脑皮层调温中枢还不健全，所以特别怕冷。猪又怕潮湿，在高温高湿或低温高湿的环境条件下，对猪健康和增重均产生不良影响。

6. 定居漫游，群体位次明显 猪在无猪舍放牧的情况下，能够自找固定的地方居住，表现出定居漫游的习性。在有猪舍的情况下，猪出外自由活动或放牧运动，能回到固定的圈舍，包括哺乳仔猪。

猪有过群居生活的习惯，合群性较强。例如同窝仔猪，当它们散开时，彼此距离不远，若受惊，会立即聚集在一起，或成群逃跑。不同窝断奶仔猪合圈喂养时，刚开始会激烈斗架，并按不同来源分小群躺卧，过几天才会形成一个群居集体。在群体中，猪的强弱位次明显，位次排列在前的猪，往往体重大，或战斗力强。

猪还有爱好清洁的习性，不在吃、睡的地方排泄粪便。猪是多相睡眠的动物，一天内活动与睡眠交替几次。

二、猪群类别的划分

在养猪生产中，为了便于对猪的科学饲养管理、组织生产和统计汇报，对不同年龄、体重、性别和生理阶段的猪划分成各种猪群类别。目前，各地猪场普遍采用的猪群类别划分方法介绍如下：

1. 哺乳仔猪 从出生到断奶前的仔猪。一般断奶日期为35～60日龄。

2. 育成猪 从断奶到4月龄留作种用的小猪。公的称育成公猪，母的称育成母猪。

3. 后备猪 从第5月龄到开始配种以前留作种用的猪。公的称后备公猪，母的称后备母猪。

4. 种公猪 已正式参加配种的公猪。在良种繁殖场，又将种公猪划分为以下两类：

(1)检定公猪 指1～2岁配种的公猪。视其与配母猪的产仔成绩、仔猪断奶成绩，确定是否转入基础公猪群。

(2)基础公猪 经检定合格留作种用的公猪，年龄在1.5岁以上。

5. 种母猪 已正式参加配种产仔的母猪。在一般良种繁殖场和育种场又将种母猪划分为以下两类：

(1)检定母猪　检定母猪指产仔1～2胎的母猪。视其配种受胎、产仔和断奶等成绩，确定是否转入基础母猪群。

(2)基础母猪　基础母猪指经检定合格的1～2胎以上的母猪。

6.肉猪　一般指去势后专门用来肥育作肉食用的猪。肉猪按照生长发育阶段可划分为三期：体重20～35 kg为生长期；体重35～60 kg为发育期；体重60～90 kg以上为肥育期，或相应称为小猪阶段、中猪阶段和大猪阶段。

第三节　猪的繁殖和种猪的饲养管理

一、种公猪的饲养管理

饲养公猪的目的是要使公猪有良好的精液品质和配种能力，完成配种工作。用本交即直接交配的方式每头公猪可负担20～30头母猪的配种任务，一年可繁殖仔猪400～600头；用人工授精方式配种每头公猪一年可繁殖仔猪万头以上。公猪对整个猪群的影响很大，把公猪养好，猪群的质量和数量就有了保证。

饲养公猪的要领是：营养是基础，运动是调节，配种利用是目的，精液检查是监督。

1.公猪的精液组成和数量　公猪每次配种时射出精液200～300 mL，含有精子约250亿个，在精液中精子只占2%～5%，其他都是精清。

2.公猪的营养需要和饲粮配合

(1)营养需要　公猪的饲粮中蛋白质含量应为14%～16%，配种季节应增加蛋白质的喂量，饲喂动物性蛋白质饲料对提高精液品质有明显效果。蛋白质给量不足会使精液品质下降。

种公猪能量水平以每千克饲粮含消化能12.56～13.00 MJ为宜。长期能量水平供应过高或过低，都会造成精液品质和性欲下降，影响受胎率。

钙、磷对精液品质有显著影响，钙磷不足或缺乏会使精子发育不全，降低活力或死精增加。每千克饲粮中应含钙0.65%，含磷0.55%。

维生素A、维生素D和维生素E对精液品质也有很大影响。每千克饲粮应含维生素A 3 500 IU、维生素E 9 mg，维生素D 200 IU，如果能使公猪每天有1～2 h日照，也能满足对维生素D的需要。

(2)饲粮配合和饲喂技术　公猪的饲料以精料为主，饲粮应多样搭配。除混合精料外，还应适当喂些胡萝卜或优质青饲料，切不可喂粗饲料(如豆腐渣、啤酒糟等），否则会造成种公猪腹部下垂，影响配种利用。

季节配种的猪场，在配种前一个月就要提高饲养水平，比日常标准增加20%～25%，配种期间每天可增加2～3个鸡蛋或其他动物性蛋白质饲料，以保证良好的精液品质。配种季节过后再逐渐恢复到标准规定的水平。冬季寒冷时饲粮的营养水平可比饲养标准提高10%～20%。

下面介绍一例公猪的饲粮配方（表2-1），用此配方时，另加维生素和微量元素添加剂。

表2-1 公猪的饲粮配方

饲料	非配种期	配种期		营养成分（计算值）	非配种期	配种期
玉米	46.0	40.0	1	消化能（MJ/kg）	12.8	12.68
豆饼	13.0	18.0	2	粗蛋白质（%）	13.44	15.26
麦麸	21.0	25.0	3	粗纤维（%）	2.79	4.78
高粱	8.0	5.0	4	钙（%）	0.59	0.61
大麦	10.0	10.0	5	磷（%）	0.67	0.71
骨粉	1.5	1.5	6	赖氨酸（%）	0.63	0.77
食盐	0.5	0.5	7	蛋氨酸＋胱氨酸（%）	0.47	0.54
合计	100	100				

公猪一般日喂3次，早、中、晚各1次。夏季天气炎热时，早、晚可适当延长时间。要供给公猪以充足、清洁的饮用水。最好采用自动饮水器。

公猪应当单圈喂饲，这样才能准确地调整和控制喂量，使公猪保持良好的种用状态。

3. 公猪的管理 公猪应饲养在阳光充足，通风良好的圈舍里。每头公猪占栏圈面积3～6 m^2，圈舍构造牢固，除注意保持圈舍的清洁干燥外，对公猪的管理还要注意以下几个方面：

（1）运动 运动能使猪的四肢和全身肌肉受到锻炼，增加食欲，提高性欲和精子活力，使种公猪体质健壮，精神活泼。运动不足会使公猪贪睡，肥胖，性欲降低，四肢软弱，影响配种效果。

在配种繁忙季节，应加强营养，减轻运动量；在非配种季节，可适当降低营养，增加运动量。公猪过肥应增加运动量，过瘦减轻运动量。

绝对不能将互不相识的公猪混在一起，否则会咬斗造成严重伤害。

（2）刷拭和修蹄 每天用刷子给公猪全身刷拭一两次，可以促进血液循环，增加食欲，少得皮肤病和体外寄生虫病。夏天可以给公猪洗澡一两次。经常刷拭、洗澡的公猪，性情温顺，活泼健壮，性欲旺盛。

(3)防止自淫 自淫是公猪最容易发生的恶癖,是由于公猪受到不正常的性刺激,引起性冲动而自动射精,爬跨其他公猪或饲槽容易造成阴茎损伤。公猪形成自淫习惯后,体质瘦弱,性欲减退,严重时不能配种。

防止公猪发生自淫的措施是杜绝不正常的性刺激:将公猪舍建在远离母猪舍的上风方向,不让公猪见到母猪、闻到母猪的气味和听到母猪的声音;公猪应单圈饲养,防止公猪配种后带有母猪气味,引起同圈公猪爬跨。后备公猪和非配种期公猪应加大运动量或放牧时间,公猪整天被关在圈内不活动,容易发生自淫。

(4)进行精液品质检查 精液品质好坏直接影响受胎率。在配种季节到来之前20天左右,就应当对公猪精液的数量、密度、活力以及颜色、气味等精液品质进行检查。在配种期间,即使不采用人工授精,也要每隔10天检查1次精液,根据检查结果分析公猪承担的配种量是否恰当,以便及时调整配种次数、营养水平和运动量。

(5)建立管理制度,合理调教 公猪要有一套正规的饲养管理制度,定时饲喂、喂水、运动、休息、洗浴刷拭,合理安排配种,使公猪建立条件反射,养成良好的生活习惯,以增强体质,提高配种能力。

从公猪断奶起就要结合每天的刷拭对它进行合理的调教训练,公猪要以诱导为主,切忌粗暴乱打,使公猪对人产生敌意,养成咬人恶癖。

二、配种前母猪的饲养管理(空怀母猪的饲养管理)

1. 配种前母猪的饲养 配种前母猪可分为两类,一类是后备母猪第一次参加配种,一类是经产母猪的配种。无论是初产母猪还是经产母猪,在配种前养好的标志是,保持不肥不瘦、七八成膘的繁殖体况。就像群众说的那样:"待配母猪八成膘,容易怀胎产仔高。"

(1)注意饲粮的全价性,根据母猪的膘情看膘饲喂 应按空怀母猪的饲养标准配制饲料,充分满足母猪对蛋白质、维生素、矿物质等营养及能量的需要。饲料应尽量多样化,有条件的猪场可以喂适量的青绿多汁饲料和粗饲料,合理搭配,确保饲料的全价性,过肥的母猪应适当减少喂量,增加运动,过瘦的母猪(图2-9)应适当增加喂量,使其尽快恢复膘情,以利于繁殖利用。

(2)增加母猪排卵量,提高卵子质量 国内外实践证明,实行"短期优饲",对增加排卵数、提高卵子质量有良好影响。一般在配种前10～14天开始,到配种日结束,在原日粮的基础上,加喂2 kg左右的混合精料,提高日粮的能量水平,能增加排卵数2枚左右,这对青年母猪有明显效果。对经产母猪虽无明显效果,但可以提高卵子质量,有利于受胎。

(A)适度膘情　　(B)过于肥胖　　(C)过于消瘦

图 2-9　空怀母猪膘情比较

(3)掌握好后备母猪的初配年龄　实践证明后备母猪初配年龄过早过晚都不利，一般来讲，后备母猪体重达成年母猪体重的40%～50%开始配种为宜，从国外引入的品种在第三个发情期配种较为合适，也利于掌握。否则，配种早将影响繁殖性能(产仔少)和母猪本身的发育，配种晚，加大了饲养管理费，而且还影响产后的泌乳量。

2. 发情和发情鉴定　母猪是常年发情的动物，母猪的发情周期平均为21天(范围16～24天)，发情持续期为3～5天，成年母猪比青年母猪短些，地方品种较培育品种长些，秋冬季母猪发情持续期比春季长。

母猪发情时的表现即有生殖器官的变化，又有外表行为和精神状态的表现。发情开始时，母猪表现不安，食欲稍减，有时鸣叫，外阴部开始充血肿胀。之后，随着阴户肿胀程度的增加，阴道内流出少量稀薄的黏液，同时出现交配欲，愿意接近公猪并接受爬跨，也喜欢爬别的猪。到发情旺期，食欲显著下降或废绝，在圈内起卧、不安、鸣叫、逃圈、用鼻子拱地、咬圈门、扒墙、尿频，饲养员用手按压腰部，表现呆立不动。到了发情后期，母猪的发情表现逐渐消失，食欲恢复，阴门逐渐消肿，不愿接近公猪，性欲消失。母猪的发情表现，因品种不同而有差异，地方猪种表现明显，而从国外引入的猪种有的呈隐性发情。如杜洛克猪，往往只是阴户肿胀、充血潮红而无其他表现。因此，饲养这些猪种的饲养员要细心地观察，也可用试情公猪接近母猪，如果母猪接受试情公猪爬跨，说明母猪已经发情并到了该配种的时候了。

3. 促使母猪发情排卵的方法　有些经产母猪在仔猪断奶后10天内迟迟不发情，为了解决这个问题，生产上可以采取以下措施进行催情与促使排卵。

(1)改善饲养管理　母猪久不发情在管理上的原因是，日粮过于单纯：蛋白质不足，或缺少维生素或矿物质，母猪过肥或过瘦，长期缺乏运动等。

(2)诱情　每天早、晚用公猪追逐或爬跨，把不发情的母猪关在公猪圈内混养，也可用发情母猪的爬跨来诱情。

(3)乳房按摩　分表层按摩和深层按摩。表层按摩的方法是，在每排乳房的两侧前后反复按摩，可促使母猪发情。深层按摩的方法是，在每个乳房的周围用5个手指捏摩（不捏乳头），可促使排卵。每日早饲后，表层按摩10 min，母猪发情后表层按摩与深层按摩各5 min。交配后，改为深层按摩10 min。

（4）药物催情及治疗

①药物催情。肌肉注射孕马血清，每日1次，每次1 000 IU，连续2～3天；或肌肉注射绒毛膜促性腺激素，一次注射1 000 IU。实践证明，孕马血清加绒毛膜促性腺激素给母猪注射，母猪产仔数多。也可应用中药方剂。

处方一：当归45 g，生黄芪45 g，王不留行60 g，通草24 g，烤麦芽60 g，生神曲30 g。水煎一次喂完，1天1剂，连服2～3剂。

处方二：淫羊藿50～80 g，对叶草50～80 g，水煎后内服，1天1剂，连服2～3剂。

②药物治疗。对曾患子宫炎或阴道炎而配不上种的母猪，可采用以下的药物治疗：25%高渗葡萄糖液30 mL，加青霉素100万IU，输入母猪子宫30 min后再配种，效果显著。据试验，连续3个情期配种未孕的母猪48头，用此法处理后，受胎率达96%。

4. 配种方法和适时配种

（1）配种方法　常用的配种方法有自然交配、人工辅助交配和人工授精3种。

①自然交配：自然交配是把公、母猪放在一起饲养，公猪随意与发情母猪交配。一般15～20头母猪放入一头公猪，让其自然交配。这易造成公母猪乱交滥配，母猪缺乏配种记录，无法推算预产期，公猪滥配，使用过度，影响健康，这种配种方式在养猪生产上已很少采用。

②人工辅助交配（图2-10）：人工辅助交配的公母猪平时不混在一起饲养，而

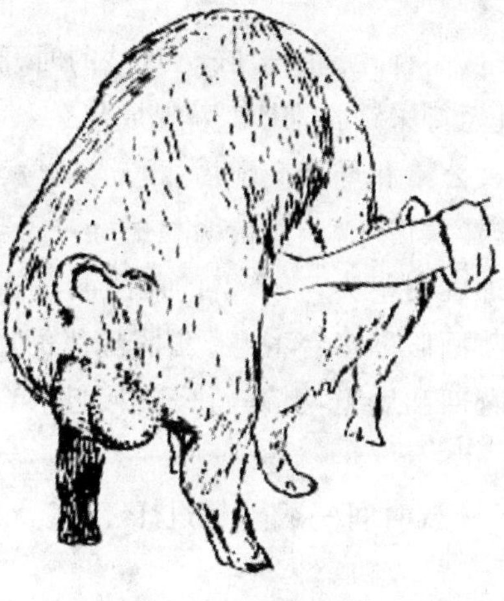

图 2-10　人工辅助交配

在母猪发情时，将母猪赶到指定地点与公猪交配或将公猪赶到母猪栏内交配。当公猪爬上母猪背时，辅助人员用手把母猪尾拉开，另一手牵引公猪包皮引导阴茎插入阴道。然后观察公猪射精情况，当公猪射精完后，立即将公猪赶走，以免进行第二次交配。这种方法能合理地使用公猪。

③人工授精：人工授精是以人为的方法采得公猪的精液，然后通过一定的手段输入母猪子宫内，使母猪怀孕的一项技术。在人工授精技术不很熟练的情况下，采用人工授精的受胎率会比人工辅助交配低一些。目前猪场用得比较多的是在一个发情期中进行一次人工辅助交配和1～2次人工授精，早上进行人工辅助交配，下午人工授精，第二天上午再次人工授精，受胎率平均可达93%。输精的速度宜慢不宜快，以5～8 min为宜。

(2)适时配种　公、母猪交配时间是否适时，关系到受胎率和产仔数的多少。精卵的结合处在母猪的输卵管上端，母猪一般是在发情开始后24～36 h排卵，排卵持续时间一般为10～15 h，卵子在输卵管内有8～12 h的受精能力。而公猪交配时排出的精子，要经过2～3 h的游动才能达到受精部位，从理论上讲，最好在母猪发情开始后20～30 h配种为宜。但在生产中我们很难掌握母猪确切的发情开始时间，为了能做到适时配种，在母猪发情时用手按压母猪的臀部，出现“呆立反射”此时配种为宜。或者用公猪试情，如母猪喜接近公猪，接受公猪的爬跨就进行第一次配种，为了提高受胎率和产仔数，生产中一般在母猪第一次配种后隔12 h再配一次，如果不是育种工作，复配的公猪可以是第一次配种的公猪，也可换另一头公猪。

5. 猪的人工授精技术

(1)种公猪的调教　瘦肉型种猪一般在7月龄的时开始训练采精。

观摩法：将小公猪赶至待采精栏，让其旁观成年公猪交配或采精，激发小公猪性冲动，经旁观2～3次大公猪和母猪交配后，再让其试爬假台畜进行试采。

发情母猪引诱法：选择发情旺盛、发情明显的经产母猪，让小公猪爬跨，等小公猪阴茎伸出后用手握住螺旋阴茎头，有节奏的刺激阴茎螺旋体部可进行试采。

外激素或类外激素喷洒假母猪台畜：用发情母猪的尿液，大公猪的精液，包皮冲洗液喷涂在假母台畜背部和后躯，引诱新公猪接近假台畜，让其爬跨假台畜(图2-11)。

对于后备公猪，每次调教时间一般不超过15～20 min，每天可训练1次，1周最好不要少于3次，直至爬跨成功。

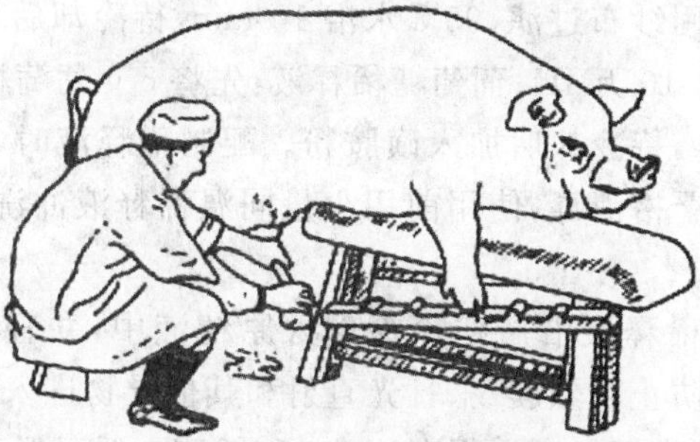

图 2-11 利用假台畜采精

(2)精液处理所需设备

采精容器：很多种容器可作为采精容器，然而只能使用能够保温并且容易消毒和清洗的容器。可以使用可罩有消毒过滤纱布的广口保温瓶作为采精容器。

显微镜：恒温载物台(可保证精液样本处在一个基本恒温的状态中)。

温度计：两根 30 cm 的温度计。

若干广口容器：体积从 1～5 L 的玻璃或塑料广口容器，用来配制稀释液和稀释精液。

水浴锅：用来控制稀释液的温度。

精液分装袋或输精瓶及瓶盖。

精液贮存设备：短期贮存和运送精液所用的泡沫箱、恒温箱或者培养器。

消毒设备；用来消毒输精管和其他用具的设备，如消毒托盘、电热电动导管消毒器、高压消毒锅。

输精管：橡胶输精管或一次性输精管。

(3)精液质量的检查、稀释

①精液质量的检查：

a. 精液量、色泽和气味。猪的每次射精量为 200～400 mL；正常色泽为乳白色或灰白色，略有腥味。如果精液呈红褐色，可能混有血液；如呈黄、绿色有臭味，则可能有尿液或脓汁。这样的精液不能使用，应立即查找原因。

b. 精子活力。指以直线前进运动的精子数占总精子数的比率。一般采用"十级"1 分制评定。从采精到输精，一般要做 3 次检查，即采出后、稀释后和输精前。方法是在载玻片上放一滴精液，用盖玻片压上，在 400 倍显微镜下观察。若直线前进运动的精子数占 100%则评为 1 分；90%评为 0.9 分；80%评为 0.8 分；依此类推。

②精液的稀释：

a. 稀释液的配制。奶粉卵黄稀释液：先将 10 g 奶粉溶于少量水中调成糊状，再加蒸馏水 100 mL,用纱布过滤,95℃水浴 10 min,待冷却后加入卵黄 15 mL,青霉素 10 万 IU,链霉素 10 万 IU;葡萄糖稀释液:先将 5 g 葡萄糖溶于 100 mL 蒸馏水中,过滤后煮沸消毒,待冷却后加入磺胺粉。配制稀释液时,要求凡是与精液直接接触的用具都必须严格消毒,使用前用少量同温稀释液冲洗,现配现用。卵黄、抗生素在临用时加入。

b.稀释方法。将稀释液沿瓶壁徐徐倒入原精液中,并轻轻摇动盛精液的容器。稀释后的精液要防止剧烈震荡、日光直射和其他异物进入。树立无菌观念,周围环境清洁,温度从严掌握。常温保存法为 15～25℃,低温保存法为 0～5℃。

(4)输精　输精时,用手将母猪阴门分开,将输精管沿着斜上方的角度慢慢插入阴道内。当插入 10 cm 左右时,再水平方向插进,感到有一点阻力时,输精管顶端已到了子宫颈口,用手再将输精管左右旋转,稍用力,顶部则进入子宫颈第 2～3 皱折处,发情好的猪便会将输精管锁定,回拉时则会感到有一定的阻力,此时便可进行输精。

正常的输精时间应和自然交配一样,一般为 3～10 min,时间太短,不利于精液的吸收,太长则不利于工作的进行。

为了防止精液倒流,输完精后,慢慢地抽出输精胶管。母猪的输精量每次 30～40 mL,输精时的精子活力应在 0.7 以上。

6.空怀母猪的饲养管理程序

目的:改善母猪体况,使母猪正常发情,排出质高量多的卵子,做到适时配种,提高情期受胎率。

①母猪断奶后,断奶母猪回原空怀猪舍饲养。

②每头母猪供应混合料 2.5 kg,冬季供应 3.0 kg,日喂 3 次,保证充足的饮水。夏秋季每天给青饲料 2～3 kg。

③根据母猪体况(肥瘦)分圈饲养,每圈饲养 4～5 头母猪,对于体况较差的母猪要特别标记,并在饲养时特别照顾,做好补饲催情,可供应饲料 3.0 kg;过肥母猪可以减少至 2.25 kg 给量。

④饲养员要经常观察母猪的发情,做到适时配种,在母猪配种完成后,要做好配种记录。

三、妊娠母猪的饲养管理程序

1.母猪的妊娠期和预产期的推算　母猪的妊娠期平均为 114 天(111～117 天),预产期的推算方法有两种:一是“三、三、三”法。即由配种日期算起,往后加 3 个月 3 周再加 3 天;如 5 月 8 日配种,加 3 个月是 8 月,加 3 周和 3 天 8+21+3=

32即为9月2日。二是在配种日期的基础上“月加4、日减6”,同样是5月8日配种,预产期为5+4=9(月),8-6=2(日),也是9月2日,生产上为了推算的准确,应在上述推算的基础上加、减妊娠期间的大、小月的多出或不够的天数,如上面的例子中,5月、7月和8月是31天,在原结果上再减3天,所以预产期应为8月30日。在生产上准确的推算母猪的预产期非常重要,一方面,我们可以根据母猪的妊娠期间的不同时期,给予相应的饲养管理;另一方面,可以把即将分娩的母猪转到产房,保证生产秩序的正常进行。

2. 提高母猪繁殖力的方法　要提高母猪繁殖力的方法有两种,一是提高母猪每胎产仔头数,二是提高母猪年产仔窝数。

(1)原理　母猪的一个生产周期是由3个阶段组成的:配种到分娩这段叫妊娠期,其时间固定不变平均为114天。分娩到断奶这段时间为哺乳期,这段时间是有伸缩性的,从断奶到再发情再配种叫空怀期,其时间也是固定的,若饲养管理正常,则断奶后3~7天即可发情再配种。如图2-12所示。

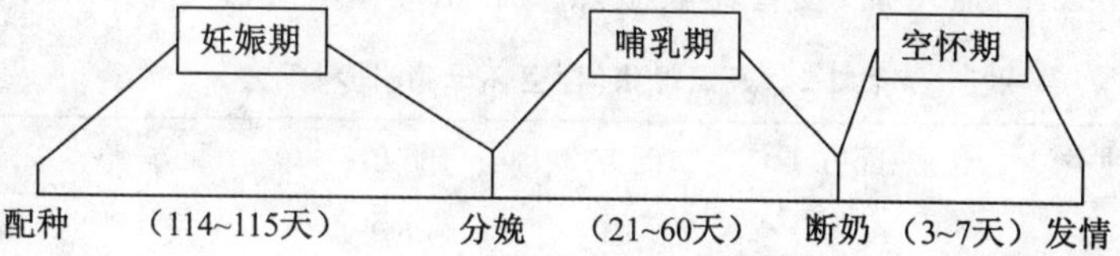

图2-12　生产周期示意图

例如:将哺乳期定为56天,空怀期为7天,则一个生产周期为:115+56+7=178(天),即母猪产一窝仔需178天,一年有365天,则一年产仔窝数为365÷178=2.05(窝)。同理,如果哺乳期为35天,则一年可产2.3窝。

(2)提高母猪年产仔窝数的方法

①仔猪早期断乳。这是提高母猪年产仔窝数的主要方法。目前国外养猪发达国家多提倡仔猪21~35日龄断乳,根据我国实际(猪舍、饲料条件等)可采取30~40日龄断乳。据养猪户反映,仔猪在30~40日龄断乳,60日龄出售,这样的仔猪适应植物性词料较早。食欲好、增重快、不拉稀、非常好养。对早期断乳的仔猪,在5~10日龄即应进行吃料训练,并注意科学补饲。仔猪离乳后可在原圈饲养,待其适应后再分群饲养。同时要做好防寒保温和卫生消毒工作,防止仔猪生病。

②促使母猪在哺乳期发情配种。在母猪哺乳20~40天内催情,使其能够发情配种,可以既哺乳,又妊娠,大大缩短母猪生产周期。促使母猪哺乳期间发情的方法有3种:一是人工间隔断奶法。即人为控制并延长仔猪吃乳的间隔时间,白天只让仔猪吃乳1~2次,夜间让其母仔在一起。由于仔猪吃乳间隔拉长,使母猪乳房

内积存大量乳汁，造成乳房膨胀，从而限制了催产素的分泌，血液中催产素减少，降低了卵泡刺激素的抑制作用，因而能促进母猪的发情与排卵。二是利用公猪诱情。有公猪的养猪户，可在人工隔乳期间，将公猪赶到母猪运动场内诱情，每次15～20 min，1天1次，连续3～4天后母猪即可发情。三是注射孕马血清促性腺激素。对分娩后18～32天的哺乳母猪，注射2 000 IU孕马血清促性腺激素，注射后第4～5天进行两次人工授精，哺乳母猪妊娠率可达70%。

③母猪发情时适时配种，提高母猪情期的受胎率。

3. 妊娠母猪的饲养管理 受精是妊娠的开始，分娩是妊娠的结束。妊娠期间，母猪饲养管理的好坏，就成为保证胎儿生长发育、增加产仔数的关键。是使母猪高产、多产的重要环节。母猪的妊娠期平均是114天，在生产上一般以90天为界，分为妊娠前期和妊娠后期。前期胎儿的体重、体长增长较慢(在妊娠第30天，其体重还不到出生重的1%，妊娠第60天时不到出生重的10%)，即发育较慢。但前期是胚胎组织器官分化发育的旺盛时期，1个月即能看出猪形，2个月就能分出性别，骨骼中钙、磷沉积明显增加，发育比较激烈。胎儿重量有2/3是在妊娠后期内增长

表 2-2 妊娠母猪(含空怀母猪)饲料配方 %

饲料种类	配方1	配方2	配方3	配方4	配方5
玉米	30	37	35	35	30
高粱				40	
大麦	10	8	10		8
稻谷					28
米糠					13
麸皮	30	25	45	13	10
豆饼	5	8	5	10	6
草粉	20	15			
血粉	3	5	3		3
骨粉	1.5	1.5	1.5	1.5	1.5
食盐	0.5	0.5	0.5	0.5	0.5
营养成分(计算值)					
消化能(MJ/kg)	10.50	11.03	12.01	13.14	12.26
粗蛋白质(%)	13.27	15.38	14.32	11.95	12.26
钙(%)	0.64	0.63	0.60	0.60	0.59
磷(%)	0.75	0.71	0.84	0.59	0.63
赖氨酸(%)	0.61	0.77	0.70	0.53	0.88
蛋氨酸+胱氨酸(%)	0.50	0.55	0.56	0.43	0.42
粗纤维(%)	9.04	8.31	6.01	3.44	5.47

的。由此说明，随着母猪妊娠天数的增加，母猪的营养需要逐渐增加，在妊娠后期达到高峰。根据妊娠母猪的营养需要规律，在整个妊娠期内，必须给予全价饲养，精料型日粮，每千克饲粮中：消化能大于 11.72 MJ、粗蛋白质 13%、钙 0.6%、磷 0.5%、食盐 0.3%，还要注重维生素和微量元素的添加（表 2-2）。

在饲料搭配上，注意精、青、粗饲料比例，特别是在妊娠前期，可以适当多用些青绿多汁饲料和粗饲料。而在后期，日粮容积要小些，以免影响采食量和压迫胎儿。要控制酒糟等粗饲料的给量，妊娠后期最好不喂。严禁喂给发霉变质的饲料，冬天禁饮冰碴水。饲料喂量要根据母猪的膘情和妊娠的不同阶段来确定，就像群众说的“看膘饲喂”。在配种时膘情较好的母猪，在妊娠前期应减少喂量，后期增加，即“前低、后高”的饲养方式；在配种时膘情较差的母猪，在妊娠前期应适当增加喂量，膘情恢复后在控制喂量，在妊娠后期再增加喂量，即“高、低、高”的饲养方式；对产仔数较多，繁殖性能高的经产母猪和初产母猪，应随着妊娠天数的增加，饲喂量也逐渐增加，即“步步登高”的饲养方式。

在科学的饲养好妊娠母猪的同时，还要正确的管理好妊娠母猪。

要经常保持圈舍的干燥、清洁，避免由于潮湿、缺钙等引起的“趴窝病”。妊娠后期的母猪最好单圈饲养防止机械性流产。实践证明，妊娠母猪适当运动，分娩时会更加顺利，可减少慢产、难产的发生。

4. 母猪死胎和流产的防治措施　在养猪生产中，经常见到妊娠母猪没有明显前期症状就突然死胎或流产。还有的母猪在妊娠期间，食欲减退或不食，精神不安，体温微升或正常，乳头肿胀，阴道潮红，并流出黄白色或污血样的分泌物。同时还有腹痛和努责现象，出现流产、早产，有的母猪甚至形成了习惯性流产。

(1)预防母猪死胎和流产的方法　科学饲养，保持母猪良好的种用体况，使母猪保持八成膘，喂全价营养的配合饲料，保证胎儿生长发育的营养需要。

①喂一些青绿多汁饲料或喂一些轻泻性饲料如麸皮等，防止母猪便秘。

②不喂发霉变质和有毒及有刺激性饲料，不喂酸性青贮料和含酒精过多的酒糟。

③防止近亲繁殖，淘汰遗传缺陷的母猪。

④防止母猪在妊娠期患病，特别是一些发高烧疾病。

⑤妊娠期间要防止碰撞、挤压、拥挤、追赶、鞭打等。

⑥不喂冰冻饲料，圈舍要干燥、清洁、卫生。

(2)流产母猪的药物治疗

①对习惯性流产的母猪除采取上述办法外，母猪怀孕 2 个月以后，可肌肉注射黄体酮 3～5 mL，每隔 10 日 1 次，连用 2 次，效果很好。

②如发现有流产征兆时，可采取以下急救方法：用益母草 90 g，鸡蛋 4 个，水煎后喂猪，亦可用黄体酮 3～5 mL，肌肉注射，每日 1 次，连用 2 天。

母猪从妊娠至分娩（产猪）结束的整个时期为妊娠期。母猪的妊娠期一般为 111～117 天，平均 114 天。该阶段的基本任务是，保证胚胎正常发育；使母猪多产健壮、活力强、出生重大的仔猪；保持母猪有中上等的体况（7～8 成膘），为哺乳期泌乳做好准备；预防流产；青年母猪的营养在保证繁殖需要和维持生命需要的同时，还要满足自身生长发育的营养需要。

5. 妊娠母猪饲养管理操作规程

（1）妊娠前期（配种至妊娠 80 天）

目标：防止母猪流产，保证供给母猪充足营养，促进胎儿整齐发育。

①每头母猪供应混合料 2.5 kg，冬季供应 3.0 kg，日喂 3 次，保证充足的饮水。夏秋季每天给青饲料 2～3 kg。禁止喂发霉、变质和冰冻饲料。

②做好“看膘饲喂”，瘦弱母猪要酌情增加饲料；膘情较好的母猪要适当减少饲料喂量。

③在配种后 16～23 天，要认真观察母猪，防止母猪发生争斗或外界不良刺激，初步确定其是否妊娠，如发现返情要及时通知配种人员。

④在配种后 70 天将确定妊娠的母猪挂出预产牌。

（2）妊娠后期（妊娠 80～107 天）

目标：避免弱仔产生，使产出仔猪整齐一致。

①每头母猪饲料供应量增加至 2.75 kg，冬季给量 3.25 kg，饲喂方法不变。

②饲养员必须核实母猪预产期，如有错误，要及时核对；并按要求给够饲料，对体况依然较差的母猪给予特殊照顾。

③产前 1 周调入产房，携带产牌，不得赶得过急，不得惊吓；并对产栏和猪体进行清洗消毒。

四、分娩与接产

1. 母猪分娩前预兆　母猪分娩前在生理和形态上发生一系列变化，称为分娩预兆。

（1）行为变化　群众说：“母猪叨草，产仔到了”，说明母猪产前有衔草作窝的习性，往往就躺下不动，腹部疼痛，这时离产仔就不远了。“母猪频频尿，产仔就来到”，母猪不仅排尿次数增加，而且排粪次数也增多，母猪安稳躺下，不吃不喝，为临产预兆。

（2）乳房变化　分娩前 15～20 天，乳房由前向后逐渐下垂、膨大。乳头呈“八”

字形分开挺直，皮肤紧张，白毛色的初产母猪乳房周围的皮肤还明显地发红发亮（俗称两张皮）。

(3)体态变化 临产前母猪腹大而下垂，躺下时能看到胎儿在腹内跳动。母猪的外阴部松弛，尾根两侧稍凹下（俗称“松胯”），阴唇上的皱襞消失。

(4)乳头的变化 临产前母猪乳头从前向后逐渐能挤出乳汁。前面的乳头能挤出乳汁时，约在 24 h 内产仔；中间乳头能挤出乳汁时，约在 12 h 内产仔；最后一对乳头能挤出乳汁时，在 4～6 h 内产仔或即将产仔。

2. 接产 母猪的分娩是否顺利，关系到母猪和仔猪的安全，为了使母猪能安全分娩，我们应做好以下工作。

(1)做好产前准备 有产床（圈）的猪场，应提前 5～7 天将临产母猪转到产床（圈），在母猪转到前要对产床（圈）做认真的冲洗、消毒，温度在 15～20℃为宜。临产前 2～3 天，用温热水刷洗母猪的全身，用 2%来苏儿水对腹部、乳头和阴户进行消毒，准备好接产用品（2%碘酒，塑料手套、注射器及针头、石蜡油、催产素、青霉素等），有仔猪保温箱的猪场应提前 2 天将温度调试到 32℃。

分娩准备清单

1. 产床维修
2. 补料槽的冲洗、消毒
3. 饮水器功能正常
4. 产床的冲洗、消毒和空床干燥
5. 进入产房前用温热水刷洗母猪的全身
6. 保温设施工作正常
7. 检查母猪的健康状况
8. 准备好接产用品

(2)接产技术 接产人员最好由该母猪饲养员来担任，这样母猪比较安心，产仔快。接产人员的手臂应洗净，并用 2%的来苏儿消毒，并做到以下 3 点：

①三擦一破：仔猪产出后，迅速擦干口、鼻、全身的黏液。如发现胎儿包在胎衣内产出（叫胎盘前置），应立即撕破胎衣，再抢救仔猪。

②断脐：仔猪产出后，有的脐带自然断开，有的未断。对未断的脐带，先将脐带内的血液向仔猪腹部方向挤压，然后在离腹部 4 cm 处把脐带钝性撕断，断头上涂上碘酒。一般经 2～4 天后脐带就会干枯而自行脱落。

③让仔猪及时吃上初乳：初乳中含有丰富的营养和免疫抗体。实践证明，没有

吃到足够初乳的仔猪很难成活。

3. 假死仔猪的原因及急救方法 仔猪产出后，呼吸基本停止，但心脏与脐带动脉仍在跳动，这种现象叫假死。

(1)初生仔猪假死的原因 仔猪在产道内停留的时间过长，吸进产道内的羊水与黏液，造成临时窒息。仔猪在产道内停留的时间过长的原因是：母猪年老体衰，分娩无力；母猪长期不运动，腹肌无力；胎儿过大卡在产道某一部位；母猪产道狭窄，有先天狭窄或后备母猪配种过早发育不全的狭窄等。

(2)急救方法 在急救前必须首先把口、鼻内的黏液与羊水用力甩出或捋出并擦干后，再进行急救。急救速度要快，否则假死会变成真死。急救的方法有以下几种，任选一个即可：人工呼吸法：即饲养人员用手托起假死仔猪，或把它放在垫草上，然后用右手伸屈两前肢或前后肢，促其呼吸；吹气法：即向假死仔猪鼻内或嘴内用力吹气，促其呼吸；还有一种方法是：右手提起两后肢，使假死仔猪头向下，左手拍胸拍背，促其呼吸。

4. 母猪难产的原因及助产技术 在接产过程中，如发现胎衣破裂，羊水流出，母猪用力时间较长，仔猪就是生不下来，可能发生难产。

(1)难产原因 母猪过肥过瘦，过肥造成产道狭窄，过瘦则体弱分娩无力；妊娠期营养过度，造成胎儿过大；近亲繁殖，使胎儿畸形；妊娠期缺乏运动，造成胎位不正；母猪产仔时，人多杂乱，或其他动物进入猪舍，使母猪神经紧张；母猪先天发育不良或配种过早而发育不全，造成产道狭窄；母猪年老体衰，子宫收缩力弱；母猪患其他疾病，致使母猪体弱而造成分娩无力等，都能引起母猪难产。

(2)助产技术 难产时，应实行人工助产。首先使用催产素注射，用量按每100 kg 体重 2 mL，注射后 20～30 min 可产出仔猪。如注射催产素无效，可采用手术助产。在进行手术前，应剪磨指甲，洗净手臂并消毒后涂润滑剂，五指呈锥形，沿着母猪努责间歇时伸入产道，摸到仔猪后随着母猪努责慢慢将仔猪拉出。手术后，母猪应注射抗生素或其他消炎药物，以防产道、子宫发炎。

五、哺乳母猪的饲养管理程序

1. 母猪分娩前后的饲养 一般来说，体况较好的母猪，产后初期乳量过多、过稠，母猪易患乳房炎，仔猪吃后消化不良，造成下痢。故在产前 5～7 天应按日喂量的 10%～20%减少饲料(表 2-3)，在产仔当天，可少喂或不喂饲料，只喂给一些麸皮汤或轻泻饲料，防止母猪发生便秘。但对较瘦的母猪，产前可不减料，反而应加喂富含蛋白质的催乳料和青绿多汁饲料。

分娩后的 2～3 天内，由于母猪产后体质虚弱，代谢机能未恢复正常，所以饲料喂量不宜过多，饲量应逐渐增加，到产仔 5～7 天后才能按哺乳母猪的饲料量饲喂，但对体质较差，乳量较少的母猪，可以在产后喂给正常数量的饲料(表 2-3)。

表 2-3 哺乳母猪产前、产后喂料量(参考值) kg

日期	上午	下午	总量
产前 1 天	0.5	0.5	1.0
分娩时	0	0.5	0.5
分娩后 1 天	1.0	1.3	2.3
分娩后 2 天	1.8	2.2	4.0
分娩后 3 天	2.7	2.7	5.4
分娩后 4 天	2.7	2.7	5.4

2. 提高母猪的泌乳量的措施

(1)饲养 妊娠母猪特别是妊娠后期的饲养，防止母猪过瘦或过肥。妊娠后期胎儿发育很快，母猪乳腺也同时发育，如果营养不够，不仅胎儿发育不好，出生重低，而且乳腺发育不好，产后泌乳量低。

(2)营养 泌乳母猪饲料的营养水平应高于妊娠母猪。母猪产后 3 周达到泌乳高峰，以后逐渐下降，猪乳中各种营养物质都要从饲料中获得，饲料中能量和蛋白质不足，母猪泌乳期失重增加，断奶时体质瘦弱使断奶到配种间隔增加。钙和磷不足可引起母猪瘫痪或跛行。饲料中维生素要丰富，母猪能通过乳汁供给仔猪，促使仔猪健康发育，提高仔猪成活率。

(3)提高母猪采食量 母猪产后应逐渐加料，到产后第 5 天起母猪恢复正常喂量，直到仔猪断奶都应给以充分饲养，母猪能吃多少饲料就喂多少，不限制采食量。母猪采食量越少，泌乳期失重越多，断奶至配种间隔越长。以窝产 10 头仔猪为例，每头母猪日采食量不低于 5.0 kg。

(4)加强管理

①少喂勤添，增加饲喂次数。以日喂 4～5 次为宜。

②保护好母猪乳房和乳头。仔猪生后应剪牙，防止仔猪因争吃奶而咬伤母猪乳头。仔猪的吸允能促进母猪乳房发育，尤其是初产母猪，一定要让仔猪均匀地利用全部乳头，使每个乳房都发育良好，提高以后几胎的泌乳量。

3. 泌乳母猪的营养标准和饲粮配方 一般来说，180～200 kg 体重的母猪，在泌乳盛期，每天每头喂给精料 5.6～6.0 kg。每千克饲料中消化能不得低于 11.72 MJ，粗蛋白质应在 15% 左右，钙 0.8% 左右，磷 0.6% 左右。食盐为 0.25%～0.35%，饲料中要富含微量元素和多种维生素(表 2-4)。

表 2-4　泌乳母猪全价料配方(参考)

原料	绝对量
玉米(kg)	655.6
豆粕(kg)	160
膨化大豆(kg)	90
鱼粉(kg)	20
麸皮(kg)	40
磷酸氢钙(kg)	13
石粉(kg)	8
食盐(kg)	3.4
多维素预混料(kg)	10
总数	1 000
消化能(MJ/kg)	13.63
粗蛋白质(%)	17.7
赖氨酸(%)	0.97
钙(%)	0.81
磷(%)	0.63

4.产后不食的原因和防治方法

(1)母猪产后不吃食的原因

①产后增料过猛、喂料过多、饲料浓度太大,造成母猪厌食。

②母猪产后吞吃了胎衣,造成消化不良;母猪产后吃了凉食,饮了凉水,伤了胃,造成不愿吃食。

③产后精粗饲料过多、青饲料太少,造成母猪大便结燥,而食欲减退。

④母猪产仔时间过长,母猪产后疲劳过度。

⑤产后由于产道损伤,被细菌感染而发生炎症不吃食。

(2)预防　根据以上原因进行综合预防,特别是在产前给以营养丰富和易消化的饲料。精料、粗料、青料合理搭配,不宜把母猪喂得过肥或过瘦。做好母猪产前减料、产后逐渐增料的工作;在产前 7 天用 5%的新鲜石灰水消毒圈舍,防止细菌污染阴道。母猪产出的胎衣要及时清理,不让母猪吞食。

(3)治疗(供参考)　用猪苦胆一个、醋 100 mL,苦胆先用水和匀,再加入醋调匀,灌服。产道感染的用青霉素 320 万 IU,链霉素 100 万 IU,混合在 20 mL 安乃近中进行肌肉注射,每日 2 次,连续注射 2～3 天。

5.母猪不让仔猪吃奶怎么办　母猪不让仔猪吃奶多发生于初产母猪。这是因为初产母猪缺乏哺乳经验,对仔猪拱奶吸吮的刺激总是处于兴奋与紧张状态。解决措施:将母猪保定,肌肉注射冬眠灵(盐酸氯丙嗪),每千克体重 2～4 mg,使母猪睡觉，再放开仔猪吃奶，经过几次哺乳，母猪习惯了就不会拒绝哺乳。可有的初产母猪不让人接近，无法将母猪保定，也就没有办法肌肉注射冬眠灵，遇到这种情况，可以将浸满酒精（或白酒）的馒头仍到母猪面前，母猪吃了后醉倒，再放开仔猪吃奶。另外，经产母猪因营养不良而无奶，仔猪吃不饱总跟着母猪吃奶，母猪烦躁而拒绝哺乳。其表现是，母猪长时间平爬在地面上，而不是侧窝在地面上，只要加强营养，母猪有奶后，就不会拒绝哺乳了。

6. 母猪产活仔数少的原因分析　目前在养猪生产中，困扰养猪生产的难题为产仔数少，造成猪场的繁殖力下降，猪群补充困难。如果增加母猪存栏，提高产仔窝数，势必增加母猪的饲养成本，而且还造成母猪舍的栏位紧张，不增加母猪的存栏，育仔、育成、肥育栏位相对空置，造成浪费及增加成本。在生产实际中，要分析造成产仔数少的原因，以便在生产中加以防范。

(1)品种原因　有些品种的繁殖能力低，产仔数少，如皮特兰、杜洛克等，由于品种的原因，产仔数提高非常困难。

(2)年龄原因　猪年龄及胎次影响产仔数的多少，同时影响活产仔数的多少。

①胎次。1～2 胎的母猪繁殖性能低、排卵数少、产仔数少，3～5 胎繁殖性能最好，产仔数及产活仔数最高，6 胎以后的母猪繁殖性能有所下降，产仔数及产活仔数下降。

②猪的年龄。1～2 胎、6 胎以上母猪，由于体力的影响，产仔过程易产生疲劳，时间过长，造成死胎比例过大，在生产中应加强低胎次和高胎次猪的助产，减少产仔的间隔时间。

(3)饲养管理不当　母猪群的饲养管理为猪场的关键，很多产仔数少和产活仔数少的母猪，是由于饲养管理不当造成的，如驱赶、鞭打、咬架等可以造成机械性流产。

(4)疫病的影响　很多疫病都能造成繁殖障碍，造成产仔数下降，死胎、木乃伊胎比例增加，如圆环病毒、蓝耳病、猪瘟、伪狂犬、细小病毒、乙型脑炎、口蹄疫、猪丹毒、链球菌病和猪流感等。

在母猪的饲养管理过程中，应注意以下几点：

①加强防疫工作，减少各种病原感染。

②减少外引种猪，防止传染病的引入。

③做好母猪群免疫工作。

④加强饲养管理，减少由于管理的原因造成产仔数的减少。

⑤引种时选择繁殖性能高的猪种，提高母猪的繁殖率。

第四节　幼猪的培育

一、哺乳仔猪的培育

1. 哺乳仔猪的生长发育和生理特点　哺乳仔猪生理机能和成年猪是不同的，要养好哺乳仔猪首先要了解哺乳仔猪生理特点，根据哺乳仔猪的生理要求和特点，相映的饲养管理，才能养好哺乳仔猪。哺乳仔猪的生理特点有：

(1)生长发育快　新生仔猪生长发育特别快，生后 10 天体重即可翻 1 番，1 月龄时的体重为初生重的 5～6 倍(表 2-5)。

表 2-5　哺乳仔猪的生长速度(陆川猪)

	初生	日龄					
		10	20	30	40	50	60
体重(kg)	0.60	1.33	2.63	3.60	4.96	7.02	8.94
增长倍数	1.00	2.22	4.38	6.00	8.27	11.70	14.90

仔猪的快速生长是以旺盛的物质代谢为基础的。因此，仔猪对营养物质的质量和饲料的品质要求都较高，对营养不全反应敏感。所以供给仔猪的全价的饲料就显得很重要。

(2)体温调节能力差，特别怕冷　初生仔猪神经发育还不健全，体温调节能力差，在加上初生仔猪皮薄毛稀，皮下脂肪少，因此特别怕冷，容易冻昏、冻僵或冻死。另外，初生仔猪反应迟钝，行动不灵敏，易被踩死、压死。

(3)消化器官不发达，消化机能不完善　初生仔猪消化道容积很小，胃的容积只有 25～40 mL，重 4～5 g；20 日龄胃重才 35 g 左右，每次吃奶容纳的乳汁不多，胃内食物排空的速度也快。因此，仔猪易饱、易饿。这就要求仔猪料容积要小、质量要高、少喂勤添，日喂次数较多(或自由采食)。

(4)没有先天的免疫力　容易得病，所以应及时吃上足够的初乳。

2. 哺乳仔猪的饲养管理

(1)抓乳食，过好初生关　加强初生仔猪的护理工作，防止冻死、压死、病死、甚至饿死的现象发生，是提高仔猪成活率和断奶窝重的关键。

①吃足初乳，固定乳头：母猪产后 2～3 天以内所分泌的乳汁叫初乳。初生仔猪没有先天免疫力，必须通过吸吮初乳方能获得，否则易发多种疾病。另外，初乳中含有丰富的营养物质，内含大量的蛋白质、乳糖、乳脂，酸度较高，可满足仔猪生

长发育的需要。是常乳无法取代的，如果仔猪吃不到初乳则很难成活。

如何保证所有仔猪吃上初乳

1. 将你看到的正在吃初乳的仔猪做上标记。
2. 30 min 后，把吃上初乳的仔猪放到保温箱中。
3. 让剩下的仔猪吃饱，然后再让所有的仔猪回到母猪身边。
4. 用分开吃乳的方法(当一半仔猪吃初乳时，把另一半隔开；然后两组轮换。轮换应持续几小时，以保证所有仔猪吃上足够的初乳)。进食 40～60 mL 初乳(4～5 次比较好的进食)将提供足够的免疫蛋白，保证新生仔猪抵御多种疾病。

仔猪有固定乳头的习性，一旦固定下来，一般到断奶都不更换。由于不同位次乳头的泌乳量是不一样的，位次在前面的乳头泌乳量一般较多，位次在后面的乳头泌乳量一般较少(表 2-6)，为了保证全窝仔猪都能均匀发育，可利用人工固定乳头的方法，把初生重小、发育较差的仔猪固定在前面，初生重大的、发育较好的仔猪固定在后面的乳头，中间的乳头由剩余的仔猪自由选择、固定。即“抓两头，带中间”，使全窝仔猪发育均匀。

表 2-6　母猪不同位次乳头的泌乳量

乳头位次	仔猪数(头)	初生重(kg)	仔猪 20 日龄	
			体重(kg)	增重(kg)
1	10	1.06	5.05	3.99
2	10	1.20	5.60	4.40
3	10	1.24	5.50	4.26
4	10	1.26	5.35	4.09
5	9	1.36	4.94	3.58
6	6	1.38	4.92	3.54
平均		1.25	5.23	3.98

泌乳量较多的乳头依次为第 2、3、4、1 对。

②防冻防压，加强护仔保温：冬、春季分娩的仔猪死亡的主要原因是冻死或被母猪压死。仔猪的适宜温度是生后 1～3 日龄 30～32℃，4～7 日龄 28～30℃，15～30 日龄 22～25℃，2～3 月龄 22℃。保温的措施很多，如避免寒冷季节产仔；北方如采取全年产仔方式，应设产房、产圈(床)，有仔猪保温箱，利用红外线灯，电热板等设备供热。

由于初生仔猪反应迟钝，行动不灵敏，如母猪体大笨重，行动迟缓，产后疲倦，或母性较差等常易压死仔猪。防护措施有：保持舍内适宜温度，防止仔猪因为怕冷爱钻母猪肚皮底下或垫草堆内而被母猪压死；在产后 1 周内加强看管，特别是母猪吃食或排泄后回去躺窝时要留心;保持环境安静,避免突然响动使母猪惊吓而踩压仔猪;可在猪圈一侧或一角设置护仔间或护仔栏架,让母猪隔开睡觉。

③及时补铁,铁是合成血红蛋白和肌红蛋白的重要原料:新生仔猪体内贮存40～50 mg 铁,仔猪生后1周内母猪只能供给1～1.3 mg 的铁(每100 g 母乳含铁0.2 mg,小猪每天能吃到500～650 g 乳)就是仔猪出生2周后的母乳每天也只能供给2.3 mg,可是哺乳仔猪每天需要铁7～11 mg,如不及时补铁,血红蛋白量很快下降,仔猪就得一种低色素的小红细胞性贫血症。其表现为:生长缓慢,精神委靡,被毛粗糙,皮肤皱起和黏膜苍白。快速生长的仔猪因缺氧突然死亡,其外表特征是呼吸困难或膈肌痉挛。仔猪血液中血红蛋白的含量与健康、生长的关系密切(表2-7)。

表2-7 仔猪血液中血红蛋白的含量与健康、生长的关系

每100 mL 血液中血红蛋白克数	仔猪表现
10以上	够用,生长良好
9	符合最低需要量
8	贫血临界线,需要补充
7以下	贫血,生长受阻
6以下	严重贫血,生长显著减慢
4以下	严重贫血,死亡率上升

由表2-7可见,仔猪每100 mL 血液中血红蛋白在8 g 以下时,就要发生贫血。因此,新生仔猪必须补铁。

缺硒仔猪发生皮下水肿、肝坏死、心脏衰竭、白肌病、体脂内沉积棕黄色素、体液内积累黄液、幼猪突然死亡。现在生产上给仔猪补铁、补硒很方便,有很多兽药厂生产铁、硒合剂,如补铁王、牲血素、富力铁等。使用方法是:在仔猪生后3天肌肉注射1～2 mL,在10日龄时再注射1～2 mL。口服铁制剂或把铁制剂涂在母猪乳头上,让仔猪吮食;在圈内撒布一些干净的红黏土,让仔猪自由采食,以补铁的不足;在仔猪生后3日龄内,每头仔猪口服1～2滴0.5%的稀盐酸和胃蛋白酶,以避免仔猪贫血,增强仔猪的消化机能和防病能力,提高其断奶窝重。

④做好防病工作:主要是预防仔猪下痢。造成仔猪下痢的原因很多,有红痢、黄痢、白痢、传染性胃肠炎、流行性腹泻等。

红痢和黄痢都严重地危害仔猪的生命和健康,为防止这两种疾病的发生,应定期给母猪注射红痢菌苗(没有发生该病的猪场不要注射该疫苗)和黄痢菌苗。其方法是:在母猪妊娠第10周和第14周龄时,注射上述疫苗各一头份,可有效地预防这两种疫病的发生。

仔猪从3～5日龄起开始补水。由于母乳中脂肪含量高(7%～11%)，仔猪常感口渴，如不补给清水，仔猪就会喝脏水或尿液，引起下痢。补水的方法是：在补饲间小水槽中放入清洁水或含0.8%的盐酸水让仔猪饮用，水要常换，以保持新鲜；有条件的可以安装自动饮水器。

预防白痢：引起白痢的原因很多，但大部分为大肠杆菌所致，只要加强管理，还是可以预防的。首先要做到圈舍卫生，干燥、温暖，使仔猪免遭外界环境的打击；其次是加强母猪的饲养管理，严格按哺乳母猪的饲养标准和需要量饲喂母猪，防止母猪乳汁过浓或过稀。

(2)抓开食，过好补料关　哺乳期仔猪生长速度很快，其营养物质的来源主要靠母乳。从产猪开始母猪的泌乳量逐日增加，产后20天达到高峰，如果饲养条件好，这个高峰期可沿长至30天，然后泌乳量下降。此时仔猪生长发育旺盛，需要的营养物质越来越多，单靠母乳供应是不够的，据资料证明，仔猪生后20天母乳可以满足其生后需要总的营养物质的97%，30天能满足84%，而42天时仅能满足50%，为此，就必须从外界为仔猪提供一定的营养物质，以弥补母猪泌乳不适应仔猪生长发育的需要。

①训练仔猪尽早开食。仔猪生后4～7天，活动增加，拱掘地面或啃咬硬物，7～10日龄开始出牙，牙龈发痒，此时正是训练吃料的好时机。试验证明，从6日龄开始训练吃料，30日龄时日采食量可达0.24 kg，而14日龄开始训练吃料，30日龄时日采食量仅为0.18 kg，提早1周补料，采食量可提高30.56%。

②训练开食方法。粒料训练，仔猪生后4～7天，把哺乳仔猪料撒在仔猪活动栏补料槽内，让仔猪自由觅食；强迫补料，仔猪生后4～7天，将调制好的饲料抹在仔猪嘴内，让其品尝饲料味道，结合控制补乳时间，就可能达到预期目的。

③饲料应有良好的适口性。配制哺乳仔猪料，在选择原料时，即要考虑营养需要，还要注重饲料的适口性；玉米、炒黄豆粉、脱脂乳等是仔猪嗜好的饲料，这些饲料的香味可以促进仔猪采食，还可在仔猪补料中添加3%的蔗糖，以增加饲料的甜味，提高饲料的适口性。另外，还可适当补喂幼嫩的青绿多汁饲料，如苜蓿草、胡萝卜等。

④抓好旺食期的补料工作。仔猪21日龄以后，随着母猪泌乳量的下降，消化机能日趋完善，对饲料的要求越来越强烈。此时食量逐渐加大，进入了旺食期，此时食欲特别旺盛，贪吃饲料。随着旺食的出现，仔猪生长也十分迅速，如这个时期饲养得好，还为断奶后仔猪的饲养打下基础，抓好旺食应注意以下方面：

a.要使仔猪生长迅速，就需要补给适宜营养水平的全价饲料，所以，每千克饲料含消化能不应低于14.0 MJ，粗蛋白质含量一般不低于20%，赖氨酸含量要占粗蛋白质的4.5%或日粮总量的1.2%以上。b.仔猪对纤维和谷类淀粉消化率不高，日粮中粗纤维含量不应超过3%，为此，仔猪日粮不能单靠植物饲料，而应给予一定量的高质量鱼粉、乳清粉、脱脂骨粉等动物性饲料，才可满足其营养需要（表2-8）。

饲料应以颗粒料为好，颗粒料营养全面，适口性好，可提高仔猪的增重效果。

哺乳仔猪的补喂要少给勤添，让仔猪总是吃新鲜饲料。规模猪场，利用仔猪补料槽、自动饮水器让仔猪自由采食、自动饮水；按顿补饲的猪场，一般每天补5～6次，最好夜间安排补喂1次。

总之，抓好乳猪哺乳期补料工作，是争取最大断奶窝重的重要途径之一。

表2-8 仔猪典型饲料配方

仔猪体重(kg)	5～10		10～20	
料号	1	2	3	4
玉米	43.5	51.0	58.0	54.3
高粱	10.0	10.0	3.0	7.8
麦麸	5.0	—	5.5	6.0
豆饼	20.0	20.0	21.0	21.0
脱脂奶粉	10.0	—	—	—
砂糖	—	2.0	—	—
鱼粉	7.0	10.0	7.5	8.3
酵母粉	2.0	4.0	1.0	—
骨粉	—	—	0.2	—
碳酸钙	0.1	0.6	0.3	0.3
食盐	0.4	0.4	0.15	0.3
微量元素添加剂	0	1.0	1.0	1.0
维生素添加剂	1.0	1.0	1.0	1.0
合计	100.0	100.0	100.0	100.0
干物质	90.1	87.8	89.2	88.9
消化能(MJ/kg)	13.60	13.68	13.56	13.51
可消化粗蛋白(g/kg)	181	175	160	160
粗蛋白质(%)	22	21.8	20.1	20.2
粗纤维(%)	2.49	2.14	2.77	2.75
钙(%)	0.79	0.78	0.65	0.63
磷(%)	0.62	0.61	0.58	0.58
赖氨酸(%)	1.34	1.23	1.16	1.16
蛋氨酸+胱氨酸(%)	0.70	0.58	0.59	0.60
色氨酸(%)	0.30	0.32	0.26	0.26

(3)抓旺食,过好断奶关　断乳是养好仔猪的又一关键时期,此时仔猪脱离母猪遭受的环境打击较大,如离开母猪,改吃乳加料为吃料、分群、打防疫针、阉割等,断乳时间、方法及饲方法不当往往造成仔猪生病,重者可造成死亡。

①断乳时间。仔猪断乳的时间可根据各地的具体情况灵活掌握。我国大部分农村一直延续使用2月龄断乳制度,该制度与饲料条件差、以青代精、养猪主要为积肥等农村饲养管理制度有关。60天断乳制度,制约了母猪生产力的提高,因为60天断乳,114天妊娠,以及7天断乳后配种空怀期,共计,1头母猪每年只能完成2胎的生产任务。另外,60天断乳增加母猪的哺乳期饲养时间,加大用料量,使母猪体重损失过大,影响下期的发情、配种。

目前,在一些饲养管理条件较好、商品意识较强的猪场多采用42天或35天断乳的方法,每年每头母猪可生产2.2胎或2.3胎,母猪体重损失不大,不影响下胎的发情配种。

还有些先进的猪场,已采用28天或21天早期断乳,如此,每年每头母猪可生产2.4胎或2.5胎,例如1头母猪平均每胎生产10头断奶仔猪,21天断乳的母猪要比60天断乳的母猪每年多生产断乳仔猪6头,所以,大大提高了母猪的生产力。

②断乳方法。有一次断乳法、分批断乳法和逐渐断奶法。

一次断乳法:当仔猪达到预定的断奶日期时,一次性将母猪与仔猪完全分开。一次断乳,由于仔猪突然改变了生活环境和饲料,往往导致仔猪精神不安,消化不良,生长发育受损,又易使母猪乳房胀痛、不安或发生乳房炎。此法对母猪、仔猪均有影响,多用于全进全出的规模化养猪。使用时,母猪应于断乳前3天减少精料和青绿多汁饲料,使其降低泌乳量,并应注意加强对母猪及仔猪的护理。

分批断乳法:按仔猪的发育、用途等,先后分几批陆续断乳,一般发育好、体大强壮的仔猪先断乳,而体格弱小或拟留作种用的后断乳,此法断乳时间拖得长,仔猪管理也较困难。

逐渐断乳法:在仔猪达到预定断乳日期前4～8天,有计划地按时间把母猪和仔猪隔离开,逐渐减少哺乳次数,第一天哺乳4～5次,第2天哺乳3～4次,经过3～4天即可使仔猪脱离母猪。

二、断奶仔猪的培育

断奶仔猪是指仔猪从断奶至70日龄左右的仔猪。断奶对仔猪是一个很大的应激,饲料由液体奶变成固体饲料,生活环境由依靠母猪到独立生存,使仔猪精神上受到打击。如饲养管理不当,会引起仔猪烦躁不安,食欲不振,生长发育停滞,形成僵猪,甚至患病或死亡。因此,维持哺乳期内的生活环境和饲料条件,做好饲料、环境和管理制度的过渡，是养好断奶仔猪的关键。

(一)断奶仔猪的饲养

通常刚断奶的仔猪采食量会减少，这是由于断奶应激造成的。如果饲养管理得当，1 周后即可正常进食。鉴于断奶仔猪的生理特点，断奶仔猪对饲料和饲养方式有着特殊要求。

断奶仔猪饲料要求适口性好，易消化，能量和蛋白质水平高；限制饲料中粗纤维的含量；补充必需的矿物质和维生素等营养物质。断奶仔猪日粮中添加酶制剂、有机酸和有益微生物，对断奶仔猪的生长发育有很多益处。早期断奶仔猪体内消化酶分泌不足，许多研究表明，在断奶仔猪日粮中添加酶制剂(尤其注意淀粉酶和蛋白酶的添加)可弥补内源酶之不足，提高了饲料利用率和日增重，减少因消化不良所造成腹泻的发生。日粮中添加有机酸(如乳酸、柠檬酸、乙酸等)可弥补胃内盐酸分泌不足的缺点，提高胃蛋白酶的活性，增强对饲料蛋白质的消化能力。另外，添加有机酸使胃内 pH 值降低，防止腹泻的发生。有益微生物添加剂能维持肠道菌群平衡，其所产生的有机酸和过氧化氢可以杀死有害微生物或抑制有害微生物的生长。有益微生物可产生多种酶类和维生素，提高了饲料转化率，增强了机体的免疫力。

为使断奶仔猪尽快适应断奶后的饲料，减少断奶应激，应做好以下工作：一是对哺乳仔猪提早开食；二是断奶前减少母乳供给(通过减少哺乳次数和减少母猪饲料喂量)；三是对仔猪断奶后实施饲料过渡和饲喂方式的过渡。所谓饲料过渡就是仔猪断奶后 2 周内仍饲喂哺乳仔猪饲料，并在饲料中添加适量微生态制剂、维生素和氨基酸，以减轻断奶应激；2 周后则逐渐过渡到投喂断奶仔猪料。饲喂方式上，仔猪断奶后前几天最好用稀料或糊状饲料来饲喂，这与吸吮母乳有许多相似之处，仔猪喜欢采食，并且可减少干饲料对断奶仔猪胃肠道的损伤，待仔猪逐渐适应后再换为干饲料饲喂。应当注意的是断奶后 5 天内要控制仔猪饲喂量，以免胃肠道负担过重而导致仔猪消化不良，引起下痢。为使仔猪进食次数与哺乳期进食次数相似，可以少喂、勤喂，每天饲喂 5～6 次，一段时间后逐渐减少饲喂次数直至正常。

(二)断奶仔猪的管理

1. 分群 仔猪断奶后 1～2 天很不安定，若将母猪转走，仔猪则不混群、不并窝，在原圈中进行培育，这样可有效减轻仔猪断奶造成的骚乱。分群时要按仔猪性别、体重大小、体质强弱、采食快慢等分群饲养，同群内体重差异以不超过 2～3 kg 为宜。一般合群后 1～2 天内即可建立群居秩序；若群居秩序迟迟不能建立或有仔猪被咬伤，可考虑进行适当调整。按该方法分群后仔猪生长发育整齐，且易于管理。

2. 创造适宜的生活环境　断奶仔猪在 30～40 日龄时的适宜温度为 21～22℃；41～60 日龄时为 21℃；61～90 日龄为 20℃。冬季可适当增加舍内仔猪头数，最好能根据当地的气候条件安装暖气、热风炉等取暖设备，以做好断奶仔猪的保温工作。酷暑季节则要做好防暑降温工作，主要方法有通风、喷雾、淋浴等。

冬季猪舍湿度过大，会使仔猪感到更加寒冷；夏季则更加炎热。湿度过大还为病原微生物滋生繁衍提供了温床，可引起仔猪患多种疾病。断奶仔猪舍适宜的相对湿度为 65%～75%。

3. 保持良好的环境卫生　猪舍内含有氨气、硫化氢、二氧化碳等有害气体，对猪的危害具有长期性、连续性和累加性，使仔猪生长减缓，抗病力下降，还会引起呼吸系统、消化系统和神经系统疾病。因此，猪舍要定期打扫，及时清除粪尿，勤换垫草，保持垫草干燥，控制通风量，使舍内空气清新，为仔猪生长创造一个良好、清洁的环境条件。

4. "三角"定位的调教和管理　分群后仔猪采食、睡卧、饮水和排泄还没有形成固定位置，除设计好仔猪栏的合理分区外，还要加强调教训练，使仔猪形成理想的采食、睡卧和排泄的"三角"定位。训练的方法是：排泄区内的粪便暂时不清除或将少许粪便放到排泄区，诱使仔猪在指定地点排泄，其他区域的粪便随时清除干净。睡卧区的地势可稍微高些，并保持干燥，可铺一层垫草，使仔猪喜欢在此躺卧休息。

5. 供给充足的饮水　育仔栏内最好安装自动饮水器，保证仔猪可充足的饮水。仔猪采食干饲料后，渴感增加，需水较多，若供水不足则阻碍仔猪生长发育，还会因口渴而饮用尿液和脏水，从而引起胃肠道疾病。采用鸭嘴式饮水器时要注意控制其出水率，断奶仔猪要求的最低出水率为 1.5 L/min。

6. 减少断奶仔猪腹泻　腹泻通常发生在断奶后 2 周内，所造成的仔猪死亡率可达 10%～20%。若发生腹泻，则死亡率在 40%以上。腹泻是对早期断奶仔猪危害性最大的一种断奶后应激综合征。引起仔猪断奶后腹泻的因素很多，一般可分为断奶后腹泻综合征（WDS）和非传染性腹泻（NID）。腹泻综合征多发生于仔猪断奶后 7～10 天，主要是由于仔猪消化不良导致腹泻之后，肠道中正常菌群失调，某些致病菌大量繁殖并产生毒素。毒素使仔猪肠道受损，进而引起消化机能紊乱，肠黏膜将大量的体液和电解质分泌到肠道内，从而导致腹泻综合征的发生。非传染性腹泻多在断奶后 3～7 天发生，这主要是断奶的各种应激因素造成的。若分娩舍内寒冷，仔猪抵抗力减弱，特别是弱小的仔猪腹泻发生率更高。传染性病原体引起的下痢病，如痢疾、副伤寒、传染性胃肠炎，特别是哺乳仔猪的大肠杆菌性痢疾，都有很高的死亡率，尤其表现在抵抗力弱的仔猪身上。

早期断奶仔猪腹泻还与体内电解质平衡有很大关系。饲料中电解质不平衡极易造成仔猪体内和肠道内电解质失衡，最终导致仔猪腹泻。因此，补液是减少仔猪腹泻而导致死亡的一项有效措施。补液通过腹腔注射生理盐水或口服补液盐，以补充仔猪因腹泻而流失的电解质。

断奶后仔猪腹泻发生率很高，危害较大，病愈后仔猪往往生长发育不良，日增重明显下降，因而造成很大的经济损失。引发断奶应激的因素很多，诸如饲料中不易被消化的蛋白质比例过大或灰分含量过高、粗纤维水平过低或过高、日粮不平衡如氨基酸和维生素缺乏、日粮适口性不好、饲料粉尘大、发霉或生螨虫、鱼粉混有沙门氏菌或含盐量过高等。饲喂技术上，如开食过晚、断奶后采食饲料过多、突然更换饲料、仔猪采食母猪饲料、饲槽不洁净、槽内剩余饲料变质、水供给不足、只喂汤料及水温过低等因素都可能导致仔猪下痢。因此，消除这些应激因素，实现科学的饲养管理，就可减少断奶仔猪腹泻；如果腹泻不能及时控制，可诱发大肠杆菌的大量繁殖，使腹泻加剧。减少断奶仔猪腹泻发生的关键是减少仔猪断奶应激，保证饲料中电解质的平衡并保持饲喂和圈舍卫生。

7. 断奶仔猪的网床培育 断奶仔猪网床培育是集约化养猪场实行的一项科学的仔猪培育技术。与地面培养相比，网床培育有许多优点，首先是粪尿、污水可随时通过漏缝网格漏到网下，减少了仔猪接触污染源的机会，床面既可保持清洁、干燥，又能有效地预防和遏制仔猪腹泻病的发生和传播。其次是仔猪离开地面，减少冬季地面传导散热的损失，提高了饲养温度。断奶仔猪在产房内经过渡期饲养后，再转移到培育猪舍网床培养，可提高仔猪日增重，生长发育均匀，仔猪成活率和饲料转化率提高，减少了疾病的发生，为提高养猪生产水平、降低生产成本奠定了良好的基础。网床培育已在我国大部分地区试验并推广应用，取得了良好的效果，对我国养猪业的发展和现代化起到了巨大的推动作用。

试验结果表明，仔猪在相同的营养与环境条件下，网床培育较在立砖地面上饲养平均日增重提高 15％($P<0.05$)。由于试验时季节关系，加温与不加温组间温差不很明显，所以日增重之间差异也不显著。

第五节　猪的肥育

一、影响肥育效果的因素

影响猪肥育的因素很多，各因素之间又是互相联系和互相影响的。猪肥育的主要影响因素分述如下。

（一）品种和类型的影响

猪的品种和类型对肥育的影响很大。由于猪的品种和类型形成和培育条件的差异，猪种间的经济特性不同，以及人们对猪的产品要求的不同，在品种和类型之间的肥育性能和胴体品质也有差异（表 2-9）。

表 2-9　不同品种的肥育效果

(1)品种	肥育头数	肥育成绩			(2)品种	肥育成绩		
		达 100 kg 的天数	平均日增重(g)	饲料利用率		20～90 kg 的天数	平均日增重(g)	料肉比
大白猪	24	199	631	4.14	约克夏猪	127	558	3.62
北高加索猪	23	201	628	4.37	巴克夏猪	124	570	3.52
长白猪	22	195	659	4.05	长白猪	112	635	3.50

品种和类型不同，胴体品质也有差异。如早熟肉用型中白猪在活重 45.45 kg 时已长成满膘，后腿已很发达，为鲜肉用的适宜屠宰体重。而晚熟腌肉型的大白猪在同样体重时则仍在增加体长，后躯不发达，骨骼比重也大，而按腌肉型要求，中白猪体重达 90 kg 时已发育过度，体躯深度过大，表现出过于肥胖，屠宰后不能制作头等腌肉，但大白猪在此体重时，体型以及肌肉同脂肪的比例均符合腌肉型的要求。又如内江猪，荣昌猪和成华猪等不同品种在胴体的肉脂比例方面也有一定差异（表 2-10）。

表 2-10　不同品种的胴体肌肉与脂肪的比例

类别	阶段肥育(75 kg)	精料限量一贯肥育法(90 kg)	精料不限量一贯肥育法(120 kg)
内江猪	1∶0.8	1∶0.9	1∶1.5
荣昌猪	1∶0.6	1∶1.0	1∶0.9
金华猪	1∶0.8	1∶1.4	

因此，为了达到提高肥育效果的目的，必须了解品种和类型的肥育性能，并采用相应的肥育措施。

（二）经济杂交的影响

在猪的品种和品系间采用经济杂交，利用杂种优势，是提高肥育效果很有成效的措施之一。杂交后代生活力增强，生长发育加快，肥育时日增重提高，肥育期可以缩短，并能提高饲料利用率，降低饲养成本。但对肥育效果起主要影响的在于有效的杂交组合。据国外统计资料，肥育的增重速度和饲料利用率的优势率平均为 5%，而且变异幅度颇大，亲本间差异也很大，对肥育效果影响也较大，优势率也往往较高。从我国的大量试验和生产实践证明，一般都能比本地猪提高增重20%左右，应以优势率来测定杂交效果，因我国多以本地猪为母本，以外国猪或没有血缘关系的外地猪为父本，故其优势率也高于国外杂交肥育效果，其增重速度估计优势率为10%～20%，饲料利用率的优势率在5%～10%以上。如北京市以内江猪与北京黑猪的正反交，日增重优势率分别为11.3%和9.7%，饲料利用率的优势率分别为9.12%和4.93%。又如辽宁省的大约克×新金猪，7.5个月达90 kg，日增重优势率为23.5%，饲料利用率的优势率达15.4%。据四川试验，长白猪×荣昌猪的正反交日增重的杂种优势率分别为25.5%和21.2%。

试验证明，三品种杂交比两品种杂交效果好。据山西农学院用内江猪、巴克夏猪和本地猪三品种杂交研究证明，内巴本[内江公×(巴克夏公×本地母)母]三杂交肥育猪日增重比巴本一代提高11.6%，其产仔数、初生重、断奶育成头数，断奶窝重的优势率分别达12.3%、28.4%，26%，30.1%。浙江农科院试验，苏约金[苏大白公×(约克夏公×金华猪早母)母]三品种杂种仔猪断奶窝重比约金杂种仔猪提高34.1%，肥育期日增重提高11.9%。采用经济杂交还可以比本地猪缩短肥育期1～2个月甚至3个月以上。

(三)性别的影响

性别对肥育效果的影响，也已为我国长期的养猪实践所证实。公、母猪经去势后肥育，性情安静，食欲增进，增重速度提高，脂肪的沉积增强，肉的品质改善。猪经去势后，新陈代谢及体内氧化作用和神经的兴奋性降低，性机能消失，异化过程减弱，同化过程加强，将所吸收的营养，能更多地利用长肉和脂肪。有试验证明，阉公猪的增重比未阉者高10%，阉母猪的脂肪比未阉者多7.6%，饲料利用率和屠宰率都较未阉者高。至于阉公母猪之间，无论日增重和脂肪产量等皆相差不大。

国外不少国家，因猪性成熟较晚，小母猪发情对肥育影响较小，肥育时只阉公猪而不阉母猪。同时，未阉母猪较阉公猪肌肉发达，脂肪较少，可以获得较瘦的胴体。公猪含有雄性酮和间甲基氮茚等物质，有膻气，影响肉的品质。因而公猪进行阉割。近年来，随着肥育期的缩短，认为小公猪不经阉割肥育，在生长速度、饲料利用率和瘦肉率方面，都比阉公猪和小母猪为优，有利于降低成本，增加盈利。未阉公猪肥育后肉有膻气。

(四)仔猪初生重和断奶重的影响

在正常情况下，仔猪初生和断奶时体重的大小与肥育效果之间呈正相关。仔猪初生重越大,则生活力越强,体质健壮,生长迅速,断奶重也越大(表 2-11)。

表 2-11 仔猪初生重与 30 日龄、60 日龄体重的关系 kg

初生重	仔猪头数	30 日龄平均重	30 日龄平均增重	60 日龄平均重
0.75	10	4.00	3.30	10.20
0.75~0.90	25	4.67	3.85	11.20
0.90~1.05	40	5.08	4.10	12.85
1.05~1.20	46	5.32	4.19	13.00
1.20~1.35	50	5.66	4.38	14.00
1.35~1.50	36	6.17	4.74	15.55
1.50 以上	5	6.85	5.25	16.55

仔猪断奶体重与 4 月龄体重呈显著的正相关,而 4 月龄体重与后期增重也是呈显著的正相关。据 455 头匈牙利白猪断奶仔猪的试验表明,在群饲条件下,断奶重高的仔猪,平均日增重比断奶重中、低者水平分别高 9.2%和 13.6%,达 120 kg 体重的时间也提早 33 天和 35 天,每千克增重少消耗饲料 12.9%和 20%。说明断奶重大,肥育期增重快,饲料消耗少、肥育效果好。我国谚称:"初生差 1 两,断奶差 1 斤,肥猪差 10 斤。"虽不尽然如此,确从实践中总结出了它们之间的关系和规律。

哺乳期中仔猪体重大者,不但增重快,而且在肥育期中死亡率低,常常是那些体重小而弱的仔猪,在肥育期中易患疾病甚至死亡(表 2-12)。

表 2-12 仔猪 1 月龄体重与肥育期增重和死亡率的关系

1 月龄体重(kg)	仔猪头数	208 日龄体重(kg)	百分数(%)	肥育期间死亡率(%)
5.0 以下	967	73.4	100	12.2
5.1~7.5	1 396	83.6	114	1.8
7.6~8.0	312	89.2	122	0.5

肥育效果与仔猪初生重和断奶重的密切关系说明,要获得良好的肥育效果,必须重视猪的育种和饲养管理,特别要加强仔猪的培育,提高仔猪的初生重和断奶重,为提高肥育猪的肥育效果打下良好的基础。

(五)营养和饲料的影响

营养水平对肥育影响极大,各种营养物质缺一不可,特别是能量供给水平与增重和肉质成分有密切关系,一般来说,能量摄取越多,日增重越快,饲料利用率越高,屠宰率,胴体脂肪含量也越多,膘越肥。

饲料是猪营养物质的直接来源,由于各种饲料所含的营养物质不同,因此,应由多种饲料配合才能组成营养完善的日粮。

饲料对胴体肉脂品质的影响很大,特别是对脂肪品质的影响,饲料中碳水化合物和脂肪,以及某种情况下由蛋白质转换而来的脂肪酸,其中有一部分是以原有的形式直接转移到体脂肪中,因而使猪体脂具有和食入饲料的脂肪相似的性状。如多给大麦、小麦、甘薯等淀粉类饲料,由于体脂是由碳水化合物合成,含有大量饱和脂肪酸,因而具有白色,坚硬的性状。而米糠、玉米、豆饼、亚麻饼、鱼粉、蚕蛹等均由于本身脂肪含量较高,且多为不饱和脂肪酸组成,在肥育后期用以大量喂猪,不仅影响脂肪硬度,且易产生软的体脂,并影响肉的味道和色泽,如屠宰前2个月改用不饱和脂肪酸含量少的饲料,对防止软脂的形成有一定作用。

(六)温度、湿度和光照对肥育的影响

在肥育期中,需要适宜的温度(15～23℃),过冷过热都会影响肥育效果,降低增重速度。

在低温环境下,由于辐射、传导和对流的增加,体热易于散失。为了保持正常体温,即需把热的散失降低到最大限度,或增加热的产生,采食量增多,满足对热能的需要。体重愈小的猪,对寒冷的低温越敏感。据试验,如气温在4℃以下,增重速度下降50%,与此同时,按千克增重计算饲料消耗,增加到约相当于在最适气温时的2倍。在低温条件下,采取保温措施如加铺垫草对肥育性能有良好的影响,温度对胴体的化学成分和品质也有所影响,如对蛋白质沉积的干扰远不如脂肪严重。气温的过高或过低,虽都明显地影响脂肪的沉积,但如有意识地利用这种环境来生产较瘦的猪肉则不合算,因为所得不能补偿增重慢和耗料多的损失。

单从温度来评价对肥育的影响是困难的,它是随环境温度而产生影响的。高温下的高湿度造成的影响最大,若气温超过适宜温度,湿度从30%升高到60%,肥育猪增重会显著降低,如温度适当,即使湿度从45%上升到95%时,对增重也无明显的妨碍。可见,在适宜的气温下,湿度大小对肥育猪的增重不起直接的作用。

养猪头数过多,圈养密度过大,使局部环境温度上升,气流降低,使猪的采食量减少,饲料利用率和日增重下降。

研究光照对肥育的影响说明,将猪分别置于昼夜黑暗或昼夜照明、14 h黑暗10 h照明,14 h照明10 h黑暗共4组不同光照条件下,无论增重速度和饲料利用率,皆无明显差异。

此外,疾病对肥育无疑有严重的影响。

综上所述,温度对肥育影响很大,过冷过热都不利于肥育。因此,因地制宜地采取防寒防暑措施,保持合理的饲养密度,创造适宜于肥育的条件,是肥育中应该注意的问题,尤其是机械化、工厂化养猪更需控制居住的环境条件,力求消除不利于肥育的各种因素，以期达到理想的肥育效果。

二、肥育方式和饲养管理技术

（一）肥育方式

生长肥育猪的肥育方法有“吊架子”和“一条龙”两种方法。

“吊架子”法也叫作“阶段肥育法”，是在我国农村经济还不发达地区，营养水平较低和饲料条件差的条件下采用的一种肉猪肥育方法。

“一条龙”肥育法也称做“一贯肥育法”或“直线肥育法”。采用这种肥育方法是根据肉猪生长发育规律将肉猪整个饲养期分成两个阶段，即前期 20～60 kg，后期 60～100 kg 或以上；或分成三阶段，即前期 20～35 kg，中期 35～60 kg，后期 60～100 kg 或以上。根据肉猪对营养需求特点，始终用较高的营养水平饲喂，可达到增重速度快，缩短饲养期，肉猪等级高，出栏率高和经济效益好的目的。但在后期考虑到胴体品质，防止脂肪过度沉积和提高胴体瘦肉率可采用限量饲喂或降低日粮能量浓度的方法。

（二）生长肥育猪饲养管理技术

1. 保证猪群健康

（1）选择健康、整齐度高的断奶仔猪　当前我国肉猪生长期平均日增重较低，除主要受猪的遗传因素和饲料营养水平影响外，还与肉猪起始重较小有关。

在母猪窝产仔数相同的条件下，窝仔个体初生重之间越均匀越好。均匀度好的窝仔猪，断奶窝重也高，则 6 月龄全窝重也高，并可提高出栏率，肉猪等级高，收益自然高。现代化养猪生产中的肉猪基本要求原窝群饲，减少不必要的应激。一群肉猪从起始时个体大小比较均匀，就有利于提高肉猪的生产效果和猪舍的利用率。因此，要求把肉猪生产和哺乳仔猪及育成猪的养育结合起来考虑，必需加强仔猪哺乳期及育成期的培育，提高转群体重和均匀性。

（2）保证最优的环境条件　猪舍内的小气候是主要的环境条件。猪舍的小气候包括舍内温度、湿度、气流、光照、声音和舍内二氧化碳、氨气、硫化氢气体以及尘埃、微生物等因素对肉猪生产造成的影响。

在肉猪舍内潮湿、黑暗、气流滞缓的情况下，空气中微生物能迅速繁殖，生长和长期生存。微生物在舍内的分布是不均匀的，通道和猪床上空分布较多，它与生产活动有着密切关系，凡在生产过程中产生的水雾、尘埃较多时，则空气中微生物数量也增加。若保证肉猪舍温度适宜、干燥和通风换气良好，病原微生物就得不到繁殖和生存的条件，呼吸道与消化道疾病的发生就可以控制在最低限度。

(3)合理去势、防疫和驱虫

①去势。我国猪种性成熟早，一般多在出生后35日龄左右，体重5～7 kg时进行去势。仔猪7日龄时已会吃料，体重小易保定，手术流血少恢复快，而且应激小。而国外瘦肉型猪性成熟晚，幼母猪一般不去势，但公猪因含有雄性激素(雄烯酮等激素)，有难闻的膻气味，影响肉的品质，通常将公猪去势。

②防疫。预防肉猪的猪瘟、猪丹毒、猪肺疫、仔猪副伤寒、口蹄疫和病毒性痢疾等传染病，必须制定科学的免疫程序和预防接种，做到头头接种，对漏防猪和新从外地引进的猪只，应及时地补接种。新引进的猪种在隔离舍期间无论以前做了何种免疫注射，都应根据本场免疫程序进行接种各种传染病疫苗。

仔猪在育成期前(70日龄以前)各种传染病疫苗均进行了接种，转入肉猪舍后，应根据地方传染病流行情况，及时采血监测各种疫病的效价，到出栏前勿需再进行接种，防止发生意外传染病。

③驱虫。驱虫是猪场综合防疫体系中提高猪体健康水平又一重要措施。肉猪的寄生虫主要有蛔虫，姜片吸虫、疥螨和虱子等内外寄生虫。体内寄生虫排卵高峰期为4、7、11月份，仔猪为75日龄、135日龄。因此最佳的驱虫方案为使用伊维菌素，剂量每千克体重为0.3 mg、驱除蛔虫常用驱虫净(四咪唑)，每千克体重为20 mg；丙硫苯咪唑，每千克体重为100 mg，成年猪于每年的3、6、10月份，仔猪于45日龄和105日龄分别进行，驱虫方法：拌入饲料，1次驱虫，2次给药，间隔7～10天。驱除疥螨和虱子常用敌百虫，每千克体重0.1 g，溶于温水中，再拌和少量精料空腹时喂服。

服用驱虫药后，应注意观察，若出现副作用时要及时解救，驱虫后排出的虫体和粪便，要及时清除发酵，以防再度感染。

网上产仔及育成的幼猪每年抽样检查是否有虫卵，如有发现则按程序进行驱虫，现代化养猪生产中对内外寄生虫防治主要依靠监测手段，做到“预防为主”。

2.保证日粮营养水平 能量供给水平与增重和胴体品质有密切关系，一般来说，在日粮中蛋白质、必需氨基酸水平相同的情况下，肉猪摄取能量越多，日增重越快，饲料利用率越高，背膘越厚，胴体脂肪含量也越多。但摄入能量超过一定水平后情况就会有变化。

饲粮能量浓度以每千克饲粮含消化能11.92～12.55 MJ为宜。在肥育后期采用限量饲喂，限制能量水平，可控制脂肪的大量沉积，相应提高瘦肉比例。而粗纤维水平越高时，能量浓度就相应越低，增重越慢，饲料利用率越低，对胴体品质来说，瘦肉率有提高，但总的经济效果也不好。粗纤维含量一般占日粮风干物的

5%～7%较适宜。

目前，一般按生长育肥猪不同阶段给予不同水平的蛋白质，体重 20～60 kg 时瘦肉型肉猪为 16%～17%；60～100 kg 为 14%～16%。在肉猪日粮中，供给合理的蛋白质营养时，要注意各种氨基酸的给量和配比合适。

赖氨酸一般为猪的第一限制性氨基酸，对猪的日增重，饲料转化率及胴体瘦肉率的提高具有重要作用。当赖氨酸占粗蛋白质 6%～8%时，其蛋白质的生物学价值最高。因此，必须注意日粮中赖氨酸占粗蛋白质的配比。

肉猪日粮中应添加适量的矿物质元素和维生素，以保证其充分生长。特别是矿物质中某些微量元素，当供应不足或过量时，会导致肉猪物质代谢紊乱，轻者使肉猪增重速度缓慢，饲料消耗增多，重者能引发疾病或死亡。

肉猪日粮中粗纤维含量的多少，会影响日增重和胴体瘦肉率。我国地方猪对日粮粗纤维的消化率为 74.2%，巴克夏猪（肉脂型）为 54.9%，瘦肉型猪就耐受不了粗食和低营养水平的日粮。肉猪日粮中粗纤维含量 5%～7%为最佳，而生长肉猪日粮粗纤维最适水平是 6.57%（增重最适条件）和 6.64%（经济最适条件）。

在日粮消化能和粗蛋白质水平正常情况下，体重 20～35 kg 阶段粗纤维含量为 5%～6%，35～100 kg 阶段为 7%～8%，但绝不能超过 9%。

水是肉猪机体的重要组成部分，肉猪机体从幼龄含水 68%到出栏机体含水 53%都离不开水，并对物质代谢有着特殊作用。肉猪缺水或长期饮水不足，常使肉猪健康受到损害，当肉猪体内水分减少 8%时，即会出现严重的干渴感觉，食欲丧失，消化物质作用减缓，并因黏膜的干燥而降低对传染病的抵抗力。水分减少 10%时就会导致严重的代谢失调，水分减少 20%以上时即可引起死亡。高温季节的缺水要比低温时更为严重。

3. 采取科学的饲喂技术 自由采食与限量饲喂两种饲喂方法多次比较试验表明，前者日增重高背膘较厚，后者饲料转化率高背膘较薄。对三元杂交商品肥育猪种采用自由采食法，可获得较高的日增重和出栏率。但后期酮体脂肪含量会很高。如果生长肥育猪采用前期采用自由采食，后期限制（能量）饲喂，则全期日增重高胴体脂肪也不会沉积太多，达到满意的肥育效果。

目前，在瘦肉猪的饲养技术中，按肥育猪前、后期施行自由采食和限量饲喂，已得到全世界的公认。一般以限制自由采食的 20%～25%为好。

自由采食量敞开喂养不存在限量和不限量问题。限量饲喂方法有饲喂次数问题。应按饲料形态，日粮中营养物质的浓度，以及生长肥育猪的年龄和体重而定。日粮的营养物质浓度不高，容积大，可适当增加饲喂次数，相反则可适当减少饲喂次数。在小猪阶段，日喂次数可适当增加，以后逐渐减少。

饲料调制原则是缩小饲料体积便于采食，增强适口性，提高饲料转化率。集约化养猪很少利用青绿多汁饲料，青绿饲料容积大，营养浓度低，不利于生长肥育猪的快速增重。就全价配合饲料的加工调制而言，分为颗粒料，干粉料和湿拌料 3 种饲料形态。颗粒料优于粉料，湿喂优于干喂。

4. 控制圈养密度及群体数量 随着圈养密度或生长育肥猪群头数的增加，平均日增重和饲料转化率均下降，群体越大生产性能表现越差。据试验，每群 15 头生长育肥猪自由采食条件下，密度越高则猪的争斗次数明显增多，休息时间减少，猪群正常的次序无法建立从而影响猪只的健康、增重和饲料利用率。

15～60 kg 的生长育肥猪每头所需面积为 0.6～1.0 m^2，60 kg 以上的育肥猪每头所需面积为 1.0～1.2 m^2，每圈头数以 8～16 头为宜。但因不同环境条件和饲养方式不同，在气温低的北方可适当增加饲养密度；而在炎热的南方，由于气温较高，湿度大，则应适当降低饲养密度。

（三）肥育猪适宜屠宰时期

确定一个适宜的出栏屠宰期，即一个适宜的屠宰体重是决定养猪最后成败的关键。据资料报道，每增重 1 kg 瘦肉至少要耗掉 112.3 kJ 的能量，而增重 1 kg 脂肪，则要耗掉至少 292.6 kJ 的能量，同时体重 100 kg 时日增重开始下降，所以肥猪越大，浪费饲料越多，这样既增加了饲养成本，又降低了肉的品质(因为当月龄超过 6 个月后，脂肪沉积更为突出)，从而降低了养猪的生产效益。总的来说，瘦肉型猪以 90～100 kg 体重屠宰上市为宜。

第六节 规模化养猪生产技术

我国的养猪生产多以小规模、分散的方式经营，这样的饲养方法占地多、用人多、效益低，从而形成生产水平低、饲料报酬低、商品率低的局面，与我国农业现代化建设和人们生活需要不相适应。因此，改变传统的饲养工艺，推进现代化养猪，发展规模化养猪，不仅可以促进畜牧业的发展，而且有利于农业和农村经济结构调整，有利于农业增效、农民增收，有利于社会主义新农村建设，具有重要的现实意义。

规模化养猪就是具有一定规模的养猪生产。是利用先进的科学技术和工业设备，根据猪不同阶段的生理特点，实行集中饲养、分阶段管理，按照一定的周期进行全进全出、均衡、批量、高效率地养猪生产。

规模化养猪，提高了养猪生产水平，降低饲养员的劳动强度，提高劳动生产率，从而产生了最佳规模效益。

我国的规模化猪场采用“分阶段饲养”，一般分为四段或五段饲养。猪群周转采用“全进全出”的方式，并留有一段时间空栏和消毒。一般是以周为单位组织生产，即每周安排一定数量的猪只配种、分娩、断奶、转群、肥育出栏等，生产线总体上保持均衡生产、均衡出栏上市。

一、规模化养猪规划设计

（一）按工艺流程确定各阶段生产指标计划

规模化养猪实行常年产仔，中、早期断奶，提高母猪的利用率，充分利用猪舍、设备。以周为单位，安排母猪的配种、繁殖和猪群周转。

1. 配种计划的确定

(1)首先确定母猪繁殖周期　母猪的繁殖周期包括：空怀期、妊娠期和哺乳期。妊娠期平均为16.5周，空怀期为1周，目前我国规模化养猪多采用仔猪35日龄断奶，也就是哺乳期为5周，这样母猪的一个繁殖周期为22.5周。

(2)明确每头母猪平均年产仔窝数　母猪的一个繁殖周期为22.5周，一年有52周，52÷22.5=2.3(窝)，即每头母猪平均年产仔是2.3窝。

(3)确定每周应产仔的母猪头数　可列成公式如下：

每周应产仔窝数=(母猪总头数×2.3)÷52

例如：100头母猪的猪场每周应产仔的窝数是多少？代入公式：

(100×2.3)÷52=4.4(窝)

为了留有余地和便于生产上容易掌握，每周应产4.4窝，可按4窝进行安排。

(4)安排每周应配种的母猪头数　要根据每周应产仔猪的窝数和母猪配种受胎率，来安排每周应该配种的母猪头数。母猪受胎率一般按80%掌握，列成公式如下：

每周应配种的母猪头数=每周应产仔窝数÷80%

例如：100头母猪的猪场，每周应该配种几头母猪？代入公式：

4窝÷80%=5头

所以，100头母猪的猪场，每周应该配种5头母猪。

2. 各阶段生产指标　无论新建猪场还是投产后的猪场，制定生产指标都要和当地的养猪水平相适宜，指标过高、过低都不利于生产管理。

根据目前我国养猪生产实际情况，规模化猪场生产指标应达到以下标准：

每头母猪平均年产2窝，每窝平均产活仔10头。

仔猪35日龄(5周)断奶，成活率90%以上。

仔猪断奶后转到培育猪舍培育42天(6周)，培育期成活率95%以上。

仔猪77日龄转入生长肥育舍，生长肥育期105天(15周)，平均体重达90 kg左右时出售，生长肥育期成活率98%以上。生长肥育期每增重1 kg活重消耗饲料3.5 kg以下。

一个有100头成年母猪的规模化猪场，年产商品猪1 500头以上。

3. 合理的猪群结构 规模化猪场的猪群是由种公猪、种母猪、后备猪、哺乳仔猪、培育仔猪、生长肥育猪等构成。这些猪在猪群中的比例关系称为猪群结构。

按照生产指标的要求，规模化猪场生产走向正常以后，生产上就会出现每周都有产仔，每周都有仔猪断奶，每周都有培育猪转到生长猪舍，每周都有商品猪出售，猪场的日常存栏应出现相对稳定的状态，以一个有100头成年母猪的猪场为例，其猪群结构应为：

成年母猪100头；
后备母猪20～25头；
成年公猪2头；
后备公猪1头；
哺乳仔猪200～220头；
培育仔猪215～240头；
生长肥育猪510～550头；
合计存栏：1 048～1 138头。

如果猪群结构达到上述标准，说明生产正常，如果哺乳仔猪、培育仔猪和生长肥育猪低于上述标准，总存栏低于1 000头，说明生产上某个环节存在问题，应加以解决。

(二)按工艺流程建设或安排生产车间

一个规模化养猪场建场时要有严格的规划与设计，工艺流程确定以后，按猪场的工艺设计要求，安排配种妊娠舍、产房、育仔舍、育肥舍和各猪舍内的栏位。场内猪群周转、建筑设施的合理利用，都必须和生产工艺、防疫制度、机械化程度紧密联系，以做到投产后井然有序，方便管理。

二、规模化养猪生产主要工艺流程

规模化养猪的目的是要摆脱分散的、传统的、季节性的生产方式，建立工厂化、程序化、常年均衡的养猪生产体系，从而达到生产的高水平和经营的高效益。养猪生产以生产线形式实行流水作业，按固定周期（以周为单位）常年连续均衡生产。

（一）阶段饲养工艺

生产工艺按饲养阶段的不同，又分为四段法、五段法和六段法。

1. 四段法

（1）配种妊娠阶段　此阶段母猪要完成配种并度过妊娠期。配种约需1周，妊娠期16.5周，母猪产前提前1周进入产房。母猪在配种妊娠舍饲养16～17周。如猪场规模大，可把空怀和妊娠分为两个阶段，空怀母猪在1周左右配种，然后观察4周，确定妊娠后转入妊娠猪舍，没有妊娠的转入下批继续参加配种。

（2）产仔哺乳阶段　同1周配种妊娠的母猪，要按预产期最早的母猪，提前1周同批进入产房，在此阶段要完成分娩和对仔猪的哺育，哺乳期为3～5周，母猪在产房饲养4～6周，断奶后仔猪转入下一阶段饲养，母猪回到空怀母猪舍参加下一个繁殖周期的配种。

（3）断奶仔猪培育阶段　仔猪断奶后，同批转入仔猪培育舍，这时幼猪已对外界环境条件有了一定的适应能力，在培育舍饲养5～6周，体重达20 kg以上，再共同转入生长肥育舍进行生长肥育。

（4）生长肥育阶段　由育仔舍（仔猪保育舍）转入生长肥育舍的所有猪只，按生长肥育猪的饲养管理要求饲养，共饲养15周，体重达90 kg时，即可上市出售。生长肥育阶段也可按猪场条件分为中猪舍和大猪舍，这样更利于猪的生长。

通过以上四个阶段的饲养，当生产走入正轨后，就可以实现每周都有配种、分娩、仔猪断奶和商品猪出售，从而形成工厂化饲养的基本框架。

2. 五段法　根据猪的生理特点，分别将其饲养在空怀妊娠舍、分娩哺乳舍、断奶仔猪保育舍、生长猪舍和肥育猪舍内。五段法和四段法不同之处，是把商品猪分成生长和育肥两个阶段，根据其对饲料和环境条件的要求不同，最大可能地满足其需要，充分发挥其生产潜力，提高养猪效率；但与四阶段比较，增加了一次转群负担和猪只的应激机会。

3. 六段法　根据猪只的生理特点，专业分工更细，在五段法的基础上，又把空怀与妊娠母猪分开，单独组群。这种饲养工艺适合于大型猪场，便于实施“全进全出”的流水式作业；另外，断奶母猪复膘快、发情集中、易于配种；猪只生长快、养猪效率高。但六段法的转群次数较多，增加了劳动量，增加了猪只的应激反应。

（二）常年产仔均衡生产商品猪

规模化养猪实行常年产仔，中、早期断奶，提高母猪的利用率，使猪舍、设备充分利用。工艺要求，以周为单位，安排母猪的配种、繁殖和猪群周转，均衡生产商品猪。

三、规模化养猪特征及必备条件

（一）规模化养猪的特征

规模化养猪的特征是：

①猪群饲养规模大，节约土地和人工。

②猪种引进、饲料选用、消毒、免疫和饲养管理技术更加科学化、规范化和标准化。

③规模化养猪使用先进的养猪设备，前期投入较大，但生产效率较高。

④实行全年均衡生产、均衡上市，最大限度地降低了生产成本，提高了劳动生产率和经济效益。

（二）规模化养猪的必备条件

在我国，规模化养猪约占总饲养量的25%。我国的规模化猪场借鉴国外的经验，采取流水线、有节律的生产工艺，设计简单、实用，造价较低，与国情和地区条件相吻合。不足之处是使用年限较短，随着使用期的延长，要不断地修修补补。从地域上分，我国规模化猪场分为北方型和南方型两种。

北方型规模化猪场适应严寒干燥的气候，猪舍密闭程度较高，分娩猪舍和保育舍多采用密闭式猪舍，舍内供暖设备比较完备。

南方型规模化猪场适应炎热潮湿的气候，猪舍敞开或半敞开，基本上不采用密闭式猪舍，舍内设备比较注意防暑降温。

无论是北方型还是南方型规模化养猪都应必备以下条件：

①饲养优良猪种。从国外引入的优良猪种（长白猪、大白猪、杜洛克猪等），生长性能高，符合现代化养猪生产工艺对猪群周转的要求。

②采用现代化养猪生产工艺，应用先进设备，实行标准化饲养。

③建立科学、有效的防疫体系。在养殖规模大、饲养密度高的情况下，增强“防疫第一”的观念，建立一整套严格的卫生防疫制度，是保证猪群健康、提高生产性能、获得最大经济效益的一项重要工作。

④做好粪污处理，保护环境。

四、规模化养猪技术管理措施

在一个猪场中，技术操作规程涉及方面广，内容多，如各类猪饲养管理操作规程、饲料加工技术操作规程、种猪繁殖技术操作规程、疫病防治技术操作规程等。在制定技术操作规程时应重点突出，文字精练，意思明确，以利于准确执行。

要提高养猪生产水平，真正实现科学养猪，必须加强职工的岗位培训，定期组织饲养员进行技术操作规程的学习，不断提高业务素质。同时不断总结经验，对规程中不够合理的地方及时修改。另外，对猪场管理人员要采取“走出去，请进来”的方法，学习别人的先进经验，不断总结提高本场的技术管理水平。一个猪场的技术操作规程执行程度，将直接影响养猪场的效益。

(一)种公猪的饲养管理要点

①在规模化养猪场，种公猪的配合饲料要求每千克含消化能 12.5～13.0 MJ，粗蛋白 18%、钙 0.83%、磷 0.66%。

②必须经常注意公猪的营养状况，使其终年保持肌肉结实、精力充沛、性欲旺盛。发现过肥或过瘦必须立即调整日粮，减少或增加喂量。

③要求每半个月检查公猪精液品质 1 次，以保证公猪的配种效果，提高受胎率。

④1～2 岁的青年公猪，每周可配种 1～2 次；2～5 岁的壮年公猪，每天可配种 1～2 次，每周休息 2～3 天；采用人工授精的壮年公猪可每周采精 4 天，每天 1～2 次，然后休息。

⑤做好配种记录，以此作为评价公猪和生产性能鉴定的依据。

(二)空怀和妊娠母猪的饲养管理要点

①空怀和妊娠母猪每千克饲料含消化能 11.7 MJ、粗蛋白 13.5%、钙 0.8%、磷 0.5%。对体弱或过肥的母猪要适当增减喂料量，并保证清洁饮水的充足供应。

②对空怀和已配种的母猪，要每天清晨和傍晚巡回检查发情情况；对已配种的母猪在配种后 18～24 天和 38～44 天要特别注意检查是否返情，一旦发现发情和返情的母猪，应争取适时配种。

③发情母猪，在发情持续期内，要求至少配种 2 次。第 1 次配种在母猪开始发情 14～16 h，过 24 h 之后，再进行第 2 次配种。

④在空怀母猪舍，要每天上、下午用试情公猪试情 1 次，这样不仅可以找出发情母猪，还可以刺激母猪发情。

(三)产仔和哺乳母猪的管理要点

①母猪产前 1 周调入产房。在母猪调入产房前，必须对产圈的设备进行检查维修，并对产圈进行彻底的清扫、冲洗和认真的消毒。

②待产母猪进产房前，应将母猪全身洗刷干净，并选用适当的消毒液喷洒全

身,经洗刷消毒后,方可进入产房。母猪临产前,还要再用0.5%的高锰酸钾溶液洗涤母猪的阴门、乳房和腹部。

③母猪进入产房后,逐渐减少饲料喂量。产前5天每天喂2 kg,产前2天每天喂1.5 kg,产仔当天不喂料,产后逐渐增加喂料量,直至产后7天左右,才能按哺乳期的要求进行饲喂。哺乳期母猪的饲喂量以不剩料为准,通常不做限制。哺乳母猪的日粮每千克应含消化能13 MJ以上,粗蛋白16%、钙0.9%、磷0.7%,同时保证饮水的充足供应。喂料量要根据母猪的膘情、食欲、带子多少和哺乳期的不同阶段相应增减,切忌一刀切。由于产房内每个母猪的喂料量不同,最好在每个产床前挂一个喂料量的牌子,按照牌子上的喂料量添加饲料并随时调整。

④按每头母猪的预产期,随时观察母猪的动态,准备接产。

⑤仔猪出生后,要马上用干毛巾将口鼻部的黏液擦干净,然后擦干周身。为防止仔猪在吮乳时咬伤母猪的乳头,要用侧切钳子将新生仔猪的犬齿剪平。同时为防止猪长大后互相咬尾影响生长发育,用断尾钳将尾巴切掉,断面用5%碘酒消毒。

⑥同批进入产房的母猪,产仔日期较近,为了使各窝仔猪发育一致,便于全进全出,可进行适当的调圈寄养。但寄养的仔猪必须吃上生母的初乳,未吃初乳的仔猪不能寄养。

⑦为防止哺乳仔猪的缺铁性贫血,可在仔猪出生后3日龄内肌肉注射铁制剂,10日龄时再注射1次。

⑧若发现个别母猪产后奶少或无奶,可及时注射催产素,刺激母猪泌乳。

⑨仔猪35日龄断奶时,应准确称量仔猪断奶体重,并做好记录。

(四)培育仔猪管理要点

①哺乳仔猪28日或35日龄断奶后,调入育仔舍,在网上饲养5周左右下网,体重应达20 kg以上。

②哺乳仔猪调入育仔舍前,应对育仔舍的一切设备进行检修,然后将所有育仔栏清洗消毒,饲槽内的陈料要彻底加以清除,并洗涮干净。一切准备就绪后,方可转入新猪群。

③育仔舍应经常保持干燥、清洁,冬暖夏凉,空气清新。

④哺乳仔猪断奶后,喂乳猪料至15 kg时改喂仔猪料,应逐渐过渡1周,方能全喂仔猪料。

⑤为防止断奶猪拉稀,在断奶后1～2周内,一定要对饲料喂量加以控制。一般是断奶后第一周食欲不振,采食量减少,数天后开始适应;第二周出现补偿性过食,常造成消化不良而拉稀。在管理工作中,一定要注意由食欲不振转向食欲增加

阶段仔猪的消化不良症。

⑥育仔舍的饲料要保持清洁,防止霉变,少喂勤添,剩料要定期清除。

(五)中大猪的饲养管理要点

①前批猪出栏后,应对空圈进行彻底的清扫、冲洗和消毒,从空圈到进猪最好间隔一周时间。

②培育仔猪转群时要进行称重,根据体重、性别和品种分组,以便于管理和发育整齐。

③培育仔猪转入育成初期,猪的消化机能尚未发育完全,饲料喂得过多,也易引起拉稀,影响增重。因此,在转群初期 7～10 天内,除对喂料量必须加以控制外,配合饲料的种类也应逐步更换。当育肥猪体重长到 60 kg 左右时,再逐步改喂大猪料。

④在中大猪舍装猪时,应有意留出 3～4 个空圈,以便将整个育肥期中出现的病、弱猪进行集中饲养和治疗。

五、养猪生产经营合同的签订

随着市场经济的发展,订单农业作为一种模式越来越普及,合同在养猪生产中普遍地存在。从根本上说,一个合同是一项法律化的带有强制性义务的协议。在养猪生产中,它是在两方或更多方之间为养猪生产经营这一目的而达成的书面协议,涉及养猪生产经营的合同内容包括如下方面:

①合同名称;

②合同当事人;

③合同标的;

④数量和质量;

⑤价款或酬金;

⑥履行的期限、地点和方式;

⑦合同的担保;

⑧合同的变更和解除;

⑨违约责任;

⑩合同当事人签章。

在签订合同之前应向有经验的人征求意见,向养猪的管理专家、养猪专家或当地农业专家咨询,以保证合同签订的准确性。

第三章　羊的生产

第一节　羊的品种

一、绵羊品种

（一）我国主要的绵羊品种及分布

1. 细毛羊

（1）中国美利奴羊　中国美利奴羊是经过 10 多年的培育，在新疆的巩乃斯种羊场、紫泥泉种羊场、内蒙古的嘎达苏种畜场、吉林的查干花种羊场培育成功的。中国美利奴羊体质结实，体型呈长方形。公羊有螺旋形角，母羊无角，公羊颈部有 1～2 个横皱褶或发达的纵皱褶，无论公、母羊躯干部均无明显的皱褶。生产性能，一级母羊平均剪毛后体重 40.9 kg，剪毛量 6.41 kg，体侧净毛率 60.84%，折净毛量 3.9 kg，平均毛长 10.2 cm。

（2）新疆细毛羊　育成于新疆巩乃斯羊场，是我国培育的第一个毛肉兼用细毛羊品种。它具有适应性强、耐粗饲、产毛多、毛质好、体格大、遗传稳定等优点。头较宽，公羊有螺旋形大角，母羊无角，颈下有 1～2 个皱褶，四肢强健，被毛白色，头部细毛覆盖两眼连线。该品种羊的最低生产性能指标为：成年公羊剪毛后的体重 80 kg，剪毛量 8 kg，净毛量 3.5 kg；成年母羊剪毛后体重 45 kg，剪毛量 4.5 kg，净毛量 2 kg；育成母羊剪毛后体重 33 kg，剪毛量 3.7 kg，净毛量 1.7 kg。

（3）东北细毛羊　主要分布在辽宁、吉林、黑龙江三省的西北部平原和部分丘陵地区。成年公羊体重 83.66 kg，成年母羊 45.36 kg；成年公羊剪毛量 13.44 kg，成年母羊 6.10 kg；净毛率 35%～40%；成年公羊羊毛长度 9.33 cm，成年母羊 7.37 cm；羊毛细度 60～64 支。

2. 半细毛羊

（1）东北半细毛羊　也叫东北中细毛羊，结构良好，公羊体重 62.1 kg 左右，母羊体重 44 kg 左右。公、母羊均无角，头轻小，颈粗短，体躯无皱褶，头部被毛着生至两眼连线。体躯呈圆筒状，后躯丰满，四肢粗壮。被毛白色，密度中等，匀度好，腹毛呈毛丛结构。

东北半细毛羊主要分布于东北各地，属于毛肉兼用型，是用考力代羊为父本，与当地蒙古羊及杂种改良羊杂交培育而成的。具有剪毛量高，肉用性能好，早熟，耐粗饲料，适应性强等特点。羊毛有清晰明显的大弯，羊毛的细度为 56～58 支，油汗适中，呈白色，净毛率 50%。剪毛量 4.1～6 kg，毛长 9 cm 以上，羊毛细度 56～58 支。

(2)内蒙古半细毛羊　该品种产于乌盟四子王旗、察右后旗、察右中旗、呼和浩特市武川县和包头市达茂旗等地。1991 年 5 月，内蒙古自治区政府将其命名为“内蒙古半细毛羊”新品种。其特点是毛肉兼用，对干旱和半干旱的荒漠草原具有良好的适用性；体型结实，无皱褶。公羊无角或呈小角基，母羊无角。被毛呈松散的平顶形毛丛结构，头毛着生至两眼线以上，四肢毛至腕关节和飞节。被毛纯白，油汗适中呈白色或淡黄色。

内蒙古半细毛羊成年公羊毛长 11.3 cm，污毛量 6.8 kg，剪毛后体重 67.9 kg，成年母羊毛长 9.6 cm，污毛量 3.6 kg(净毛 2.4 kg)，剪毛后体重 43.65 kg，羊毛细度 56～58 支为主。

3. 粗毛羊

(1)蒙古羊(图 3-1)　我国古老的三大粗毛绵羊品种之一。主要分布在内蒙古自治区，东北、华北和西北各地也有不同数量的分布。该品种羊体躯被毛多为白色，头和四肢多为杂色，被毛异质。生产性能各地差异较大，如分布在内蒙古中部地区的蒙古羊，成年公羊平均体重 69.7 kg，成年母羊 54.2 kg。分布在甘肃省河西地区的蒙古羊，成年公羊平均体重 47.40 kg，成年母羊 35.50 kg；成年公羊剪毛量 1.5～2.2 kg，成年母羊 1.0～1.8 kg；屠宰率 50%左右。

图 3-1　蒙古羊

(2)西藏羊(图 3-2)我国古老的三大粗毛绵羊品种之一，主要分布在青藏高原。品种内分许多类型，如高原型、雅鲁藏布型、三江型、山谷型。成年公羊体重 44.03～58.38 kg，成年母羊 38.53～47.75 kg；成年公羊剪毛量 1.18～1.62 kg，成年母羊 0.75～1.46 kg;净毛率 70%左右。

图 3-2 西藏羊

(3)哈萨克羊 我国古老的三大粗毛绵羊品种之一。主要分布在新疆境内。哈萨克羊体质结实,四肢高,耐寒、耐粗饲,生活力强,善于爬山越岭,适于高山草原放牧。毛色杂,被毛异质,干死毛占被毛重量的 12.9%。剪毛量成年公羊 2.03 kg,成年母羊 1.88 kg;净毛率分别为 57.8%和 68.9%。

(4)小尾寒羊 原产于山东的菏泽、济宁地区,河南新乡、开封地区以及河北南部、江苏北部等地也有分布。小尾寒羊四肢较长,体躯高大,前后躯都较发达,脂尾短,公羊有角,呈螺旋状;母羊半数有角,角小,头、颈较长,鼻梁稍隆起,耳大下垂,被毛为白色。成年公羊体重约为 90 kg,成年母羊体重为 48 kg。剪毛量成年公羊为 3.5 kg,成年母羊为 2.1 kg,净毛率为 63%,羊毛不同质。小尾寒羊最大的特点是繁殖率高,每胎多产,平均产羔率约为 270%。

4. 羔皮羊

湖羊(图 3-3)主产于浙江、江苏的部分地区,集中在浙江的吴兴、嘉兴和江苏的吴江等地,是我国特有的羔皮羊品种。

湖羊头狭长,公母羊均无角。耳大下垂,部分地区有小耳和无耳个体。被毛白色,四肢纤细,尾尖上翘,乳房发育良好。

生产性能,湖羊羔羊 1～2 日龄屠宰,所得皮板轻薄,毛色洁白如丝,扑而不散,可加工染成不同颜色,在国际市场上享誉很高。成年羊屠宰率 40.0%～50.0%,而且肉质细嫩鲜美。公母羊性成熟早,个别母羊 3 月龄即可发情,6 月龄可配种,成年母羊常年发情并可配种受孕。除初产母羊外,一般每胎均在 2 羔以上,个别可达 6～8 羔,平均产羔率 228.9%。

图 3-3 湖羊

5. 裘皮羊

滩羊(图 3-4)主要分布在宁夏以及与宁夏毗邻的甘肃、内蒙古、陕西等地区。滩羊是在特定的自然环境下经长期定向选育而成的一个独特的裘皮羊品种。滩羊体格中等,公羊有大而弯曲的螺旋形角,母羊一般无角,颈部丰满,长度中等,背腰平直,体躯狭长,四肢较短,尾长下垂,尾根宽阔,尾尖细长,呈"S"状弯曲或钩状弯曲,达飞节以下。成年公、母羊平均体重分别为 47.0 kg 和 35.0 kg。羔羊生后 30 天左右宰取的羔皮,称二毛皮,是滩羊的主要产品之一。此时,被毛洁白呈波浪形弯曲的毛股状,毛股长 7～8 cm,有美丽的花穗,花案美观清晰,光泽悦目,毛皮轻便,不毡结。成年公羊剪毛量为 1.6～2.6 kg,成年母羊 0.7～2.0 kg。净毛率 65%左右,产羔率 101.0%～103.0%。

图 3-4 滩羊

(二)我国引进的绵羊品种及其分布

1. 无角陶赛特 由澳大利亚育成。该品种羊公、母均无角,颈粗短,胸宽深,背腰宽而平直,身体呈圆桶状,后躯丰满,四肢粗短,全身被毛白色。

生长发育快,早熟,全年发情配种。成年公羊体重 90～110 kg,成年母羊 65～70 kg,毛长 7.5～10 cm,羊毛细度 54～56 支,剪毛量 2～3 kg。产羔率 137%～

175%。无角陶赛特羊是我国引进的优良肉用绵羊品种中数量最多、分布最广的品种之一，在经济杂交生产羊肉上取得了较好效果。

2. 萨福克 原产于英国。体格较大，公、母羊无角，颈粗短，胸宽深，背腰宽平，后躯丰满。成年公羊体重 100～110 kg，成年母羊 65～75 kg，毛长 7～8 cm，羊毛细度 56～58 支，剪毛量 3～4 kg，产羔率 140%～150%。经过肥育的 4 月龄公羔体重 24.2 kg，母羔 19.7 kg。

该品种有黑、白两种，黑萨福克羊的头、四肢为黑色，白萨福克羊全身白色。

3. 夏洛来羊 原产于法国，公、母羊均无角，头部无毛。耳较长，胸宽、深，肋骨拱张，背宽、平，肌肉发达，体躯呈圆桶状，后躯丰满，肉用体型良好。成年公羊体重 100～150 kg，母羊 75～100 kg，毛长 7 cm，羊毛细度 50～60 支，产羔率 135%～182%，6 月龄羔羊体重，公羔 48～53 kg，母羔 38～43 kg。

4. 特克塞尔 原产国荷兰，光脸，四肢下部无毛，耳、眼、鼻四周有浅黑色小斑点。颈粗短，体躯深，后躯方正，成年公羊体重 115～130 kg，母羊 75～80 kg，毛长 10～15 cm，羊毛细度 46～56 支，产羔率 150%～160%。4 月龄羔羊体重 40 kg，屠宰率 54%～60%。

5. 德国美利奴 产于德国，属肉用型细毛早熟品种。体型大，胸宽、深，背腰平直，肌肉丰满，后躯发育良好。成年公羊 90～100 kg，成年母羊 60～65 kg，剪毛量成年公羊 10～11 kg，成年母羊 4.5～5.0 kg，净毛率 45%～52%。羊毛细度 60～64 支，长度 7.5～9.0 cm。产羔率 140%～175%。6 月龄羔羊体重可达 40～45 kg，胴体重 19～23 kg，屠宰率 47%～51%。

6. 杜泊羊(图 3-5) 原产于南非。该羊公、母均无角，四肢较短，背腰宽、平，胸宽、深，后躯发育好，体型呈桶状，肉用体型明显。成年公羊 90～120 kg，母羊 60～80 kg，繁殖率 150%。该品种羊有白头、黑头两种，其他部位为白色。

图 3-5 杜泊羊

二、山羊品种

(一)我国主要的山羊品种及分布

1. 绒山羊品种

(1)辽宁绒山羊：主产于辽宁省东部山区和辽东半岛。辽宁绒山羊体质结实，羊绒洁白，产绒量高，适应性强，适合放牧饲养。辽宁绒山羊头小，额顶有长毛。公、母羊均有角，公羊角大，由头顶部向两侧呈螺旋式平直伸展，母羊角向后上方伸展。颈肩结合良好，背平直，后躯发达。尾短瘦，尾尖上翘。成年公羊(152 只)产绒量平均 633.5 g，最高 1 350 g；母羊(1 392 只)平均 435 g，最高 1 025 g。成年公羊(26 只)绒细度平均 17.07 μm，母羊(81 只)平均 16.32 μm。成年公羊(34 只)绒长度平均 6.63 cm，成年母羊(48 只)平均 6.20 cm。

(2)内蒙古绒山羊(图 3-6)　主要分布在内蒙古西部地区的二郎山、阿尔巴斯和阿拉善左旗等区域，分为二郎山、阿尔巴斯和阿拉善 3 个类型。公、母羊均有角，体躯较长，紧凑，全身被毛白色，分为长细毛型和短粗毛型，以短粗毛型的产绒量为高。成年公羊体重 45～52 kg，成年母羊 30～45 kg。成年公羊产绒量 400 g，成年母羊 360 g。成年公羊粗毛产量 350 g，成年母羊 300 g。绒毛长度 4～5 cm，绒细度 14～15 μm，净绒率 72.01%。

图 3-6　内蒙古绒山羊

2. 乳用山羊品种

(1)关中奶山羊(图 3-7)　主要分布在陕西省渭河平原，以富平、三原、铜川等县市数量最多。关中奶山羊体质结实，母羊颈长，胸宽，背腰平直，腹大不下垂，乳房大，多呈方圆形，乳头大小适中。公羊头大颈粗，胸部宽深，腹部紧凑，外形雄伟。毛短色白，皮肤粉红色，部分羊耳、唇、鼻及乳房有黑斑，颈下部有肉垂，有的羊有角、髯。

成年公羊体重 85～100 kg,母羊 50～55 kg。关中奶山羊的性成熟期为 4～5 月龄,一般 1 周岁左右开始配种,产羔率为 160%～200%。泌乳期 6～8 个月,年产乳量 400～700 kg,含脂率 3.5%左右。成年母羊的屠宰率为 49.7%,净肉率为 39.5%。

图 3-7　关中奶山羊

(2)崂山奶山羊(图 3-8)　主要分布在胶东半岛青岛市、崂山县及周围各县,是以萨能奶山羊与本地山羊杂交选育而成。崂山奶山羊体质结实,结构匀称。额部较宽,公、母羊多无角,颈下有肉垂。胸部较深,背腰平直,母羊乳房基部宽广,上方下圆。乳头大小适中、对称,后躯发育良好。毛色白,细短,部分羊耳部、头部、乳房部有浅色黑斑。

成年公、母羊平均体重分别为 75.5 kg 和 47.7 kg,年产奶量 500～600 kg,含脂率 4.0%左右,母羊产羔率为 180.0%。成年母羊屠宰率为 41.55%,净肉率为 28.94%。

图 3-8　崂山奶山羊

3. 裘皮山羊品种

中卫山羊:中卫山羊产于宁夏回族自治区西部和西南部、甘肃省中部,其中宁夏的中卫县和甘肃的景泰、靖远县为中心产区。此外，还分布于宁夏的中宁、同心、海源县，甘肃的奉兰、白银以及内蒙古的阿拉善左旗。

中卫山羊体质结实，体格中等大小，身短而深，近似方形。公、母羊大多有角，额部着生毛绺，垂于眼部，颌下有髯。毛被以白色为主，光泽悦目。初生羔羊全身着生波浪形弯曲的毛被。

成年公羊(秋季)体重平均为 44.6 kg，成年母羊(秋季)平均为 34.1 kg。中卫山羊的主要产品是"二毛皮"，又称"沙毛皮"，是羔羊生后 35 日龄左右宰剥的毛皮。

中卫山羊成年羊每年抓绒、剪毛 1 次。公羊抓绒量为 164～240 g，母羊为 140～190 g；公羊剪毛量平均为 0.4 kg，母羊平均为 0.3 kg。

中卫山羊肉味美、膻味小，以宰剥二毛皮的羔羊肉质尤佳。

4. 羔皮山羊品种

济宁青山羊：产于山东省西南部，主要分布在菏泽和济宁地区，以曹县、郭城、菏泽、鄄城、单县、成武、定陶、金乡、嘉祥、邹县等县数量多、质量好。济宁青山羊体格小，结构匀称，头大小适中，公、母羊均有角，公、母羊颌下有髯。公羊颈粗短，前胸发达，背腰平直，四肢粗壮，前肢比后肢略高；母羊颈细长，前胸略窄，后躯宽深，背腰平直，腹围大，后肢比前肢略高。公、母羊尾小，向上前方翘起。其外形颜色特征是"四青一黑"，即背、嘴唇、角和蹄均为青色，两前膝为黑色。按照毛被的长短和粗细，可分为 4 个类型，即细长毛(毛长在 10 cm 以上者)、细短毛、粗长毛、粗短毛。其中，以细长毛者为多数，且品质较好。

公羔初生重平均为 1.41 kg，母羔平均为 1.31 kg；成年公羊平均体重为 28.76 kg，成年母羊平均为 23.13 kg。青猾子皮是济宁青山羊的主要产品，是羔羊产后 1～3 天屠宰所剥的羔皮。

5. 肉用山羊品种

(1)南江黄羊　主要分布在四川省南江县及其毗邻地区。南江黄羊公、母羊大多数有角，头较大，耳长大，部分羊耳微下垂，颈较粗。体格高大，背腰平直，后躯丰满。体躯近似圆桶形，四肢粗壮。被毛呈黄褐色，毛短而紧贴皮肤、富有光泽。面部多呈黑色，鼻梁两侧有一条浅黄色条纹。公羊从头顶部至尾根沿背脊有一条宽窄不等的黑色毛带；前胸、颈、肩和四肢上端着生黑而长的粗毛。

南江黄羊周岁公羊体重 37.61 kg，母羊为 30.53 kg；成年公羊体重 66.87 kg，成年母羊体重 45.64 kg。南江黄羊羊肉细嫩多汁，腥味轻，口感好。在放牧条件下，6 月龄屠宰前体重可达 21.55 kg，屠宰率 47.01%；1 岁体重为 30.78 kg，屠宰率 49%；成年羊体重为 50.45 kg，屠宰率 55.65%。南江黄羊母羊常年发情，产羔率 205.42%。

(2)成都麻羊　产于四川成都平原。分布在成都市的双流、金堂和龙泉区。成都麻羊头中等大，两耳侧伸，额宽而微突，鼻梁平直。公、母羊大多有角，少数无角。公羊及大多数母羊下颌有髯，部分羊颈下有肉垂。公羊前躯发达，体型呈长方形，体态雄壮；母羊后躯深广，背腰平直，尻部略斜。全身毛被呈棕黄色，色泽光亮，为短毛型。整个毛被有棕黄而带黑麻的感觉，故称麻羊。成都麻羊成年公羊体重平均为 43.02 kg，成年母羊为 32.6 kg。成年羯羊屠宰率 54.34%，成年母羊 48.26%。成都麻羊皮板组织致密，乳头层占全皮厚度一半以上，网状层纤维粗壮。加工成的皮革弹性好，强度大，质地柔软，耐磨损。成都麻羊平均产羔率为 205.91%。

(二)我国引进的山羊品种及分布

1. 乳用山羊品种

萨能奶山羊原产于瑞士，是世界上最优秀的奶山羊品种之一，是奶山羊的代表型。现有的奶山羊品种几乎半数以上都程度不同的含有萨能奶山羊的血缘。具有典型的乳用家畜体型特征，后躯发达。被毛白色，偶有毛尖呈淡黄色，有四长的外形特点，即头长、颈长、躯干长、四肢长。公、母羊均有须，大多无角。

成年公羊体重为 98.56 kg，成年母羊为 62.86 kg。成年母羊一个泌乳期平均为 300 天左右，母羊第三胎产乳量较高，第四胎后逐渐下降。各胎平均产乳量在 800 kg 以上，在饲养管理条件较好的情况下，产乳量可达 1 000 kg。产羔率为 200%。

2. 毛用山羊品种

安哥拉山羊原产于土耳其，是世界上著名的毛用山羊品种，生产的羊毛称为“马海毛”。该品种公、母羊均有角，体格中等，耳大下垂，背平直，四肢较短。全身被毛白色，呈螺旋或波状弯曲。据测定，我国引进的安哥拉山羊成年公羊体重 45～68 kg，成年母羊 36 kg；成年公羊剪毛量 3～4.5 kg，成年母羊 2.9 kg；成年公羊毛长 23.6～32.6 cm，成年母羊 25.6 cm；成年公羊羊毛细度 34.5～38.1 μm，1 岁公羊 25.3 μm，成年母羊 30.4 μm，1 岁母羊 25.3 μm；成年公羊净毛率79.6%，1 岁公羊 78.9%，成年母羊 84.8%，1 岁母羊 80.8%。

安哥拉山羊对干旱、半干旱地区的气候条件具有较好的适应能力。我国于 1985 年从澳大利亚引进安哥拉山羊，饲养在陕西、内蒙古、山西等省(区)。随后，甘肃、四川、江苏、湖北、宁夏、青海、河南等地也引进了安哥拉山羊。

3. 肉羊山羊品种

波尔山羊原产于南非，体格较大，头清秀，颈部及前肢较发达，背部结实宽厚，腿、臀部丰满，生长发育快。头、耳、颈部颜色为浅红或褐色，其余为白色。成年公羊体重 90～135 kg，成年母羊 60～90 kg，6 月龄羔羊体重 30 kg。1 岁时屠宰率 50%，2 岁时 52%，3 岁时 54%。产羔率 160%～180%。

我国从 1985 年开始引进波尔山羊，饲养在陕西省和江苏省，随后不少省区引进。波尔山羊与我国地方山羊杂交，杂交后代生长发育明显快于地方山羊品种，产肉量显著提高，效果十分明显。现阶段应充分利用已有的波尔山羊，杂交改良当地山羊品种，提高羊肉产量和质量。

引进的波尔山羊被毛短，不适宜寒冷的气候条件。目前，除西藏、青海、新疆、甘肃、内蒙古、黑龙江没有引进或饲养量很少外，全国其他 20 多个省、市、自治区都引入了波尔山羊。

第二节 羊的繁殖与羔羊培育

一、母羊的一般繁殖规律

（一）初情期

母羊出生以后，随着年龄的增大，身体生长发育到一定时期时，出现第一次发情和排卵，这一时期称为母羊的初情期。初情期是性成熟的初级阶段。初情期以前，母羊的生殖道和卵巢增长较慢，不表现性活动。初情期后，随着发情和排卵，生殖器官的大小和重量迅速增长，性机能也随之发育。

母羊的初情期一般为 4～8 月龄，初情期的早迟与羊的品种、气候、营养等因素有关。一般情况下个体小、早熟品种的羊初情期较早，南方的羊初情期早于北方，农区饲养的羊初情期早于牧区的羊，山羊早于绵羊，营养状况好的羊初情期较早于营养不良的羊。

（二）性成熟

母羊在初情期后，生殖器官发育成熟，表现出正常的发情征状，并能正常排卵，具有繁衍后代的能力。

虽然母羊到达性成熟年龄时生殖器官已发育完全，并具备了正常的繁殖能力，但身体其他系统的生长发育还未全部完成，故性成熟时的母羊一般不宜配种。

母羊的性成熟期一般在 5～10 月龄，性成熟时母羊的体重为成年母羊体重的 40%～60%。影响性成熟的因素有品种、气候、营养等。

（三）适宜初配年龄

适宜初配年龄是指母羊第一次配种的最佳年龄。母羊的初配年龄一般为

12～18月龄,我国农区饲养的一些羊品种如小尾寒羊、湖羊等品种为早熟品种,生长发育较快,母羊初配年龄为 6～8 月龄。广大牧区饲养的绵羊,初次配种年龄往往较晚。一般在 18 月龄或体重达到正常成年母羊体重的 70%时,开始第一次配种。

(四)繁殖年限

母羊的繁殖能力有一定的年限。饲养管理水平和母羊本身的健康状况等因素,均可影响母羊的繁殖年限。母羊的繁殖能力消失以后,即使是遗传性能非常好,也无意义继续饲养,应及早淘汰,以减少经济损失。绵羊的繁殖年限为 8～11 岁,山羊的繁殖年限为 7～8 岁。

(五)发情

发情是由母羊卵巢上的卵泡发育、成熟和雌激素作用而引起的外部行为及生殖道的一系列变化的生理现象。

1. 母羊发情特征

①外部行为特征:发情母羊一般精神兴奋不安,不时高声咩叫,食欲减退、反刍和采食时间明显减少,频频排尿,摇摆尾巴,母羊间相互爬跨,遇公羊时呆立安静,并接受公羊爬跨,放牧时有离群现象。

②生殖道变化:外阴部及阴道充血、肿胀,由苍白变为鲜红色或潮红色,阴唇黏膜红肿;阴道间断地排出黏液,发情前期,黏液呈清亮,发情晚期,黏液呈黏稠状;子宫颈松弛,子宫颈口开张。

③卵巢变化:母羊一般在发情开始前 3～4 天,卵巢上的卵泡开始生长,至发情前 2～3 天卵泡迅速发育,卵泡内膜增生,卵泡液分泌增多,卵泡体积增大,卵泡壁变薄而突出于卵巢表面。至发情征状快消失时卵泡已发育成熟,卵泡体积达到最大。在激素的作用下,卵泡壁破裂,卵子从卵泡内排出,即排卵。

2. 发情持续期和排卵时间

①发情持续期:母羊从发情开始到发情结束所经历的时间称为发情持续期。绵羊的发情持续期为 24～36 h,山羊为 24～48 h。

②排卵时间:绵羊和山羊的排卵均属于自发性排卵,即卵巢上的卵泡生长发育成熟后自行破裂排出卵子。排卵时间,绵羊通常在发情开始后 24～27 h,山羊在 24～36 h。

3. 母羊的发情鉴定

发情鉴定目的是将发情的母羊从羊群中辨认出来,以便及时配种。掌握母羊发情鉴定技术,确定准确的输精时间非常重要。常见的母羊发情鉴定方法主要有外部观察法、试情法和阴道检查法 3 种。

①外部观察法:观察母羊的外部行为特征和外部生殖器官的变化,这是鉴定母羊是否发情最基本最常用的方法,一家一户,养殖规模不很大,常用此方法判断母羊是否发情。

②试情法:在配种期内,每日定时(一般是早、晚各 1 次)将试情公羊放入母羊群中,让公羊自由接触母羊,挑出发情母羊,但不能让试情公羊与母羊交配。

③阴道检查法:应用清洁、消毒好的羊用开膣器插入母羊阴道,借助光线观察生殖道内的变化,如果阴道黏膜的颜色潮红充血,黏液增多,子宫颈潮红,颈口张开,可判定母羊已发情。

该方法常与人工授精技术结合使用,当用外部观察法、试情法发现母羊发情后,在人工输精时通过观察阴道的变化确定母羊是否真正发情,该不该输精。

二、羊的配种

(一)配种时期的选择

我国羊群传统的配种时间主要开始于当年的 7～8 月份,可持续到 12 月份,大部分羊的配种时间集中在 8～9 月份和 11～12 月份。近些年来,由于肉羊业的快速发展,针对肉羊生产具有全年供应、均衡上市的特点,羊群配种时间的安排,也要有一些相应的调整,方法主要是诱导发情法,即对羊采用激素处理诱导母羊在非发情季节发情并配种。

(二)羊的配种方法

羊的配种方法可分为自然交配和人工授精两类。

1. 自然交配　自然交配也叫本交,又可分为自由交配和人工辅助交配两种。

(1)自由交配　就是在羊的繁殖季节,将公、母羊混群饲养管理,使公、母羊进行自由交配。一般情况下公、母羊按 1∶(30～40)的比例混群放牧,使其中的每一只公羊与每一只母羊都有同等的机会自由交配。

这种方法的优点是节省人力,受胎率也高。缺点是公、母羊混群放牧,公羊不断追逐发情母羊交配,影响公、母羊的采食,对公羊的体力消耗太大;羊群中有几只公羊时,所生后代血缘关系不清,易造成近亲交配,不利于羊的选育提高;不知道母羊的确切受配时间,无法预测母羊的预产期,给产羔管理造成困难;公、母羊在交配中生殖器官紧密接触,不利于传染病的预防。

(2)人工辅助交配　此方法是将公、母羊分开饲养管理,配种时将羊群中的发情母羊挑选出来和选定的公羊交配。

这种方法克服了自由交配的一些缺点，有利于选种、选配工作的进行，可防止近亲交配，也减少了公羊的体力消耗，有利于公羊采食抓膘，能记录配种时间，做到有计划地安排分娩和产羔管理等。但人工辅助交配需要对母羊进行发情鉴定，抓发情母羊，牵引公羊等，在羊较多时费人、费力、费时。这种方法可在羊群数量较小的农户采用。

2. 人工授精 人工授精是充分发挥优良种公羊的作用，提高羊群整体生产水平的一项技术。为了提高羊人工授精的受胎率，通常采用早晚两次输精法，即根据母羊的发情规律和排卵时间，采取早晚两次试情，早晨发现的发情母羊下午第一次配种，次日早上第二次配种，晚上发现的发情母羊第二天早上第一次配种，下午进行第二次配种。

（三）羊的人工授精技术

1. 羊人工授精的组织 羊人工授精的组织工作主要包括：受配母羊群的组织、人工授精站及人工授精器械的准备。

（1）受配母羊群的组织 对于规模较大的羊场、羊群，应设立人工授精站，在配种期，将适繁母羊集中在人工授精站放牧、饲养管理，对适繁母羊早晚 2 次试情。

对于养羊较少的养殖户，可采用外部观察法，或用试情公羊试情法，发现发情母羊送到人工授精站。如果人工授精站较远，可将各养殖户的适繁母羊编号（或打记号），统一组群，专人饲养管理，每天试情配种，配种结束后羊只返还各养殖户。

（2）人工授精前的准备

①人工授精站的准备。开展羊的人工授精，首先要建设一个人工授精站，人工授精站一般应建在母羊分布密度大、交通相对方便、地势平坦、避风向阳而又排水条件良好的地方。在牧区，水草条件应较好，放牧场比较充足；在农区，应该有一定的饲草料。

人工授精站通常应包括采精室、精液处理室、输精室以及种公羊圈舍、待配母羊圈舍、配种后母羊圈舍等。人工授精站的大小，应根据受配母羊数的多少而定。

②器械和药品的准备。人工授精需要的器械和药品如表 3-1 所示。

表 3-1　人工授精需要的器械和药品

序号	名称	规格	单位	数量
1	显微镜	300～600 倍	台	1
2	假阴道外壳		个	4
3	假阴道内胎		条	10
4	假阴道活塞(带气嘴)		个	8～12
5	输精器(玻璃或金属)	1 mL	支	8～12
6	输精量调节器		个	4～6
7	集精杯		个	8～12
8	金属开膣器	大、小	个	各 2～3
9	温度计	100℃	支	3～5
10	载玻片		盒	1
11	盖玻片		盒	1～2
12	酒精灯		个	2
13	酒精	95%,500 mL	瓶	6～8
14	玻璃量筒、量杯	50、100、500 mL	个	各 2
15	广口瓶	125、500 mL	个	各 2
16	烧杯	500 mL	个	2
17	带盖搪瓷杯		个	2～3
18	搪瓷盘	40 cm×50 cm、20 cm×30 cm	个	各 2
19	长柄镊子		把	2
20	剪刀	直头	把	2
21	玻璃棒	0.2 cm、0.5 cm	根	各 3
22	吸管	1 mL	支	2
23	药棉、纱布		卷、包	各 2
24	消毒锅		个	1
25	白凡士林		瓶	1
26	0.9%生理盐水	500 mL	瓶	5～10
27	采精架		个	2
28	输精架		个	2～4
29	水桶、脸盆		个	各 2

2. 羊人工授精技术

(1)采精　采集精液是人工授精技术的第一个环节。羊通常采用假阴道法采精。

①采精器械的准备。

a. 采精器械的洗涤：采精所用的器械主要有假阴道、玻璃棒、凡士林等用品。

假阴道包括外壳、内胎及气嘴活塞、胶圈等附件。采精前必须对外壳、内胎、气嘴活塞、胶圈、玻璃棒等放在热水中用肥皂水充分洗涤,然后用温水冲洗干净,擦干。

b.假阴道的安装:检查所用的内胎有无损坏和沙眼,确认完整无损时进行安装,安装时先将内胎装入外壳,并使其光面朝内,而且要求两头等长,然后将内胎一端翻套在外壳上,依同法套好另一端,此时注意勿使内胎扭转,并使之松紧适度,再在两端分别用橡胶圈固定。

c.采精器械的消毒:凡是人工授精使用的器械,都必须经过严格的消毒。

假阴道的消毒方法:用长柄镊子夹75%酒精棉球消毒。从内向外旋转,消毒要彻底。等酒精挥发后,用生理盐水棉球多次擦拭、冲洗,保证内胎内没有酒精残留。

集精杯、玻璃棒、凡士林可采用蒸汽消毒。

d.将消毒后的集精杯安装在消毒好的假阴道的一端。

e.假阴道温度、气压、润滑度的调节。

灌注温水调节温度:左手握住假阴道的中部,右手用量杯或其他用具将温水从气门孔灌入,水量约为外壳与内胎间容量的2/3,使采精时假阴道温度达38~40℃。最后装上带活塞的气嘴,并将活塞关好。

涂抹润滑剂:用消毒玻璃棒蘸取少量凡士林,在未装集精杯一端的内胎上均匀涂抹一薄层,涂抹深度占内腔长度的1/2~1/3。

调节气压:当温度适宜时吹气加压,使涂凡士林一端的内胎壁合拢呈“Y”形。最后用纱布盖好入口,准备采精。

②台羊的准备。台羊是作为公羊爬跨射精的对象而达到采精的目的。台羊有两种:一是活台羊,即发情的母羊;二是假台羊(图3-9),即做一个大小与母羊体格相似的木架,上面覆盖一张羊皮,作为台羊。

图3-9 假台羊

③采精方法。采精前剪去公羊阴茎周围多余的长毛，用 0.1%高锰酸钾溶液洗净其包皮，挤出包皮腔内积尿和其他残留物并擦干。把公羊牵引到采精现场后，不要立即让其爬跨台羊，应控制几分钟，使公羊的性兴奋不断加强，待阴茎充分勃起并伸出时，再让公羊爬跨台羊，这样可提高精液品质。

采精时，采精员用右手握住假阴道后端，固定好集精杯(瓶)，并将气嘴活塞朝下，蹲在台羊的右后侧，让假阴道靠近母羊的臀部，当公羊跨上台羊背部而阴茎尚未触及台羊时，左手迅速将公羊的阴茎导入假阴道内，不能用手抓碰或摩擦阴茎，假阴道内的温度、压力、润滑度适宜，公羊后躯急速向前用力一冲，即已射精完毕。此时，顺公羊动作向后移下假阴道，并迅速将假阴道竖起，集精杯一端向下，然后打开活塞上的气嘴，放出空气，取下集精杯，加上瓶盖，送精液检查处理室待检。

④清理采精用具。倒出假阴道内的水，将假阴道、集精杯放在温水中用肥皂水充分洗涤，然后用温水冲洗干净，擦干，消毒，待用。

(2)精液品质检查。精液品质检查是人工授精操作的第二个环节。精液品质检查的目的，一是查看所采集精液是否符合输精要求，对精液品质较差的公羊，查找原因，及时调整改善；二是确定精液可稀释的倍数；三是了解种公羊的配种能力。

精液品质检查的项目和方法如下：

①射精量：单层集精杯有些本身带有刻度，采精后，直接观测读数。若使用双层集精瓶或无刻度的集精杯，可吸入输精器内或倒入有刻度的玻璃管中观测。绵羊每次射精量为 0.8～1.2 mL，山羊每次射精量为 0.5～1.5 mL。射精量因采精方法、品种、年龄、个体营养状况、采精频率及采精技术水平而有差异。采精量过少、过多的原因见表 3-2。

表 3-2　采精量不正常的现象及原因

现象	原因
过少	采精过频、性机能衰退、睾丸炎、采精操作不当
过多	副性腺分泌物、假阴道漏水、尿潴留

②颜色：反映精液的浓厚程度，在某种程度上反应精液是否正常，精子浓度的高低。正常的精液为乳白色。如果精液颜色是淡红、绿色或深黄色，说明精液不正常，凡是颜色异常的精液均不得用于输精。精液颜色不正常的原因见表 3-3。

③气味：正常精液无味或略带羊特有的腥膻味。若精液带有脓腥味时，表明精液中有脓液；若有臊味，表明有尿液或包皮液。精液气味不正常时不得用于输精。

④云雾状：用肉眼观察刚采集的公羊精液，可以看到由于精子活动所引起的翻腾滚动、极似云雾的状态。云雾状的明显程度代表精液中精子密度的大小、活力的

高低。精子的密度越大、活力越强,其云雾状越明显。

表 3-3 精液颜色不正常的原因

颜色	原因
淡红(鲜红)	生殖道下段出血或龟头出血
淡红(暗红)	副性腺或生殖道出血
绿	副性腺或尿生殖道化脓
深黄色	混有尿液

⑤活力:精子活力是评定精液品质优劣的重要指标,一般对原精液、稀释后精液、冷冻解冻后的精液都应进行活力检查。

用已消毒的干净玻璃棒蘸取原精液或稀释过的精液 1 滴,滴在擦洗干净的干燥载玻片上,并盖上干净的盖玻片,然后在 400～600 倍的显微镜下观察,根据观察结果,确定精子活力。

在显微镜下观察,可以看到成活精子有 3 种运动方式:一是直线前进运动;二是圆周运动,精子虽也运动,但绕小圈子回旋转动,圈子的直径很小;三是原地摆动,精子不变其位置,而在原地不断摆动,并不前进。

呈直线前进运动的精子才是具有受精能力的精子。因此,根据在显微镜下所观察到的呈直线前进运动的精子占视野内总精子数的百分比来评定精子活力。精子活力一般分为 10 级,即从 0.1 到 1,如精子活力是 0.8,则表明作直线前进运动的精子数占总精子数的 80%。

⑥精子密度:精子密度是指单位容积(1 mL)所含有的精子数量。密度检查的目的,是为确定稀释倍数和输精量。精子密度检查方法有目测法和计数法两种。

⑦畸形率:凡形态和结构不正常的精子统称为畸形精子。羊精液中畸形精子数不应超过 14%,大于 14%时不能用于输精。

(3)精液的稀释

①稀释精液的目的:对不作保存的精液,稀释只是为了扩大精液量;对要保存的精液必须进行稀释,以延长精子的存活时间,另外,稀释后的精液更有利于保存和运输。

②精液的稀释方法:

第一,新采集的精液应在 30℃条件下作稀释处理。在稀释过程中防止温度突然升降。若迅速降温到 10℃以下时,由于冷刺激作用,精子可能出现冷休克。

第二,稀释液与精液的温度必须调整一致。

第三,稀释时,稀释液沿瓶壁缓缓倒入精液中,不能将精液倒入稀释液中。稀释后将精液容器轻轻转动，混合均匀，避免剧烈振荡。

第四，如果高倍稀释，应分次进行，避免精子所处环境剧烈变化。

第五，精液稀释后立即进行镜检，如果活力明显下降，则说明操作不当，要查找原因并及时更正。

(4)输精　输精是人工授精操作的最后一个环节。掌握好母羊发情排卵的时机，用正确的方法把精液输送到母羊生殖道的适当部位，是提高羊受胎率的重要因素之一。

①输精时间：绵羊和山羊在发情开始后 10～36 h 内输精为宜。一般根据试情制度，早、晚各输精 1 次。

②输精量：输精量主要由每次输入的有效精子数即直线前进运动的精子数来决定，这又取决于精液的稀释倍数及精子活力。绵羊和山羊每次输精时，应输入直线前进运动精子数 0.5 亿个。对新鲜原精液，一般应输入 0.05～0.1 mL，稀释精液(稀释 2～3 倍)应为 0.1～0.3 mL。

③输精部位：母羊的输精部位应该在子宫颈口内 1～2 cm 处。由于母羊的子宫颈细长，管腔内有 5～6 个横向皱褶，因此要把精液直接输入子宫角内是比较困难的。

④输精方法：将待配母羊牵到输精室内的输精架上固定好，将其外阴部和周围擦洗干净并消毒，输精员右手持输精器，左手持开膣器，先将开膣器慢慢插入阴道，再将开膣器轻轻打开，寻找子宫颈。如果在打开开膣器后，发现母羊阴道内黏液过多或有排尿表现，应让母羊先排尿或设法使母羊阴道内的黏液排净，然后将开膣器再插入阴道，细心寻找子宫颈。子宫颈附近黏膜颜色较深，当阴道被打开后，向颜色较深的方向寻找子宫颈口，可以顺利找到。找到子宫颈后，将输精器前端插入子宫颈口内 1～2 cm 深处，用拇指轻压活塞，注入原精液 0.05～0.1 mL，或稀释精液 0.1～0.3 mL。如果遇到初配母羊，阴道狭窄，开膣器插不进去或打不开，无法找到子宫颈口时，只有进行阴道输精，但每次至少输入原精液 0.2～0.3 mL。

输精时母羊除固定在输精架上外，也可以采用倒立法，即由保定人员两腿夹住羊的颈部，把母羊后腿提起倒立，由输精员进行输精操作。

输精后的母羊应保持 2～3 h 的安静状态，不要接近公羊或强行牵拉，因为输入的精子通过子宫到达输卵管受精部位需要一段时间。

⑤输精记录：种公羊采精记录：主要记载采精日期和时间、射精量、精子活力、颜色、密度、精液稀释倍数、输精母羊号。

母羊输精记录：主要记载输精母羊号、年龄、输精日期、精液类型、与配公羊号、精液稀释倍数。

(5)人工授精注意事项

①认真做好发情、输精及公羊配种的有关记录。

②禁止闲杂人员围观采精室、输精室,随便进入工作室。

③工作人员严肃认真,切忌大声喧闹,更不要随便开玩笑。

④工作室内不允许吸烟及吃带刺激性食物。

⑤根据当日发情母羊的多少,决定精液是否稀释或稀释倍数。

⑥人工授精器械要严格消毒,不可污染,预防疾病传播。

⑦采精、输精室温度应保持在 18～25℃。

三、接羔育羔技术

(一)产羔前的准备工作

1. 产羔室的准备 为了分娩的安全,应备有专用的接产育羔舍,即产房。产房内可设分娩栏。产羔前应把产房提前打扫干净,墙壁和地面用 5%碱水或 2%～3%来苏儿消毒。产羔室阳光充足,干燥,通风良好且保持温暖。

2. 助产器械和药品准备 产房内应该备有助产器械及药品,如酒精、碘酒、来苏儿、细线绳、剪刀、手电筒、手套、手术刀、肥皂、毛巾、塑料布、药棉、纱布、催产素、镊子、注射器、脸盆、胶鞋、工作服、常用手术助产器械。

3. 助产人员 在产羔期间,产房内要安排助产人员,昼夜值班。

4. 饲草料的准备 我国北方大部分牧区饲养的羊产羔主要在冬春季节,该季节气候寒冷、多变,牧草处在枯萎期,因此应储备一些优良的牧草和饲料,以备产羔时用。

(二)接羔

母羊临产前,首先剪去乳房周围和后肢内侧的毛,以免初生羔羊哺乳时吃下脏毛。用温水洗净乳房,并挤出几滴初乳,再将母羊的尾根、外阴部和肛门洗净,并用 1%来苏儿消毒。

1. 正常产羔 正常分娩的经产母羊,在羊膜破后 10～30 min,羔羊即能顺利产出。一般两前肢和头部先出,先看到前肢的两个蹄,接着是嘴和鼻,即是正常胎位。到头也露出来后,即可顺利产出,不必助产。

产双羔时,先后间隔 5～30 min,也有长达 10 h 以上。母羊产出第一只羔羊后,如仍表现不安,卧地不起,或起立后又重新躺下、努责等,可用手掌在母羊腹部前方适当用力向上推举。

羔羊产出后,应迅速将羔羊口、鼻、耳中的黏液抠出,以免呼吸困难窒息死亡,或者吸入气管引起异物性肺炎。羔羊身上的黏液应让母羊舔净，如母羊恋羔性差，可把胎儿黏液涂在母羊嘴上，引诱母羊把羔羊身上舔干。如天气寒冷，要用干净布迅速将羔羊身体擦干，以免受凉。

羔羊出生后，一般母羊站起，脐带自然断裂，这时在脐带的断端涂 5% 的碘酒消毒。如果脐带未断，在离脐带基部 6～10 cm 处将内部血液挤向两边，然后在此剪断，涂抹浓碘酒消毒。

2. 难产及其处理　母羊骨盆狭窄，阴道细小，胎儿过大，母羊身体虚弱，子宫收缩无力或胎位不正等原因都会造成难产。

母羊羊膜破水后 30 min，若努责无力，羔羊仍未产出，即为难产，应实施助产。助产人员将手臂消毒，涂抹润滑油，根据难产情况采取相应处理。如胎位不正时，先将胎儿露出部分送回阴道，将母羊后躯抬高，手入产道校正胎位，然后随母羊有节奏的努责将胎儿拉出；如胎儿过大，可将羔羊两前肢反复拉出和送入，然后一手拉前肢，一手扶头，随着母羊的努责缓慢向下方拉出。

（三）羔羊的培育

羔羊主要指断奶前处于哺乳期间的羊只。目前，我国羔羊多采用 3～4 月龄断奶。有的国家对羔羊采用早期断奶，即在生后 1 周左右断奶，然后用代乳品进行人工哺乳；还有采用生后 45～50 天断奶，断奶后饲喂植物性饲料或在优质人工草地上放牧。

羔羊出生后，应尽早吃到初乳。初乳中含有丰富的蛋白质(17%～23%)、脂肪(9%～16%)、矿物质等营养物质和抗体，对增强羔羊体质、抵抗疾病和排出胎粪具有重要的作用。

在羔羊 1 月龄内，要确保双羔和弱羔能吃到奶。对初生孤羔、缺奶羔羊和多胎羔羊，在保证吃到初乳的基础上，应找保姆羊寄养或人工哺乳，可用牛奶、山羊奶、绵羊奶、奶粉和代乳品等。人工哺乳务必做到清洁卫生，定时、定量和定温(35～39℃)。哺乳工具用奶瓶或饮奶槽，但要定期消毒，保持清洁，否则易患消化道疾病。对初生弱羔、初产母羊或护仔行为不强的母羊所产羔羊，需人工辅助羔羊吃乳。母羊和初生羔羊要共同生活 7 天左右，才有利于初生羔羊吮吸初乳和建立母子感情。羔羊 10 日龄就可以开始训练吃草料，以刺激消化器官的发育，促进心和肺功能健全。在圈内安装羔羊补饲栏(仅能让羔羊进去)让羔羊自由采食，少给勤添。待全部羔羊都会吃料后，再改为定时、定量补料，每只日补喂精料 50～100 g。羔羊生后 7～20 天，晚上母、仔在一起饲养，白天羔羊留在羊舍内，母羊在羊舍附近草场上放牧，中午在羊舍喂 1 次奶。每天母羊放牧归来，必须保证羔羊去相应母羊处哺乳。羔羊 20 日龄后，可随母羊一起放牧。

羔羊1月龄后，逐渐转变为以采食为主，除哺乳、放牧采食外，可补给一定量的草料。例如，细毛羊和半细毛羊，1～2月龄每天喂2次，补精料150 g；3～4月龄，每天喂2～3次，补精料200 g。饲料要多样化，最好有玉米、豆饼、麦麸等3种以上的混合饲料和优质干草以及苜蓿等优质饲料。胡萝卜切碎，最好与精料混合饲喂羔羊，饲喂甜菜每天不能超过50 g，否则会引起拉稀，继发胃肠病。羊舍内设足够的水槽和盐槽，也可在精料中混入0.5%～1.0%的食盐和2.5%～3.0%的矿物质饲喂。

羔羊断奶年龄最多不超过4月龄。羔羊断奶后，有利于母羊恢复体况，准备配种，也能锻炼羔羊的独立生活能力。羔羊断奶多采用一次性断奶方法，即将母、仔分开后，不再合群。母羊在较远处放牧，羔羊留在原羊舍饲养。母仔隔离4～5天，断奶成功。羔羊断奶后按性别、体质强弱分群放牧饲养。

第三节 羊的饲养管理

一、羊的生物学特性

（一）羊的消化器官和功能

羊的消化器官由口腔、食管、胃、小肠、大肠和肛门组成。羊的嘴唇比较薄，上唇中央有一条纵沟，下颚有4对切齿，门齿向外有一定的倾斜度，所以能够采食低矮的牧草，甚至是落在地面的树叶等，采食能力强。羊类似牛，有四个胃，即瘤胃、网胃、瓣胃、皱胃，总容积为29.6 L左右，其中瘤胃容积最大，约23.4 L。瘤胃中含有大量的微生物，是饲料中粗纤维分解的主要场所。皱胃为圆锥形，有消化腺，能分泌盐酸和胃蛋白酶，对食物进行化学消化。羊的主要消化和吸收器官是小肠，大肠是吸收水分和形成粪便的场所。食物经小肠充分的消化吸收后，残渣在大肠内微生物及食糜中酶的作用下可以继续消化和吸收，粪球的形成与结肠的运动有关。

（二）羊的消化生理特点

1. 反刍 羊是反刍动物，具有反刍功能。羊一天反刍次数约为8次，每次反刍持续时间为40～60 min。影响羊的反刍次数及持续时间的因素很多，饲料种类、品质、加工调制方法以及羊的健康状况等均能影响反刍。

2. 瘤胃消化机能特点 瘤胃内的温度约为40℃，pH值6～8。瘤胃中存在大量的厌氧性微生物，每克瘤胃内容物中有500亿～1 000亿个细菌微生物，这些微生物能够大量的分解粗纤维。羊对粗纤维的消化率为50%～80%，微生物将饲料中的粗纤维分解成为可以吸收的碳水化合物，产生几种挥发性脂肪酸，再合成葡萄糖。日粮中的含氮化合物在瘤胃微生物作用下，降解为肽、氨基酸和氨，一部分氨在瘤胃微生物的作用下，合成菌体蛋白。饲料中质量低劣的蛋白质也能被瘤胃微生物分解，合成质量高的蛋白质。羊的瘤胃微生物还能合成大部分的B族维生素和维生素K，羔羊因瘤胃功能不健全需要补饲B族维生素，成年羊一般不会缺乏B族维生素。

（三）羊的行为特征

1. 性情温顺、胆小 在各种家畜中，羊的胆量比较小，性情比较温顺，自卫能力比较差，在群体进行放牧的过程中，如果羊群受到惊吓，容易引起骚动，从而使羊群因过分拥挤而受伤。

2. 喜欢群居 羊的群居能力很强，这是为了适应生存和繁殖而形成的一种生物学特性。

3. 采食行为 绵羊有薄而灵活的嘴唇和锋利的牙齿。采食时绵羊的舌头不会露出口外，因为绵羊上唇有裂隙，下颚有切齿，依靠切齿和上齿的齿跟咬住牧草的叶和茎，在头部的动作下将草切断，吃入口中。吃草时，嘴贴地面，能接触到地面的短草，因此能利用许多家畜不能利用的饲草资源，甚至是地上的叶片。

羊有补偿生长的能力，即羊在生长早期如果得不到足够的营养，生长速度会减慢，一旦营养供应增加，采食量增加，可以补偿性地补足延缓的生长，赶上个体应该达到的生长水平。如果幼年时期营养严重缺乏，则会使该羊失去补偿生长的能力。

羊最喜欢采食柔嫩、多汁、略带咸味或苦味的植物。

4. 喜欢清洁，抗病力强 圈养条件下，羊有定量采食、饮水和定点排泄的习惯，凡被践踏、躺卧或粪尿污染的牧草羊一般拒绝采食，亦不采食混入粪尿泥土的精料。为保证羊的正常采食，应注意饲草饲料的清洁卫生。

绵羊、山羊均具有比较强的抗病力，只要做好卫生防疫和定期驱虫，保持羊舍干燥、卫生，满足羊的营养需要，羊是很少生病的。而且羊对疫病的耐受能力比较强，在生病初期一般不表现临床症状，有的甚至在临死前还能采食饲草。所以，在饲养过程中，必须细心观察，才能及时发现病羊，使其得到及时治疗，减少经济损失。

5. 喜欢干燥，怕湿热 绵羊、山羊都适宜在干燥、凉爽的地方生活。在低洼、潮湿的地方，羊容易患寄生虫病和腐蹄病，羊毛品质下降，羊的生长发育速度降低，抗病力下降。

绵羊的汗腺不发达，散热机能差。在夏季炎热天气如长时间暴露在太阳下面，会引起体温升高，消化代谢紊乱，严重的会因中暑而导致死亡。所以夏季放牧时应避开中午高温，多利用早晨和傍晚时间。

6. 耐粗饲，适应性广 山羊在极端恶劣的自然环境中，有很强的生存能力，可以仅靠粗劣的干草、秸秆、树皮等维持生活，对粗纤维的利用率比较高，可以达到50%～80%。

山羊的适应性很广，无论在热带、亚热带还是在温带或寒冷地区，它们均能很好地生长发育，山羊在气温37℃以上的条件下仍能继续采食。绵羊汗腺不发达，耐热性不如山羊，气温较高时，会停止采食，彼此靠在一起，将头部埋入其他羊的腹下。绵羊的耐寒性则优于山羊，特别是粗毛羊如蒙古羊、哈萨克羊、藏羊等，在－30℃的环境仍能放牧和生存。

7. 嗅觉灵敏 羊的嗅觉灵敏，母羊主要凭嗅觉鉴别自己的羔羊，视觉和听觉起辅助作用。羔羊出生后与母羊接触几分钟，母羊就能通过嗅觉鉴别出自己的羔羊而排斥其他羔羊。生产上常利用混淆母羊的嗅觉达到寄养的目的，在需寄养羔羊的身上涂抹保姆羊的羊水即可。

二、种公羊的饲养管理

种公羊的基本要求是体质结实，不肥不瘦，精力充沛，性欲旺盛，精液品质好。种公羊精液的数量和品质，取决于日粮的全价性和饲养管理的科学性和合理性。在饲养上，应根据饲养标准配合日粮。应选择优质的天然或人工草场放牧。补饲日粮应富含蛋白质、维生素和矿物质，品质优良、易消化、体积较小和适口性好等。在管理上，可采取单独组群饲养，并保证有足够的运动量。实践证明，种公羊最好的饲养方式是放牧加补饲。种公羊的饲养管理可分为配种期和非配种期两个阶段。

（一）配种期的饲养管理

1. 日粮配合 种公羊在配种前1.0～1.5个月，日粮应由非配种期逐渐增加到配种期的饲养标准。在舍饲期的日粮中，禾本科牧草一般占35%～40%，多汁饲料占20%～25%，精饲料占40%～45%。

在我国的东北地区，体重80～90 kg种公羊的配种期日粮，每天饲喂2.0 kg饲料单位，250 g可消化粗蛋白质。随着每天采精次数的增加而逐渐提高标准及其他特需的饲料，如新鲜的鸡蛋、牛羊奶等。

2. 饲养管理日程 种公羊在配种前1个月开始采精，检查精液品质。开始采精时，1周采精1次，继后1周2次，以后2天1次。到配种时，每天采精1～2次，成年公羊每天采精最多可达3～4次。多次采精者，两次采精间隔时间至少为2 h。对精液密度较低的公羊，可增加动物性蛋白质和胡萝卜的喂量；对精子活力较差的公羊,需要增加运动量。当放牧运动量不足时,每天早上可酌情定时、定距离和定速度增加运动量。

（二）非配种期的饲养管理

种公羊在非配种期,虽然没有配种任务,但仍不能忽视饲养管理工作。除放牧采食外,应补给足够的能量、蛋白质、维生素和矿物质饲料。我国东北地区,在冬、春季节,种公羊没有配种任务,体重 80～90 kg,一般补饲饲料单位约 1.5 kg 和可消化粗蛋白质 150 g。

三、羊的肥育

（一）育肥羊的来源

1. 早期断奶的羔羊　一般指 1.5 月龄左右的羔羊,育肥 50～60 天,4 月龄前出售,这是目前世界上羔羊肉生产的主流趋势。该育肥羔羊胴体质量好,价格高。

2. 断奶后的羔羊　3～4 月龄羔羊断奶后肥育是当前肉羊生产的主要方式,因为断奶羔羊除小部分选留到后备羊群外,大部分要进行育肥出售处理。

3. 淘汰羊　主要指秋季选择淘汰老母羊和瘦弱羊为育肥的羊,这是目前我国牧区及半农半牧区羊肉生产的主要方式。

（二）育肥前的准备工作

1. 育肥羊群的组织　根据育肥羊的来源,一般应按品种(或类别)、性别、年龄、体重及育肥方法等分别组织好羊群。羊群的大小,因采用的育肥方法而定,如采用放牧肥育方法,应根据草场类别如天然草场、改良草场或人工草场、草场大小、季节、草生状况、牧工管理水平等因素决定。

2. 去势　去势后的羊,性情温顺,便于管理,容易育肥,同时还可减少膻味,提高羊肉品质。凡供育肥的羔羊,一般在生后 2～3 周龄去势。但是也有试验表明对育肥公羔不予去势,其增重效果比去势的同龄公羔快而且膻味与去势的羔羊无多大差别,故不少饲养单位对供育肥用的公羔不主张去势。

3. 驱虫　为了提高肉羊的增重效果,加速饲草料的有效转化,便于对育肥羊群的管理,在进入育肥期前,应对参加育肥的羊进行至少 1 次体内外寄生虫的驱虫工作。

4. 消毒　对育肥羊舍及其设备进行清洁消毒,在羊进入圈舍育肥前,用 3%～5%的火碱水或 10%～20%的石灰乳溶液或其他消毒药品,对圈舍及各种用具、设备进行彻底消毒。

5. 饲料储备　储备充足的饲草饲料,确保整个育肥期不断草料。

(三)育肥方式

1. 放牧育肥 利用天然草场、人工草场或秋茬地放牧,是肉羊抓膘的一种育肥方式。大羊包括淘汰的公、母种羊,2年未孕的空怀母羊和有乳房炎的母羊。因其活重的增加主要决定于脂肪组织,故适合在禾本科牧草较多的草场放牧。羔羊主要指断奶后的非后备公羔羊。因其增重主要靠蛋白质的增加,故适宜在以豆科牧草为主的草场放牧。

2. 舍饲育肥 按饲养标准配制日粮,是肥育期较短的一种育肥方式,舍饲肥育效果好,肥育期短,能提前上市,适于饲草料资源丰富的农区。

羔羊包括各个时期的羔羊,是舍饲育肥羊的主体。大羊主要来源于放牧育肥的羊群,一般是认定能尽快达到上市体重的羊。

舍饲育肥的精饲料可以占到日粮的45%～60%,随着精饲料比例的增高,羊育肥强度加大,故要注意预防过食精饲料引起的肠毒血症和钙、磷比例失调引起的尿结石症等。料型以颗粒料的饲喂效果较好。圈舍要保持干燥、通风、安静和卫生。育肥期不宜过长,达到上市要求即可出售。

3. 混合育肥 放牧与舍饲相结合的育肥方式。既能充分利用生长季节的牧草,又可取得一定的强化育肥效果。放牧羊是否转入舍饲肥育主要视其膘情和屠宰重而定。根据牧草生长状况和羊采食情况,采取分批舍饲与上市的方法,效果较好。

四、羊管理的一般技术措施

(一)编号

编号是养羊生产中日常管理工作必不可少的。编号的方法有耳标法、剪耳法等。

1. 耳标法 耳标用铝或塑料制成,有圆形、长方形两种。长方形耳标在多灌木的地区放牧容易被挂掉。圆形者比较牢固。

生产上便于区别公、母羊,公羊耳号常戴在左耳,母羊戴在右耳。耳标戴在羊耳基下部。用打耳钳打孔时,要避开血管。预计打孔的地方要用碘酒消毒。

2. 剪耳法 在过去没有耳标时,就在羊的两耳上剪缺口,作为羊的个体号。

(二)断尾

长瘦尾羊尾巴细长,容易沾上粪便污染羊毛;肥尾羊尾巴硕大,不但影响配种,也造成行动不便。因此,对羔羊应进行断尾。断尾时间一般在生后2～3天,断尾的方法有热断法、结扎法。

1. 热断法　用一个留有半月形缺口的木板将尾巴套进并紧紧压住,用烧红的断尾铲在羔羊三尾椎节间切断尾巴。

2. 结扎法　用细绳或橡皮筋在羔羊尾椎二三节处紧紧扎住,断绝血液流通,一般经10～15天尾巴自行脱落。

(三)去角

1. 去角时间　去角时间以羔羊出生7～10日龄为宜。

2. 方法及步骤

①触摸确定角基部。

②剪毛。

③先用电烙铁烙去皮肤。

④烧烙角基部1～2 min。

⑤外涂碘酊或紫药水。

(四)去势

凡不做种用的公羔都应去势。去势的羊性情温顺,便于管理,生长速度较快,肉膻味小,且较细嫩。常用的去势方法是切割去势法。

2周以上的公羊都可用此法进行去势。去势方法是:一人保定羊,另一人握住阴囊上部,使睾丸挤向阴囊底部,剪掉阴囊及阴囊周围的毛,然后用碘酒局部消毒,用消毒过的手术刀横切阴囊,挤出一侧睾丸,将睾丸连同精索用力拉出,撕断精索。断奶以后的羊羔或大羊去势时,精索较粗,不易撕断,常用剪刀剪断。剪断前,一定要结扎,否则血流不止,危及生命。一侧完成后,再用同样方法取出另一侧睾丸。阴囊切口处用碘酒消毒,阴囊内和切口处撒上消炎粉,过1～2天,再检查1次。如发现阴囊肿胀,可挤出其中的血水,再涂抹碘酒和消炎粉。去势的羔羊生活区内应保持清洁干燥,以防感染。

(五)剪毛

1. 剪毛的时间和次数　我国幅员辽阔,各地气候差异很大,所以适宜剪毛的时间也不同。春季一般在5～6月份,气候趋于稳定时为适宜剪毛时间。细毛羊、半细毛羊及其高代杂种羊每年只剪春毛一次;粗毛羊除春季剪毛外,到秋季的9～10月份再剪秋毛一次。

2. 剪毛顺序　剪毛先从价值低的羊群开始,借以熟练剪毛技术。从羊的品种讲,先剪粗毛,后剪半细毛羊、杂种羊,最后剪细毛羊。在同一品种内,先剪羯羊、幼龄羊,后剪种公羊、种母羊。患病羊,特别是患体外寄生虫病的羊,留在最后剪,以免传染疾病。

3. 剪毛方法 主要分手工剪毛和机械剪毛两种。手工剪毛是用一种特制的剪毛剪进行剪毛，劳动强度大，1 人 1 天能剪 20～30 只羊。机械剪毛是用一种专用的剪毛机进行剪毛，速度快，质量好，效率比手工剪毛可提高 3～4 倍。

剪毛前应准备好剪毛场地，一般剪毛场地有等候剪毛的羊只待剪室、剪毛室和羊毛分级包装室。机械化剪毛时通常有剪毛台，剪毛场地要求干净、宽敞和干燥，特别要防止杂草和粪土等混入羊毛内。场地要打扫干净，最好铺上苇席或木板、帆布等。

如果用机械剪毛，则要先培训技术人员，检修机械，以保证剪毛的质量。如手工剪毛时，则要准备好剪毛剪、磨刀石、秤、碘酊、麻绳等。

羊群在剪毛前 12 h，停止放牧、饮水和喂料，以免剪毛时粪便污染羊毛和发生伤亡事故。剪毛一般安排在上午进行。如全天剪毛时，中午可以放牧 1 h，然后休息 1 h 后再剪，但需留出 2～3 h 的放牧时间。

剪完一只羊后，须仔细检查。若有伤口，应涂上碘酒，以防感染。

4. 羊毛的分级和包装 剪毛员将剪下的毛被送到分级台，由技术人员称重记录后，再根据国家羊毛收购标准，包括文字标准和实物标准，进行羊毛分级。确定等级后，将套毛卷折好。可将各类羊毛分开，如白色的同质细毛、半细毛和异质毛，杂色的同质毛、异质毛等。

（六）山羊梳绒

山羊梳绒的时间，依各地的气候条件而异。春季气候转暖，绒纤维开始脱落。脱绒的顺序从头部开始，逐渐向颈、肩、背、腰和股部推移。当发现头部绒纤维脱落，便是开始梳绒的时间。目前，我国普遍推行手工梳绒。梳绒工具为金属梳子。梳子有两种：一种为稀梳，另一种为密梳。梳绒前 12 h，羊只停止放牧和饮水。梳绒时，梳左侧捆住两右肢，梳右侧捆住两左肢，将羊卧倒。若站立梳绒时，将头拴在木桩上，挟住羊体，轻轻用梳子梳绒。梳绒动作要轻，梳子油腻后，不便梳绒，可将梳子在土地上往返摩擦，除去油腻。若梳绒和剪毛同时进行，则梳绒和剪毛地点要分开，先梳绒，后剪毛，以免绒、毛混杂。对怀孕母羊，要特别细心，避免造成流产。一般是成年羊先梳，育成羊后梳；健康羊只与患有皮肤病的羊只分开梳，健康羊先梳，病羊后梳；白色山羊和有色山羊应分开梳，先梳白色羊，后梳有色羊。羊梳绒后，要特别注意气候变化，防止羊只感冒。

（七）药浴

1. 药浴方法 药浴是预防羊螨病及其他体表寄生虫的主要方法。羊药浴可用 0.5%～1%敌百虫溶液或 0.05%蝇毒磷溶液等。一般是在剪毛后 7～10 天进行第一次药浴，8～14 天后第二次药浴。药浴时必须让药液淹没羊体，临近出口时应将羊头按入药浴液内 1～2 次，以防头部发生螨病。

2. 药浴注意事项

①怀孕 2 个月以上的母羊不进行药浴。

②药浴前 8 h 停喂草料。

③入浴前 2～3 h 给羊饮足水，以免羊进入浴池后饮药液。

④先让健康羊药浴，后让患病羊药浴。

⑤还可选用淋浴或喷雾法对羊只进行药浴。

（八）驱虫

驱虫一般分春、秋两季进行，根据羊群的实际情况选用相应的驱虫药。

1. 预防肠道线虫 一般多用盐酸左旋咪唑。口服每千克体重 8～10 mg，肌肉注射每千克体重 7.5 mg。这种驱虫，应在首次用药后 2～3 周再用药 1 次。

2. 肝片吸虫 常用硝氯酚。内服每千克体重 3～4 mg，皮下注射每千克体重 1～2 mg。

3. 伊维菌素是一种驱虫新药，对羊体内外寄生虫有较好的防治效果。一般每 30～50 kg 体重注射依维菌素注射液 1 mL。

4. 防治羊虱 可用 0.1%～0.5%的敌百虫水溶液进行喷洒或药浴。

（九）免疫接种

免疫接种是激发机体产生特异性抵抗力、预防和控制传染病的一种重要措施。免疫接种可分为预防接种和紧急接种。

1. 预防接种 在某些传染病的常发地区或有某些传染病潜在威胁的地区，为了防患于未然，在平时有计划地给健康羊进行免疫接种称为预防接种。

预防接种要有针对性，不可盲目进行。制定预防接种方案时，应调查了解，弄清过去多发生的传染病及流行季节；了解邻近地区传染病已对本地区构成的威胁；严格遵循国家有关部门的规定。

如本地区从未发生过的传染病，也无从别处传入的可能性，就不必进行该病的预防接种。

免疫接种时，要对被接种羊群进行详细检查和了解，清楚被接种羊的年龄、妊娠、泌乳及健康状况。接种后，所产生免疫力的强弱与羊的健康状况有直接关系。体弱或有慢性疾病的羊接种后还可能会引起较强的接种反应；妊娠母羊，尤其是妊娠后期的还可能会由于捕捉不当及疫苗反应而导致流产。所以，对刚出生不久的羊、体质弱的羊、患病的羊、妊娠后期的羊，如不是已经受到传染病的威胁时，最好暂不接种。

羊的免疫程序和免疫内容不能照抄、照搬,而应根据各地的具体情况制定。

接种疫苗时,要详细阅读说明书,查看有效期,记录生产厂家和批号,并严防接种过程中通过针头传播疾病。

2. 紧急接种 紧急接种是在发生传染病时,为了迅速控制和扑灭流行疫病,而对疫区和受威胁地区尚未发病羊群进行的。紧急接种的对象是正常无病羊,已患病羊不宜进行紧急接种。

第四章　家禽生产

第一节　家禽的外貌与品种

一、家禽的外貌

家禽的外貌是指同生理机能相适应的体躯结构状况的外在表现,它与品种、健康和生产性能有着密切的关系。在养禽生产中,通常根据外貌识别品种、辨别健康情况、进行制种、判断生产性能。因此必须熟悉禽体外貌及其各部位名称。

(一)鸡的外貌

鸡体可分头、颈、体躯、尾部、翅和腿六部分(图 4-1)。

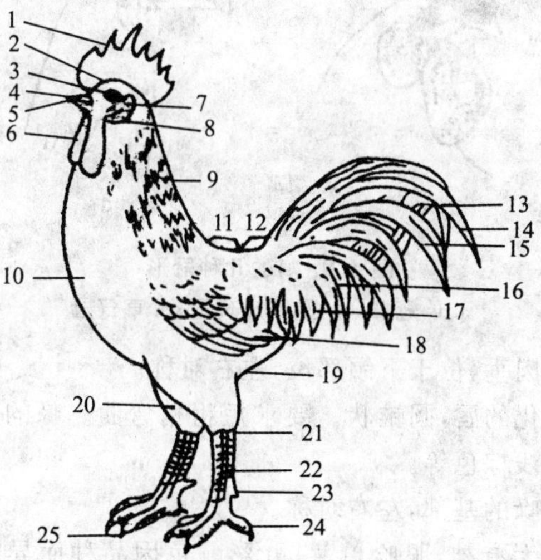

1. 冠;2. 头顶;3. 眼;4. 鼻孔;5. 喙;6. 肉髯;7. 耳孔;8. 耳叶;9. 颈和颈羽;10. 胸;11. 背;12. 腰;
13. 主尾羽;14. 大翘羽;15. 小翘羽;16. 覆尾羽;17. 鞍羽;18. 翼羽;19. 腹;
20. 胫;21. 飞节;22. 蹠;23. 距;24. 趾;25. 爪

图 4-1　鸡体外貌部位名称

1. 头部包括以下部位

(1)冠　唯鸡所独有,位于头顶。按其形状主要有四种类型:

①单冠:由喙的基部至头顶后部呈单片锯齿壮。单冠由冠峰、冠体和冠叶二部分构成。

②豆冠:又称三叶冠,由三个小的单冠组成,中间片稍高。

③玫瑰冠:整个冠前宽后尖,前宽部分有很多小突起.像玫瑰花,后尖部分无突起,称冠尾。

④草莓冠:与玫瑰冠相似,但冠体矮小,紧贴头顶,无冠尾,形象草莓(图 4-2)。

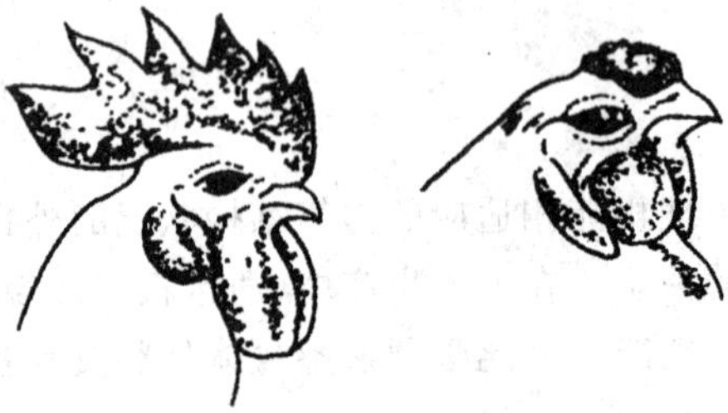
a b

c d

图 4-2 鸡的几种冠形

a. 单冠;b. 豆冠;c. 玫瑰冠;d. 草莓冠

(2)肉髯 又称肉垂,位于下颌部位,左右对称。

(3)喙 为角质化的唇,圆锥状。要求短粗稍弯曲。喙的颜色一般与脚一致,常见的有黄、白、黑、浅棕色等。

(4)鼻孔 位于喙的基部,左右对称。

(5)眼 要求圆大有神,眼睑单薄,虹彩颜色因品种而异。常见的有橙黄、淡青、黑色等。

(6) 耳孔 在眼的后上方,周围有卷毛覆盖。

(7)耳叶 在耳孔的下方,椭圆形,无毛,颜色因品种而异,常见的有红色和白色两种。

(8)脸 眼的周围裸露部分,要求皮薄,毛少,无皱褶。

2. 颈部 鸡的颈较长而灵活。一般肉用型的较短粗,蛋用型的较细长。公鸡的颈羽细长，末端尖，有光泽，俗称披肩羽。

3.体躯 包括胸部、腹部、背腰部三部分。

(1)胸部 为心和肺的所在部位，要求宽深，稍向前突出，胸骨直而长为好。肉用品种要求胸肌发达。

(2)腹部 为消化器官和生殖器官的所在部位，要求容积宽大而柔软。

(3)背腰部 要求长、宽、平直，蛋用品种背腰较长，肉用品种背腰较短。生长在腰部的羽毛称为鞍羽，公鸡的鞍羽长而尖，有光泽，母鸡的鞍羽短而钝，无光泽。

4.尾部 要求尾正而直，形状因品种类型而异。肉用型鸡尾较短，蛋用型鸡尾较长。尾根部有一对左右对称的尾脂腺，能分泌油脂润滑羽毛。尾部的羽毛又分为主尾羽和覆尾羽，主尾羽是长在尾端硬而长的羽毛，共12根；覆盖在上尾羽上的羽毛称覆尾羽。公鸡紧靠主尾羽的覆层羽特别发达，最长的一对叫大翘羽，较长的3～4对叫小翘羽。

5.翅 要求紧扣体躯不下垂。翅上的羽毛名称为：翼前羽、冀肩羽、主翼羽、副翼羽、轴羽、覆主翼羽和覆副翼羽。鸡的主翼羽为10根，副翼羽一般12～14根不等。鸡翼羽各部位名称如图4-3所示。

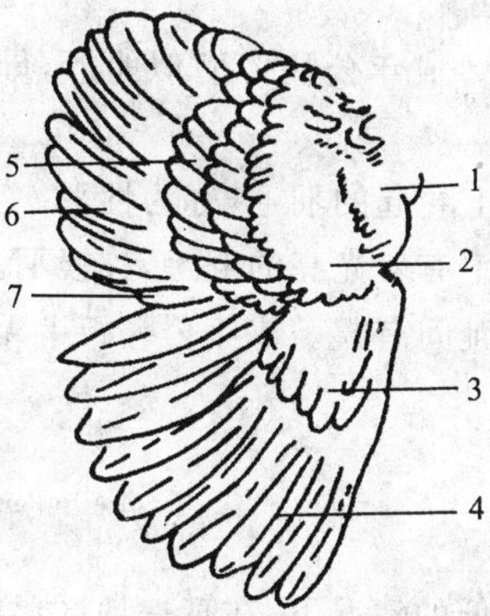

1.翼前羽；2.翼肩羽；3.覆主翼羽；
4.主翼羽；5.覆副翼羽；
6.副翼羽；7.轴羽

图4-3 鸡翅各部名称

6.腿部 一般肉用品种腿较短粗，蛋用品种腿较细长。两褪间距要求较宽，褪部包括股、胫、飞节、蹠、趾和爪(通常蹠、趾、和爪统称为脚)。公鸡蹠的内侧有距，母鸡尚存有退化距的痕迹。有的品种蹠的外侧有毛，个别品种有五个趾。

(二)鸭的外貌

鸭是水禽，在外貌上与鸡有很大差别(图4-4)。

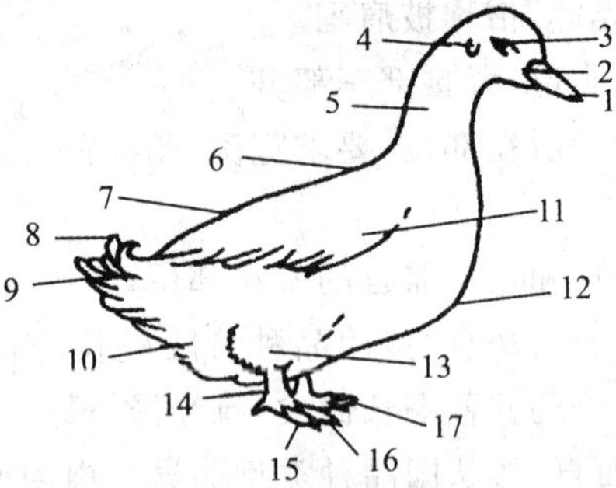

图 4-4 鸭的外貌部位名称

1.喙豆;2.鼻孔;3.眼;4.耳孔;5.颈;6.背;7.腰;8.雄性羽;9.尾羽;10.腹;11.翅;12.胸;13.飞节;14.蹠;15.趾;16.爪;17.蹼

1.头部 头大、无冠、无肉髯、无耳叶,脸上覆有细毛。喙长宽而扁平(俗称扁嘴),喙的内缘有锯齿,用于觅食和排水过滤食物、上喙尖端有一坚硬的豆状突起,称为喙豆。

2.颈部 鸭无嗉囊,食道呈袋状,称食道膨大部。一般肉用品种颈较短粗,蛋用品种颈较细长。

3.体躯 体躯扁圆,背长而直,向后下方倾斜。成年公鸭体型似船形,母鸭体型似梯形。

4.尾部 尾短,成年公鸭覆尾羽有 2～4 根向上卷起的羽毛,称为性羽。

5.翅 翅小,覆翼羽较长,有色品种在副翼羽上有较光亮的羽毛,称镜羽。

6.腿部 腿短,稍偏后躯。除第一趾外,其他趾间有蹼。成年公鸭蹠上无距。

二、家禽的品种

(一)鸡的品种

1.地方品种 地方品种是在育种技术水平较低的情况下,在某一地区形成的。具有生活力强、耐粗饲等优点,但是由于没有明确的育种目标,没有经过有计划的杂交和系统的选育,生产性能较低,体型外貌不大一致,因此叫地方良种。我国土地辽阔,家禽品种资源非常丰富,列入《中国家禽品种志》的鸡的地方品种就有 25 个,计有仙居鸡、白耳黄鸡、大骨鸡、北京油鸡、浦东鸡、寿光鸡、萧山鸡、鹿苑鸡、固始鸡、边鸡、彭县黄鸡、林甸鸡、峨眉黑鸡、静原鸡、溧阳鸡、武定鸡、桃源鸡、惠阳鸡、清远麻鸡、杏花鸡、霞烟鸡、河田鸡、茶花鸡、藏鸡、中国斗鸡等。

2.标准品种 凡列入《美国家禽志》和《不列颠家禽标准品种志》的家禽品种,

即国际上公认的家禽品种，称为标准品种。这些品种都是在20世纪50年代前育成的纯种，即经过人们有计划的杂交，系统的选育，并按育种组织制订的标准经过鉴定承认的品种。这些品种的特点是生产性能较高，体型外貌一致，但对饲养管理条件要求也高。列为世界标准品种和晶变种的鸡种有200多个，我国鸡列为标准品种的有九斤黄鸡、狼山鸡和丝毛鸡。

(1)来航鸡　原产意大利。因最先由意大利的来航港出口而得名。是世界上产蛋最多、分布最广的蛋用品种，按冠形（单冠、玫瑰冠）和羽色（白色、黄色、褐色、黑色等）有12个品变种，其中以白色单冠来航鸡生产性能最高，分布最广。当前各国培育的现代鸡种中的白壳蛋鸡都来自白来航鸡(图4-5)。

图4-5　白来航鸡

白来航鸡体型轻小，体躯较长，腿高蹠细，颈细尾长，肌肉结实，羽毛紧凑。成年鸡冠和肉髯特别发达，公鸡冠直立，母鸡冠峰多倒向一边。全身羽毛白色；喙、脚、皮肤黄色，耳叶乳白色。成年公鸡平均体重2.3 kg，母鸡体重1.8 kg，初产月龄5.5个月，年产蛋200枚以上，蛋重54～60 g，蛋壳白色，宋航鸡性情活泼，行动敏捷，觅食力强，富神经质。

(2)洛岛红鸡　育成于美国洛德岛州，属兼用型鸡，有单冠和玫瑰冠两个品变种，我国引进的是单冠洛岛红。该鸡育成曾引入我国九斤黄鸡的血液。现代鸡种褐壳蛋鸡多数是由洛岛红中培育的高产品系与其他品系配套杂交而成，其商品代不但有优异的生产性能，而且初生雏可以通过绒毛颜色辨别雌雄。

洛岛红鸡(图4-6)外貌的最大特点是体躯长，略似长方形，背长而平，皮肤和脚黄色，喙褐黄色。成年公鸡体重3.6 kg，母鸡体重2.8 kg，初产月龄6个月，年产蛋170～180枚，蛋重56～60 g，蛋壳褐色。

(3)新汉夏鸡　育成于美国新汉夏州，是从引进的洛岛红鸡经过30多年的选育而成的新品种，属兼用型。该鸡的特点是生活力强，羽毛生长快，性成熟早，产蛋多，蛋重大。1946年引入我国，对改良我国地方良种起了很大作用。

图 4-6　洛岛红鸡

图 4-7　新汉夏鸡

该鸡体型与洛岛红鸡相似(图 4-7),唯体躯稍短,羽色略浅,全身羽毛黄褐色,尾羽黑色,皮肤和脚黄色,喙浅褐黄色。成年公鸡体重 3.4 kg,母鸡体重 2.7 kg,初生月龄 6 个月,年产蛋 180～200 枚,蛋重 56～60 g,蛋壳褐色。

(4)芦花鸡　芦花鸡属洛克品种,兼用型,育成于美国。该鸡育成过程中,曾引入我国九斤黄鸡的血液。洛克品种按羽色、羽斑的不同有 7 个品变种,我国引进的有斑纹、浅黄和白色三个品变种,斑纹洛克在我国称为芦花鸡(图 4-8)。

图 4-8　芦花鸡

芦花鸡体形椭圆，胸部丰满，生长快，肉质好。全身羽为黑白平行相间的横条斑纹，羽毛末端应为黑边，斑纹清一致。母鸡的黑色条纹比公鸡宽，故母鸡颜色较深，公鸡毛色较浅。喙、脚和皮肤黄色。成年公鸡体重 4.0 kg，母鸡体重 3.0 kg，初产月龄 6.5 个月，年产蛋 170～180 枚，蛋重 56 g，蛋壳浅褐色。

(5)狼山鸡　产于我国江苏省南通地区，由于南通南部有座小山叫狼山，故取名狼山鸡(图 4-9)。兼用型。1872 年首先输往英国，英国著名的奥品顿鸡含有狼山鸡的血液。在美国 1883 年承认为标准品种。

图 4-9　黑狼山鸡

该鸡外貌特点是颈挺立，尾高耸，背短呈马鞍形，腿高颈长，胸部发达，外貌威武雄壮。羽毛颜色有黑、白两种，以黑色居多。黑狼山鸡羽毛、喙、脚黑色，皮肤白色，蹠的外侧有毛，现经多年选育已成光腿。成年公鸡体重 2.8 kg，母鸡体重 2.3 kg，初产月龄 7～8 个月，年产蛋 160～170 枚，蛋重 55～60 g，蛋壳褐色。

(6)白洛克鸡　产于美国，与芦花鸡共属洛克鸡种。原属兼用型，由于它早期生长快和当时肉用仔鸡业发展的需要而育成肉用型，属大型肉用鸡种，由于产蛋较多，在现代肉用仔鸡生产中常用以做母系。

白洛克鸡(图 4-10)体躯宽深，胸部丰满，腿短粗，颈粗尾短，体型椭圆形、肌肉发达。全身羽毛白色，喙、脚和皮肤黄色。成年公鸡体重 4.3 kg，母鸡体重3.4 kg，初产月龄 6.5 个月，年产蛋 150～160 枚，蛋重 60 g，蛋壳褐色，就巢性强。雏鸡生长快，8 周龄体重可达 1.75 kg 以上。

(7)考尼什鸡　原产英国，是世界著名的大型肉用鸡种，是由几个斗鸡品种与英国鸡杂交而育成的。羽毛颜色有好几种，但以白色为最多，在现代肉用仔鸡生产中常用以做父系。

图 4-10 白洛克鸡

白考尼什鸡(图 4-11)头顶宽、平、长,喙粗较弯曲,豆冠,头似鹰头。肩宽、胸深、背长。骨骼粗壮,四肢强健,胸肌和腿肌特别发达。羽毛纯白,紧贴体躯,尾羽紧缩成束,向后平伸,体型酷似斗鸡。喙、脚、皮肤均为黄色。成年公鸡体重 4.5 kg,母鸡体重 3.6 kg,初产月龄 7～8 个月,年产蛋 120 枚左右,蛋重 56 g,蛋壳浅褐色。公鸡凶悍好斗,母鸡就巢性雏鸡生长快,8 周龄可达 1.75 kg 以上。

图 4-11 白考尼什鸡

(8)丝毛鸡 又名乌骨鸡或泰和鸡。原产我国江西、福建、广东等省,现已分布国内外。在国外列为观赏品种,在国内列为药用品种,用以配制妇科中药“乌鸡白凤丸”的原料。

丝毛鸡(图 4-12)体型小;体躯短,头小,颈短,腿矮、桑葚冠,全身羽毛白丝状,群众称之有“十全”:缨头、绿耳、胡须、丝毛、五趾、紫冠、乌皮、乌骨、乌肉。此外,眼、喙、脚、内脏、脂肪、血液等都是乌黑色。成年公鸡体重 1.25～1.5 kg,母鸡体重 1.0～1.25 kg,初产月龄 6 个月,年产蛋 80 枚左右,蛋重 40～42 g,蛋壳浅褐色,就巢性强。丝毛鸡骨骼纤细,生活力弱,育雏率低。

图 4-12　丝毛鸡

3. 现代鸡种　现代鸡种都是配套品系，是经过配合力测定筛选出的杂交优势最强的杂交组合，其杂交而生产出的商品杂交鸡，生活力强，生产性能高且整齐一致，适于大规模集约化饲养。由于构成配套品系的各个纯系可以是同一种，也可以是不同品种，所以其体型外貌和生产性能有的差别很明显。对于现代鸡种，强调群体的生产性能，不重视个体的外貌特征。概括地说，现代鸡种白壳蛋鸡，体型外貌酷似单冠白来航鸡，体重较轻，母鸡体重 1.5～1.7 kg，开产日龄 21～22 周龄，入舍母鸡 72 周龄产蛋量 260～280 枚，蛋重 60～62 g，产蛋期料蛋比 2.2～2.6。褐壳蛋鸡，体型外貌不一，体重较白壳蛋鸡略大，母鸡体重 2.0～2.3 kg，开产日龄 22～23 周龄，入舍母鸡 72 周龄产蛋量 250～270 枚，蛋重 62～64 g，产蛋期料蛋比 2.4～2.8。肉用鸡的体型外貌差别更大，父母代种母鸡体重 3.2～3.5 kg，开产日龄 25～26 周龄，入舍母鸡 66 周龄产蛋量 160～180 枚，蛋重 60～65 g，每只种母鸡可提供商品雏鸡 130～150 只。商品代肉仔鸡 8 周龄体重 2.7～2.8 kg 以上，料肉比 2.0～2.2。

近些年，我国各地先后由国外引入了许多现代鸡种，共计 50 余个，其中白壳蛋鸡 11 个；褐壳蛋鸡 13 个；肉用鸡 26 个。我国自已也培育了一些现代鸡种，如“北京白鸡”、“滨白鸡”等。

（二）鸭的品种

1. 北京鸭　原产北京西郊玉泉山一带，已有 300 多年的历史，在 1873 年输出国外，现已遍及全世界，是世界上著名的肉用标准品种，国外不少优良鸭种都含有北京鸭的血液。

北京鸭（图 4-13）体型硕大，体躯丰富，胸深、背宽、腹阔、头大、颈粗、腿短、翅小紧贴体躯，尾羽钝齐上翘，羽毛洁白，喙、脚橘黄色，皮肤白色稍黄。成年公、母鸭的体型外貌有明显区别：公鸭头大喙长，颈粗而长，蹠粗蹼厚，体长似船形，覆尾羽有 2～4 根向上卷起的雄性羽，叫声沙哑。母鸭头小喙短，颈细稍短，腹大下垂但不拖地，后躯比前躯发达，体躯呈梯形，叫声洪亮。

图 4-13 北京鸭

成年公鸭体重 3.5 kg，母鸭体重 3.0 kg，初产月龄 5 月，年产蛋 180～200 枚，蛋重 90～100 g，蛋壳玉白色。

北京鸭生长快、易肥育、肉质好、产蛋也多，近年来北京鸭经过选育，生长速度和产蛋性能都有显著提高，某些高产品系年产蛋可达 240 枚，经过填饲的北京鸭 8 周龄体重可达 2.75～3.0 kg 以上。

2. 高邮鸭 产于江苏省高邮县，为蛋肉兼用型大型麻鸭。

高邮鸭(图 4-14)体型大，头大喙长，颈粗而长，胸深、背阔、体长，臀部丰满，体躯长方形。公鸭头及颈上部羽毛深绿色，前胸、背、腰部为灰褐色芦花羽，腹羽色浅，臀羽及尾羽黑色，喙青绿色，脚橘红色，爪黑色。母鸭羽毛麻褐色，有深浅之分，喙青色，脚橘红色，爪黑色。

图 4-14 高邮鸭

成年公鸭体重 2.4 kg，母鸭体重 2.6 kg，开产月龄 4.5 个月，年产蛋 160 枚，蛋重 80 g，蛋壳多为玉白色，少数为淡青色。高邮鸭产双黄蛋较多，双黄蛋比例约占 0.3%。我国鸭属于兼用品种的还有建昌鸭、大余鸭、巢湖鸭等。

3. 金定鸭　产于福建省九龙江下游的龙海县浒茂三角洲，因首先发现于该县的紫泥乡金定村，故名金定鸭。具有体型小、成熟早、产蛋多、耗料少等特点，是我国优良蛋型麻鸭品种。适宜放牧，也适宜圈养。公鸭体躯较长，胸宽背阔，头及颈上部羽毛具有翠绿色光泽，前胸红褐色，背羽灰褐色，臀羽黑色，腹羽灰白色，呈细芦花斑纹。喙黄绿色，脚橘红色，爪黑色；母鸭身体细长，头小颈细，站立和行走时躯干与地面成45°。全身羽毛麻褐色，头颈及胸腹部颜色较浅，背腰及翅羽颜色较深。喙暗褐色，脚橘红色，爪黑色。

成年公母鸭体重均为1.6 kg左右，开产月龄3.5～4个月，年产蛋260～300枚，蛋重72 g，蛋壳青色。

此外，我国鸭种属蛋用型麻鸭的还有绍兴鸭、攸县麻鸭、荆江鸭、三穗鸭等。

4. 康贝尔鸭　育成于英国，是世界上著名的蛋用标准品种，有黑色、白色、黄褐色3个品变种，以黄褐色康贝尔鸭生产性能最佳。

黄褐色康贝尔鸭(图4-15)体型中等，胸深、背宽、腹部丰满。公鸭头、颈、肩、尾羽青铜色，其余羽毛黄褐色，喙绿蓝色，脚橘红色。母鸭羽毛黄褐色，喙青褐色，脚深褐色。

图4-15　康贝尔鸭

成年公鸭体重2.3～2.5 kg，母鸭体重2.0～2.3 kg，开产月龄5个月，年产蛋260枚以上，蛋重70 g，蛋壳玉白色。

5. 瘤头鸭　又称番鸭，原产于南美洲，属肉用型鸭，与一般家鸭同属不同种，与家鸭杂交所生后代(骡鸭)无生殖力。现在我国南方各省均有饲养。

瘤头鸭(图4-16)与一般家鸭的外貌截然不同。体躯长而宽，胸部宽而平，后躯不发达，尾狭长平伸，体型呈纺锤形。头顶有一排纵向长羽，受刺激时会竖起。喙基部和眼周围有红色或黑色皮瘤，公鸭比母鸭发达。翅膀长达尾部，有一定飞翔能力，腿短粗壮，腿肌胸肌发达。羽色有纯黑、纯白、黑白花等多种，喙及脚有黑色、红色、橙黄色等。成年公鸭体重4.5～5.0 kg，母鸭体重2.5～3.0 kg，开产月龄

6～9 个月，年产蛋 80～120 枚，蛋重 70～80 g，蛋壳玉白色。有就巢性，公母鸭轮换孵抱，但不善育雏。

图 4-16 瘤头鸭

瘤头鸭体质强健，易于饲养，用其与其他肉用型鸭杂交产生的杂种鸭，不但生活力强，而且具有良好的肉用性能和肥肝性能，3 月龄以上的杂种鸭，经过 2～3 周的人工强制填饲，体重可增加 50%～60%，每只可获肥肝 300～400 g。

近些年来，我国从国外引进的樱桃谷鸭、狄高鸭都属北京鸭血系，外貌酷似北京鸭，具有生长快、成熟早、产蛋多、易肥育、肉质好、饲料报酬高等优点。它们适应性强，既可有水饲养，又可旱养，能在陆地上进行自然交配，故又称旱地鸭。

（三）鹅的品种

中国鹅按羽色分为白鹅和灰鹅两种，根据体重可分为大、中、小型 3 种。大型品种如狮头鹅，羽毛灰褐色，成年体重 8～10 kg。中型品种有白羽的溆浦鹅、皖西白鹅、浙江白鹅、四川白鹅；灰羽的有安徽雁鹅，成年体重 5～7 kg。小型鹅品种有白羽的豁眼鹅、太湖鹅；灰羽的有乌棕鹅和长乐鹅，成年体重 3～4 kg。现将几个主要优良鹅种介绍如下：

1. 太湖鹅 原产于江苏、浙江两省太湖地区，分布于长江流域、华东及北方各省。体型细致紧凑，羽毛紧贴，颈细长呈弓形，颌下无咽袋。全身羽毛洁白，偶在眼梢、头顶或颈背部出现少量褐色羽毛。头顶肉瘤橘黄色，喙及脚橘红色，爪白色。从外表看，公、母鹅差异不大，公鹅体态雄伟，常昂首挺胸展翅行走，肉瘤较大，叫声洪亮，母鹅肉瘤较小，叫声低沉。

太湖鹅（图 4-17）具有生长快、肉质好、产蛋多、耗料少等优点，是适于生产肉用仔鹅的优良鹅种。成年公鹅体重 4.3 kg，母鹅体重 3.2 kg，开产月龄 5.5 个月，年产蛋 60 枚，高产群可达 80～90 枚以上，平均蛋重 135 g，蛋壳白玉色。肉用仔鹅生长快，采用以放牧为主、适当补喂精料的饲养方式，70 日龄体重达 2.5 kg 即可上市。

图 4-17　太湖鹅

2. 豁眼鹅　又称五龙鹅、疤拉眼鹅，为白色中国鹅的小型品种，以优良的产蛋性能著称于世。原产于山东烟台地区南部的莱阳、莱西、海阳、栖霞沿五龙河流域一带。广泛分布于东北的辽宁、吉林和黑龙江三省。

豁眼鹅(图 4-18)前额有肉质瘤，颌下偶有咽袋，上眼睑有一疤状缺口，为该品种独有的特征。颈长呈弓形。体躯较短，背宽平，胸丰满突出，前躯挺拔高抬，成年母鹅腹部丰满略垂，偶有腹袋。全身羽毛白色，喙、瘤、脚橘红色。豁眼鹅体重变化幅度很大，公鹅为 3.7～4.6 kg，母鹅为 3.1～3.8 kg，开产月龄 7～8 个月，年产蛋 100 枚左右，蛋重 120～130 g，蛋壳玉白色。肉用仔鹅生长快，据辽宁调查，30 日龄 1.2 kg，60 日龄 2.9 kg，90 日龄 4.1 kg。

图 4-18　豁眼鹅

3. 溆浦鹅　(图 4-19)产于湖南省沅水支流的溆水两岸,中心产区在溆浦县郊。成年鹅体型高大,体躯稍长。公鹅头颈高昂,叫声清脆洪亮,护群性强。母鹅体型稍小,性情温顺,产蛋期间后躯丰满,腹部下垂,有腹袋。有 20%左右的个体头上有“顶心毛”。羽毛颜色主要有白、灰两种,以白色居多数。白鹅全身羽毛白色,喙;肉瘤、脚都呈橘黄色。灰鹅颈、背、腰和尾部为灰褐色,胸、腹部呈灰白色,喙黑色,肉瘤灰黑色,脚橘红色。

图 4-19　溆浦鹅

成年公鹅体重 5.9 kg,母鹅体重 5.3 kg,开产月龄 7 个多月,年产蛋 30 枚左右,蛋重 212 g,蛋壳多数玉白色,少数淡青色。肉用仔鹅生长快,30 日龄体重 1.5 kg,60 日龄 3.2 kg ,90 日龄 4.4 kg。

4. 狮头鹅　原产广东省潮汕地区,是世界上著名的大型灰棕色鹅种。体型硕大,胸深,背阔,体躯呈方形。头大颈粗,前额黑色肉瘤发达,向前突出,覆盖于喙上。两颊有左右对称的肉瘤 1～2 对,脸部皮肤松软,眼凹陷,颌下咽袋发达,头似雄狮,故名狮头鹅(图 4-20)。体躯背毛及翅、腿羽棕褐色,颈、背上有一纵行的深

图 4-20　狮头鹅

褐色羽带，全身腹面羽毛灰白色。喙短、黑色、脚橙红色。成年公鹅体重 9 kg，母鹅体重 8 kg，开产月龄 7～8 个月，年产蛋 25～35 枚，蛋重 220 g，蛋壳白玉色。仔鹅生长快，70 日龄体重可达 6 kg。

第二节　蛋鸡生产

一、雏期的饲养与管理

养育雏鸡是蛋鸡生产中重要的一环。育雏工作的好坏，不仅影响雏鸡的生长发育和育雏率以及成鸡的生产性能和种用价值，而且还影响鸡群的更新和生产计划的完成等。因此，必须做好育雏期的饲养与管理工作，掌握育雏技术。

根据雏鸡的生理特点和对饲养与管理条件的要求，把出壳到离温前需要人工给温的阶段，称为育雏期，一般为 0～6 周龄，此阶段的雏鸡称为幼雏，育成期的雏称为中雏和大雏。

（一）鸡的生理特点

①雏的神经系统发育不健全，调节体温的机能不完善 雏鸡绒毛稀短，保温御寒能力差，随着神经系统的发育和羽毛生长，雏鸡的体温调节机能逐渐加强，从而对外界气温变化的适应性也逐渐增强。初生雏的体温（39～40℃）低于成年鸡（41～42.5℃）。因此，在育雏期必须供给适宜的环境温度，才能保证雏鸡正常的生长发育。

②消化器官容积小，食量少，消化能力差，但生长快，新陈代谢旺盛蛋用型雏鸡 6 周龄体重比初生重增加 10 倍；由于新陈代谢旺盛，单位体重需要的新鲜空气和呼出的二氧化碳量多。因此，在调制饲料时，应注意营养全面，而且容易消化；不断供水；保持舍内空气流通和防止潮湿，以充分满足其生长需要。

③抵抗力差，无自卫能力 幼雏鸡体小娇嫩，对疾病抵抗力很差，动物侵害时不能保护自卫。因此，在管理中应注意清洁卫生，经常刷洗用具，保持环境安静，加强防疫消毒，预防疾病发生，防止兽害。

（二）育雏方式

按雏鸡占用地面和空间不同，分为平面育雏和立体育雏两种育雏方式。

1. 平面育雏　将雏鸡养在一个平面上。根据地面类型又有垫料育雏和网上育雏之分。

（1）垫料育雏　选用质地优良、清洁卫生、柔软干燥、吸湿性强的垫料，如木屑、轧碎的秸秆、干草、刨花、碎报纸等，均匀地铺在育雏舍内，将雏鸡养在垫料上面的一种育雏形式。垫料育雏很适合于干燥寒冷地区和季节采用。优点是利于保温，设备投资少，可就地取材。缺点是雏鸡能接触粪便，容易感染疾病，垫料管理耗费人工。

垫料育雏又可分为更换垫料育雏和厚垫料育雏两种。

①更换垫料育雏。舍内地面为普通的水泥地或炕面、砖地等。最好不用土地，以防鼠害。进雏前在地面上铺 3～5 cm 厚的优质垫料，育雏期经常更换。育雏室内设有供暖设备，垫料上均匀分布料槽和水槽。这种育雏方式简便易行，但更换垫料耗费人工多，更换垫料时易污染舍内环境，管理过程中应注意。

②厚垫料育雏。育雏期间不更换垫料，待雏鸡转出后，一次清除垫料的育雏形式。其做法是在清洁消毒后的育雏舍地面上进雏前先铺好 5～6 cm 厚的垫料，育雏 1 周后，继续增铺新垫料，直至厚达 15～20 cm 为止。平时只将过于污染和潮湿的垫料清除更换。这种育雏方式较前一种节省了更换垫料的人工，减少了污染环境的机会，又由于垫料厚发酵产热，能提高舍温，但垫料耗费多。管理时应特别注意垫料发霉变质，以防霉菌中毒。

(2)网上育雏　将雏鸡养在距地面 50～60 cm 高的网上。这种育雏形式较适合雏鸡的生长，而且可以一直养到开产，也有养到产蛋期结束的。所以在制作网时要考虑使用情况，如果仅在育雏期使用，可采用 12 mm×12 mm 网眼的直径为 3 mm 冷拔钢丝焊成的或编织成的网片，如果育雏育成或直至产蛋期都在网上，则可采用 25 mm×25 mm 或 25 mm×500 mm 网眼的网片做底网，育雏期可在底网上铺一层 12 mm×12 mm 小网眼的塑料软网，育雏期结束时撤掉，则效果会更好，如果无软网，也可在底网上铺一层约为 1 cm 厚的整稻草、麦秸等，也会收到同样效果。网片一般制成长 2 m 宽 1 m 的带框架结构，并以支撑物将网片撑起。网片要求铺平，并能承重饲养人员去上面操作，以便于管理。

网上育雏优点是鸡体不接触粪便，减少了疾病的传播，不需垫料，减轻了饲养员的劳动强度，可以适当增加饲养定额和饲养密度。缺点是一次性投资多，饲养管理技术要求高，饲料中微量元素要完全，要补喂沙砾，加强通风。

各地可针对当地情况，就地取材，利用竹竿、竹片或木条等代替铁制网片，同样可以收到较好的育雏效果。

2. 立体育雏(笼育)　立体笼养育雏较平面育雏更能经济有效地利用鸡舍和热能，既具有网上育雏的优点，又可提高劳动效率，但需要一次性投资大，电热育雏笼对电源要求严格，鸡舍通风换气要良好，并要求较高的饲养管理技术，现代化大型鸡场使用会收到更好的效益。育雏笼有多种样式，一般为 3～5 层叠式，笼内供暖用电热或热水管，每层笼高 30～35 cm，宽 120～130 cm，长度可根据鸡舍面积和养鸡数量决定，电热育雏笼每组长度为 400 cm 左右，可养雏鸡 1 000 只，保证每只鸡占笼底面积 1 600 mm^2。如果育雏育成都采用笼养，笼子的层数可减为 2～3 层，每层笼高 35～40 cm，并要求舍内通风换气严格，炎热季节应有降温设施。专用育成笼尺寸大小不一，每笼可养 10～35 只，应保证每只育成母鸡 14 周龄时 230 cm^2，18 周龄时 290 cm^2 的笼底面积。

笼养在管理中注意的问题是，由于饲养密度大，易引发啄癖，应及早断喙并保证营养供给，加喂沙砾；尽量保证各层笼光照强度均匀；经常保持舍内和笼具卫生，严格执行卫生防疫制度，尤其是防止呼吸道病的发生。对于育雏期实行笼养，到育成期转为平养或育雏、育成期笼养到产蛋期转为平养时，由于这样饲养的鸡没有接触足够数量的球虫卵囊，对球虫病的免疫力极差，应切实采取措施并提前给药预防球虫病的发生。实际生产中，为提高育雏率和保证育成鸡的体格发育，育雏期实行笼养、育成期也实行笼养或网上平养较好。

3. 育雏常用的供温设备

（1）保温伞　由热源和伞体等部件组成。其工作原理是热源发出的热量受到伞体保护，同时受热的伞体可将热能辐射到下面，达到保持伞内一定温度的目的。伞有方形、多角形和圆锥形等多种，可用薄铁皮、胶合板、尼龙布、塑料薄膜等制成。热源可用红外线灯和远红外线板、液化石油气、沼气或煤气等。较先进的可安装自控调温装置。为了便于收存，伞可制成折叠式。

使用伞形育雏器的优点是育雏最大，伞直径 1.5 m 的可育雏 500 只。雏鸡可在伞下自由进出选择适温，换气良好，使用方便，效果较好。适合平面育雏气候暖和季节和地区使用。

（2）烟道育雏　分地上式和地下式两种。地上式就是在地面上搭砌火墙，地下式是把烟道搭在地面下形成地炕。后一种形式热由地面上升，适合雏鸡经常伏卧地面休息的习性，且能保持垫料干燥温暖，效果较好。如果在烟道上方设置塑料薄膜保温棚，其效果良好，适合北方较寒冷地区早春育雏。

（3）热水管式供暖　设置锅炉，并在育雏室内安装水管，以热水散热供暖。这种形式供暖均匀稳定，室内空气新鲜，适于育雏数量多的次型鸡场采用，平面和立体育雏均可。

（4）红外线灯育雏　即用红外线灯泡散发出来的热量育雏。每盏灯 250 W 可以育雏 100 只。使用时可以几盏组连在一起，悬挂于离垫料 45 cm 高处，于第 2 周起每周将灯提高 8 cm 来调节温度，灯高直至 60 cm 为止。此法育雏效果也很好，但由于需要充足可靠的电源，室内又需另有加温设备，适合于平面小批量育雏、电源稳定可靠地区。

无论采用何种供温设施，关键是给雏鸡生长发育提供适宜的温度。所以，在选择育雏器的种类时应做到因地制宜、就地取材。北方广泛采用的火炕育雏、土暖气育雏等，温度恒定，省工省燃料，同样取得良好的育雏效果。由于育雏需要供温，应特别注意安全生产，做到“防火”、“防倒烟”、“防中毒”等。

（三）育雏的准备工作

为了获得满意的育雏效果，必须做好育雏的准备工作。

1. 育雏季节的选择 不同的季节育雏，对于现代化密闭式鸡舍影响不大，可以实行全年育雏，均衡生产。但对条件较差的开放式鸡舍，不同季节育雏效果很不一样，应当选择合适的季节进行育雏。另外，由于培育的新母鸡是商品鸡还是种鸡的不同，也需要根据市场情况和种蛋提供日期来选择合适的季节育雏。

实践证明，开放式鸡舍培育商品鸡以春季育雏最好。春季温度、湿度适宜，阳光充足，雏鸡生长发育迅速，体质健壮，成活率高，可在当年八九月份开始产蛋，开产期避开了酷热的夏季和寒冷的冬季，第一个产蛋期长，全年产蛋量高。而培育种雏的季节不宜过早，应将母鸡开产后的高产期安排在大批利用种蛋的季节。

秋季气候温暖、空气干燥，也宜于育雏，但因育成后期日照时间逐渐增长，控制光照不太容易，会导致母鸡过早产蛋，使成年体重小，蛋重量亦轻，产蛋持续期短，全年产蛋量低。

夏季育雏，由于气温酷热、阴雨绵绵，易患球虫病，育雏率低；而冬季又需耗费大量的燃料，雏鸡体质发育不良。夏冬季节不宜育雏。上述育雏的利弊，主要是考虑气候条件。实践证明：只要具有必要的条件，加强饲养管理措施，完全可以实行全年育雏，这不仅提高设备利用率，而且可保持全年均衡生产。

2. 育雏舍、育雏器、育雏用具的准备与消毒 育雏舍要在进雏前维修好，舍内要求保温良好、清洁、干燥、有利于通风换气。对于育雏笼和供暖设备要进行检修，使之能正常使用不发生问题。要检查料槽、水槽等是否损坏，数量要够。其他管理用具也要准备好，如温度计要校正、加温装备、抓鸡网、抓鸡钩、断喙器以及除粪用具等都要备齐。

育雏室的墙壁、烟道、地面、屋顶等处要先清扫，刷洗干净，干燥后可用药物消毒，如3%热火碱或3%克辽林溶液，还可利用10%～20%生石灰乳剂或0.1%新洁尔灭水溶液浸泡消毒，然后再用清水冲洗，晒干备用。舍内其他设备用具均应清洗消毒，最后将所有使用设备用具置于舍内，封闭门窗，进行熏蒸消毒，按每立方米空间用甲醛溶液15 mL、高锰酸钾7.5 g熏蒸，密闭1～2天。对于污染严重和曾育过雏的房舍可增加1～2倍药量进行熏蒸，为了节省药费开支，可用加热的办法直接煮沸甲醛溶液使之蒸发。熏蒸时为提高效果，应将舍温提高到 24～27℃，相对湿度达 75%左右。

育雏舍外运动场也要进行清扫消毒，清除杂草和污物，铲去表土 20～30 cm，换上新土或翻起地面撒布生石灰消毒。

3. 饲料、垫料和药品准备　育雏前要按雏鸡饲料配方备足所用饲料，特别是各种添加剂、矿物质饲料等，也可购进全价配合料，每只蛋用雏鸡育雏期需要全价配合料 1.2～1.3 kg。地面育雏时要备足垫料。常用的药物分消毒药、磺胺类药；呋喃类药和抗菌素类药等，应根据药物使用说明和实践经验掌握好用药量及使用方法。常用的疫苗亦应备好或预订好。

4. 预热试温增湿　在进雏前两天，育雏室和育雏器应升温预热，并增加室内湿度，进行试温，使其达到标准要求。详细记录温度变化情况，并应调节到接近育雏的温度，将各种育雏设备、用具安置好，以备进雏。

(四)雏鸡的饲养与管理技术

1. 雏鸡的饲养

(1)初生雏的接运　初生雏鸡腹内残留的部分未利用的蛋黄，可以作为初生阶段的营养来源，所以初生雏在 48 h 或稍长的一段时间内可以不喂饲，进行远途运输。但为确保雏鸡健康和以后正常生长发育，应待雏鸡分级、鉴别和防疫接种等后尽早启程运输，并根据路程远近决定运输工具，使其尽早达育雏室。

运输最好用专用雏箱，也可用厚纸箱和小木箱。箱的四壁应有孔洞或缝隙。专用雏箱，每箱 100 只，并分四个格以防挤压，替代箱也要注意不能过分拥挤。装运时要注意平稳，箱之间要留有空隙，并根据季节气候做好保温、防暑、防雨、防寒等工作。运输中要注意观察雏鸡状态，每隔 0.5～1 h 检查一次，防止因为闷、压、凉或日光直射而造成伤亡或继发疾病。

雏鸡运到育雏室后，要尽快卸车，连同雏箱一同搬到育雏舍内，稍息片刻后，便可将雏鸡轻轻放入育雏舍或育雏器内。

(2)饮水　雏鸡出壳后一直处在较高的温度条件下，育雏舍内温度也较高，空气又较干燥，雏鸡的新陈代谢又强，所以体内水分消耗很快。据研究，出壳后 24 h 体内水分消耗 8%，48 h 则达 15%，如果长时间得不到补给就会发生脱水，而严重影响以后的生长发育。另外，雏鸡生长发育过程中也需要大量水分。所以在饮食前应先饮水，在整个育雏期内，必须保证充足清洁饮水。尤其是在高密度立体育雏情况下更应注意。

饮水的方法是使用雏鸡饮水器，在雏鸡入舍后，即可令其饮水。最初可饮温开水，对于因长途运输发生脱水的雏鸡，可饮 1～2 天 5%～10%的糖水。对于不会饮水的雏鸡要注意调教，方法是将其喙浸入水中一下，帮助学会。平时应每天刷洗饮水器，并定期消毒。同时也应根据雏鸡周龄、体重、环境温度和饲料的质地成分等合理掌握雏鸡的每天饮水量，一般情况下，雏鸡的饮水量是采食量的 2～2.5 倍或体重的 18%～20%。

(3)开食和喂饲　初生雏第一次喂饲叫开食。开食要适时，过早开食雏鸡无食欲，过晚开食则影响雏鸡的成活率和以后的生长发育。实践证明，雏鸡出壳后 24～36 h，初次饮水后 2～3 h 开食为宜。

用混合料拌潮或干粉料开食均可。开食时，有些雏鸡不知吃食，要人工训练几次，力求每只雏鸡都学会吃食。为促使雏鸡吃食和便于所有雏鸡都能同时吃到食，头几天可将饲料直接撒布在深色塑料布上，或用 60 cm×40 cm 的开食专用料盘，每个可供 100 只雏鸡采食。以后可改用雏鸡食槽或料桶。喂湿料要分次喂饲。第 1 天根据开食时间可以喂饲 2～3 次，从第 2 天起每天可喂 6～8 次，到 4 周龄起改喂 5 次，7 周龄时改喂 4 次。食槽的高度应随雏鸡体高而调整，使槽的上缘与鸡背等高或略高于鸡背 2 cm 左右，以免鸡扒损饲料。随着雏鸡的长大，食槽和水槽型号要更换，并保证足够的数量，蛋雏鸡的饲料，按饲养标准结合雏群状况配制。从第 4 日龄起应在饲料中另加 1%的不溶性沙砾，以促进消化，特别是网上育雏和笼育，更应注意补给，沙砾应随鸡龄增加逐渐加大。

蛋用雏鸡 0～20 周龄每只需要配合饲料约 8 kg。实际耗料量依育雏季节、饲料能量水平、喂饲方法和鸡群健康状态等而不同。褐壳蛋鸡不限饲时，其耗料量约多 10%。

2. 雏鸡的管理　雏鸡管理的任务是创造适宜的环境条件，采取必要的管理技术，保证雏鸡正常生长发育，提高育雏率。

(1)温度　温度与雏鸡的体温调节、活动、采食、饮水、饲料的消化吸收、抗病能力和生长发育等，都有重要的关系，生产实践证明：适宜的温度是养好雏鸡的关键。温度过高，雏鸡食欲减退，大量失水，代谢受阻，生长发育迟缓，体质软弱，抵抗力下降，容易患感冒或感染呼吸道疾病以及诱发啄癖等。温度过低，雏鸡不爱活动，影响生长，易诱发白痢病，而且造成挤压伤亡。育雏温度还应随雏鸡的周龄增加而逐渐降低，使雏鸡逐步适应环境温度，以增强体质，切记温度不能忽高忽低。

育雏温度是否合适，可以看温度计，同时应通过观察鸡群的精神状态和活动表现来判断。在高度 5 cm 处；相当雏鸡背高位置。测量育雏舍温度时温度计应挂在远离热源和门窗的墙上，离地面 1 m 处。育雏器和育雏舍应有一定温差，以利于空气流动和雏鸡根据自身需要选择适温区域。

笼式育雏的温度指笼内的温度，即离底网 5 cm 高处雏鸡活动场所的温度，一般可比平面育雏温度低些。

除测定育雏温度外，应特别注意“看雏施温”。当温度正常时，雏鸡精神活泼，食欲良好，饮水适度，羽毛光泽整齐，睡眠安静，睡姿伸展舒适，多呈伏卧式，整个育雏舍内雏鸡分布均匀。温度高时，雏鸡远离热源，常展翅站立、张口喘气、食欲不好，大量饮水，甚至引起中暑。温度低时，雏鸡近靠热源，密集成堆，绒毛耸立，身体团缩，食欲、饮水均不好，睡眠不安，常发出“唧唧”叫声。

(2)湿度　湿度与鸡体内水分蒸发、体热散发和鸡舍清洁卫生密切相关。育雏初期湿度适宜有利于腹内蛋黄吸收，防止体内水分过量散失而造成脱水和导致雏鸡饮水过多，发生下痢，10 日龄后湿度应当适当降低，这对雏鸡羽毛生长和防止球虫病及呼吸道疾病的发生有一定的作用，因为此时雏鸡的羽毛生长快，排粪量增多饮水量增加易造成潮湿。

适宜的相对湿度为：1～10 日龄 60%～65%，10 日龄以后 50%～60%。为增加育雏舍内温度，常采用在舍内放置湿草捆、水盘、湿沙盘或水蒸气等。防潮办法是加强通风换气，勤换垫料，及时清理粪便，防止水槽漏水等。

育雏舍湿度是否合适，除看湿度计外，也可通过人的感觉和雏鸡表现来测定。湿度合适时，人进舍感到舒适，不鼻干口燥，雏鸡的蹠、趾间润泽细嫩，羽毛光亮整齐，雏鸡活动时无灰尘。

(3)换气　换气的作用是排除舍内污浊空气，换进新鲜空气，并调节舍内温度和湿度。雏鸡代谢旺盛，需要氧气量和排出二氧化碳量都较大，粪便分解还会产生大量的氨和硫化氢等有害气体。这些有害气体如不及时排出，氨气达到 20×10^{-6} 以上浓度会影响雏鸡健康，甚至诱发疾病。

开放式育雏舍，主要靠开启门窗，利用自然通风换气。在冬春较冷季节，为防止冷风直接吹入，在换气窗上应装钉纱布以缓解气流。密闭式鸡舍靠动力通风换气。对通风量的要求是冬季 0.03～0.06 m^3/(min・只)，夏季 0.12 m^3/(min・只)。在无测量仪器时，舍内通风换气是否正常，主要以人进入舍内有否气闷和呛鼻子，辣眼睛、过分臭味来测定。

(4)光照　光照与雏鸡健康和发育有密切关系。鸡接受光刺激后，经眼睛的视网膜神经传到脑下垂体，促进性腺分泌，一方面加快机体生长发育，另一方面刺激生殖系统加速发育成熟。体重过大、开产过早的鸡产蛋期生产性能差。

①光照原则：随着鸡龄增加，每天光照时间要保持恒定或逐渐减少，不能增加，但最少光照不能少于 8 h。如果光照过长或逐渐增加，母鸡体大过早性成熟。

②光照方法：密闭式育雏舍，雏鸡。0～3 日龄，每昼夜光照 23～24 h，光照强

度为 10～20 lx。4 日龄至 20 周龄，每昼夜光照 8 h，光照强度约 10 lx，21 周龄开始过渡到产蛋期光照。为了促进生长，特别是在育成期采用适当限饲的情况下，为了使鸡的体重达到标准，将育雏开始时光照时间延长，然后采取逐渐减少的办法会获得较好的育雏效果。

开放式育雏舍的光照方法，0～3 日龄每昼夜光照 23～24 h，4 日龄至 20 周龄要根据各地日照时间和出雏时间不同灵活掌握。对于育成期自然光照时间逐渐减少时，可按自然光照。如果自然光照逐渐增加时，则应控制光照，方法有两种，一种是恒定法，首先查出该批鸡达 20 周龄时这期间最长一天的白昼时间，用此时间做为全期给光时间。另一种是逐减法，查出该批鸡达 20 周龄时白昼时间后，在此时间上加 7 h 作为 4 日龄的光照时间，以后每周减少光照 20 min，到 20 周龄时恰好为当地白昼时间，如某批鸡达 20 周龄时白昼时间为 11 h，则以 18 h 为 4 日龄光照时间，以后每周减少 20 min，到 20 周龄时减至 11 h。到 21 周龄后过渡到产蛋期光照。开放式鸡舍光照强度同密闭式鸡舍。

(5)密度　饲养密度指每平方米地面或笼底面积容纳雏鸡数。它与雏鸡的生长发育和健康等有密切关系。密度过大，闷热拥挤，影响运动，干扰饮水，造成舍内空气污浊，容易发生啄癖，发育不整齐，成活率低。密度过小，冬季不利于保温，房舍和设备利用率低，育雏成本高。

在考虑密度的同时，应注意鸡群大小，若是大型商品鸡场，育雏舍内不设隔栏，每群可以 1 000～2 000 只。如果是种雏，则以小群为好，每群 300～500 只为宜，并应随着雏鸡增长，在 6～8 周龄时，实行公母分养。强弱也要分群以便于管理。在疏散密度时，为避免变动鸡群，可在育雏开始前将一栋育雏舍用隔栏隔开，留出一部分空舍，逐渐扩大使用面积，而不转群，减少对鸡群的不良影响。

(6)断喙　现代化大群养鸡，为了防止啄癖和减少饲料损失，使鸡生长均匀度好，多实行断喙。断喙一般进行两次，第一次在 6～9 日龄，第二次在 12 周龄。方法是用断喙器或烧热的手术刀以及 300 W 以上的电烙铁均可。将上喙从鼻孔到喙尖断去 1/2，下喙断去 1/3。用断喙器断喙时，操作者一手轻握鸡雏，拇指压住头顶，食指轻压咽喉部，防止烧伤舌头，切的时候将雏鸡头向下方倾斜，便可一次同时切掉上下喙。注意断喙时要切、烙结合，不能过快，以防出血，一般每分钟不超过 15 只，但也不能过于烧烙以免伤其深部组织造成断喙后喙过短。种用小公鸡只去喙尖，以免影响配种。断喙后要供给充足的清水，料槽中的饲料可多加一些，以便于采食。为减少断喙引起的应激和防止出血可在断喙前后和当天，每吨饲料中加入 5～8 g 维生素 K，或在饮水中加水溶性维生素 K。断喙应与接种疫苗错开进行。第二次断喙只是将第一次断喙不整齐的进行修补或新生长出的角质部分烧掉。关键是第一次断喙。一定要按要求做好。多次用过的断喙器,应注意消毒,以防传播疾病。

(7)看护　育雏期间,除了供给雏鸡完善的营养和创造良好的环境条件外,还要周密地看护,使雏鸡不受任何意外伤害。要经常注意采食、饮水情况、精神状态、检查粪便是否正常,是否有啄癖发生,饲槽、饮水器是否够用,夜间雏鸡休息时听一听有否呼吸异常音响,要时时注意天气变化,随时按要求调整温湿度和通风换气,防止感冒。特别要注意夜间值班,防止野兽、老鼠等危害鸡群。

另外,还要严格执行消毒、防疫制度,做好疾病预防工作,防止发病。

二、育成期的饲养与管理

育雏期末到鸡性成熟为育成期,指 7～20 周龄。这个阶段饲养管理的好与坏,极大决定了鸡性成熟后的体质、产蛋状况和种用价值,切不可忽视。育成期的饲养管理任务是:培育具有优良繁殖体况、健康无病、发育整齐一致、体重符合标准的高产鸡群。

(一)育成鸡的生长发育特点

1. 各个器官发育趋于完成、机能日益健全

(1)体温调节机能　雏鸡达 4～5 周龄时,全身绒毛脱换为羽毛,并在 8 周龄时长齐以后,几经脱换最终长出成鸡羽,鸡体温调节机能逐步健全,使鸡对外界的温度变化适应能力增强。

(2)消化机能　随着雏龄的增加,消化器官特别是胃肠容积增大,各种消化液的分泌增多,对饲料的利用能力增强,到育成期末,小母鸡对于钙的利用和存留能力显著地增强。

(3)生殖机能　育成鸡在 10 周龄时,性腺开始活动发育,以后发育很快,到 16～17 周龄时便接近成熟,但这时身体还未发育成熟,如果不采取适当饲养管理措施,小母鸡便提早开产,而影响身体发育和以后产蛋。

(4)防御机能　育成期除了鸡体逐渐强壮和生理防御机能逐步增强外,最重要的是免疫器官也渐渐发育成熟,从而能够产生足够的免疫球蛋白,以抵抗病原微生物的侵袭。所以,育成期应根据鸡群状态和各种疫病流行发生特点,定期做好防疫接种工作。

2. 体重增长与骨骼发育处于旺盛时期　据研究,育成期的绝对增重最快,如果以育成期体重的绝对增重为 100%,育雏期为 80%,产蛋期仅为 25%左右。尤其是褐壳蛋鸡育成期体重增长更快,13 周龄后,脂肪沉积量增多,可引起肥胖,所以一般应在 9 周龄以后实行适当限饲。骨骼在此阶段发育也很快,到 16～18 周龄时，蹠骨长度即达成年标准，身体其他部位的骨骼也基本发育完成。

3. 群序等级的建立 养鸡是实行群饲，在鸡群中，群序等级的建立是不可避免的，是鸡群的一种正常的行为表现，它对正常生长发育也有一定影响。研究资料表明，鸡群在8～10周龄时开始出现群序等级到临近性成熟时已基本形成。如果此期间经常变动鸡群，会使原群序等级打乱而重新建立，这会干扰鸡群的正常生长发育。鸡群中，位于群序等级末等的鸡只，会因饲槽、水槽以及休息运动不好，从而导致鸡群发育不整齐。所以，育成期保持鸡群和环境相对稳定、供给足够的食槽、水槽以及适宜的空间非常重要。

（二）培育育成鸡的标准要求

育成鸡的培育标准主要有体重和育成率。

1. 体重标准和要求 育成期保持合适体重的重要性在于：保证育成鸡群在该鸡种规定的体重标准和周龄达到性成熟。

育成鸡体重的增加主要取决于肌肉的生长和脂肪的沉积。肌肉生长不良使鸡过瘦或脂肪沉积过多使鸡过肥，都会影响以后产蛋。而骨骼发育的好坏也决定着育成鸡的体质状况，骨骼发育正常才能具有健壮的体质。因此，育成期应促进骨骼、肌肉生长，降低脂肪沉积。

同时，还要使鸡群发育整齐一致。现代鸡种要求育成期体重的均匀度达到80%以上，即在平均体重±10%范围内的鸡只应占鸡群的80%以上。例如，白壳蛋鸡在18周龄母鸡的标准体重是1 410 g，±10%的范围为1 269～1 551 g，如果称重的鸡只有80%在此范围内即符合标准要求。

2. 育成率标准及要求 现代鸡种要求育成率应达94%以上。育成率主要受环境条件的影响，包括设备条件、营养水平、管理技术、防病措施等。为了提高育成率应从上述几个条件着手，根据育成鸡的生长发育规律特点，满足其需育成鸡的饲养与管理技术。

（三）育成鸡的饲养技术

根据育成鸡的生理特点和生产目的，调整饲料组成，适当控制饲料给量和锻炼其体质发育是育成鸡饲养的主要技术工作。

1. 逐渐降低能量、蛋白质等营养的供给水平 育成期如果仍然供给育雏期的饲料，就会使鸡发育过快、过肥，将会导致成年后的生产性能和种用价值降低。所以，育成期应随着育成鸡的生长，逐步降低饲料中的蛋白质、能量等营养水平，保证维生素和微量元素的供给。这样，可使生殖系统发育变缓，又可促进骨骼和肌肉生长，增强消化系统机能，使育成鸡具备一个良好的繁殖体况，能适时开产。减少饲料中蛋白质、能量的原因是，由于采食量与日俱增，每天的蛋白质摄入量就会增加，如果饲料中蛋白质水平不逐渐减少，就会超出实际需要量，这样不但会提高饲料成本，还会使鸡体重过大，生殖系统发育过快，提早产蛋，而影响以后生产能力的发挥。而使用低能量的含粗纤维较多的饲料，降低饲料中的能量；不仅降低了饲料成本，更主要的是随着鸡消化器官的发育，以利于锻炼胃肠，提高对饲料的利用率，同时，还可降低脂肪的过多沉积。应当强调的是，在降低蛋白质和能量水平时，应保证必需氨基酸，尤其是限制性氨基酸的供给。

育成鸡每日蛋白质需要量可分三个部分，即组织生长需要、维持需要和羽毛生长需要。

在生产中，应根据育成鸡每天的采食量和标准要求增加的体重克数来掌握其应该食入的蛋白质数量，从而配制合理的育成期饲粮。

2. 限制饲养　蛋用型鸡在育成期适当的限制饲养，其目的在于提高饲料利用效率，控制体重和适时开产。

(1)限制饲养的作用　有些鸡种在育成期只降低饲料中蛋白质等营养物质水平仍不能控制体重增长和脂肪的沉积，采用适当地限制饲养可获得合适体重；节省饲料成本 10%～15%；由于限制饲养过程中，不健康的鸡耐受不住而被淘汰，可提高产蛋期存活率。

(2)限制饲养的方法　有限时法、限量法和限质法等。限时法即限定喂饲时间，又分每天限时和每周限时(每周停喂 1 天或 2 天)。限量法即限制饲料的供给量，是蛋用鸡多采用的方法，一般限制自由采食量的 10%，多与限时法结合使用。限质法即限制饲料的质量；而不限制采食量，由于这种方法是打破饲料的营养平衡，掌握不好易使鸡体质太差，一般不采用。

实施限制饲养时，要以本鸡种的标准体重为依据，考虑鸡群状态、技术力量、鸡舍设备、季节、饲料供应等具体条件决定。在我国目前生产水平下，可考虑在褐壳蛋鸡的育成期采用，白壳蛋鸡一般不限饲。

(3)限制饲养应注意事项

①开始限饲时间。一般应在 9 周龄开始之日起实行。以前均可自由采食。

②限制的体重减少范围。到 20 周龄时白壳蛋鸡体重较自由采食的鸡低 7%～8%，褐壳蛋鸡低约 10%。限制饲养期间应定期称重，一般每周或每两周喂前称重一次，与标准体重比较，差异不能超过±10%。如果出现偏高或偏低的鸡只，应按大、中、小分三群，体重大的不减少饲料给量，但随着鸡龄增长不增加给料量，体重达到同期标准后，再增加给量；体重小的可适当增加饲料量。

③设置足够饲槽、水槽，并在舍中均匀分布，以保证每只鸡都有采食位置。

④限饲前要做好免疫接种和驱虫工作。

⑤限饲过程中,如果鸡群发病,接种疫苗、转群等,暂时停止限饲,待消除影响后再恢复进行。

⑥限饲应与光照相配合,保证育成鸡在适宜周龄和标准体重范围内开产。

⑦在停饲日不要喂给沙砾,以防止鸡过食沙砾影响以后正常采食。

(四)育成鸡的管理技术理、日常管理和开产前管理

1.前期管理根据育成时期可分为前期管

(1)脱温　随着鸡体增长,到 6 周龄时各种生理机能已经健全,羽毛长齐,对外界温度变化适应能力增强,要逐步停止给温,以利于更好地生长发育。一般早春育雏可在 6 周龄脱温,晚春、初夏育雏 3~4 周龄即可脱温。具体脱温时间,各地应根据育雏季节、雏群体质状况、育雏方式、设备条件等灵活掌握。脱温要有个过渡时期,使鸡群逐步适应,不能突然停止给温,开始时可以白天停温,夜晚给温,晴天停温,阴雨天给温,并逐渐减少每天给温时间,最后 1 周左右完全脱温。脱温期间饲养人员要注意观察鸡群,特别是夜间和阴雨天应严密观察,防止挤堆压死,保证脱温安全。

(2)上栖架　地面平养时,随着脱温要训练鸡上栖架,上栖架不但有利于鸡体健康,而且可以防止鸡群挤堆造成伤亡。栖架可用直径为 3~5 cm 木棍或 4 cm×6 cm 木条制成,一般蛋用型育成鸡每只应有 10~15 cm 的位置,成鸡应有 15~20 cm。栖架样式可是斜立梯式,也可是平架,高度为 40 cm~60 cm,栖木间距 30~35 cm,最好做成可移动的,以便于清扫鸡舍和搬到舍外消毒。因为鸡有栖息蹬高的习性,所以训练上栖架并不困难,只要最初几天晚上将少量仍在地面伏卧的鸡抓到栖架上即可。

(3)转笼或下笼　笼育的幼雏进入育成期后,要转入中雏笼或改为平养,以利于发育。刚转笼或下笼的鸡不习惯新的环境,需要几天的适应时间,所以最初几天应加强看护,当天晚上不要关灯,以防因环境变化,挤堆造成死亡。

2.日常管理

(1)体重与体尺的称测　为了掌握雏鸡的发育情况,应定期随机抽测 5%~10%的雏鸡体重和蹠长,与本鸡种标准比较,如发现有较大差别时,应及时修订饲养管理措施。鸡跪骨长度可表明鸡体骨骼发育程度。所以,通过测量蹠骨长度可估测体格发育情况。为培育出健壮、高产的新母鸡提供参考依据,实行科学饲养。

(2)做好卫生防疫工作　为了防止疾病发生,除按期接种疫苗、预防性投药、驱虫外,要加强日常卫生管理,经常清扫鸡舍,更换垫料,加强通风换气,疏散密度,严格消毒等。

(3)保持环境安静稳定,尽量减缓或避免应激　由于生殖器官的发育,特别是在育成后期,鸡对环境变化的反应很敏感。在日常管理上应尽量减少干扰,保持环境安静,防止噪声,不要经常变动饲料配方和饲养人员,每天的工作程序更不能变动。调整饲料配方时要逐渐进行,一般应有 1 周的过渡期。断喙、接种疫苗、驱虫等必须执行的技术措施要谨慎安排,最好不转群、少抓鸡。

(4)淘汰病、弱鸡　为了使鸡群整齐一致,保证鸡群健康整齐,必须注意及时淘汰病、弱鸡。除平时淘汰外,在育成期要集中两次挑选和淘汰,第 1 次在 8 周龄前后,选留发育好的,淘汰发育不全、过于弱小或有残疾的鸡。第 2 次在 20 周龄前后,或结合转群时进行,挑选外貌结构良好的,淘汰不符合品种特征和过于消瘦的个体。

3. 开产前的管理

(1)转群　如果育成期和产蛋期不在同一舍,应在鸡开产前及时转群,使鸡有足够时间熟悉和适应新的环境,以减少因环境变化给开产带来的不良影响。蛋用型鸡一般在 17～18 周龄时转群。限饲的鸡群,转群前 48 h 应停止限饲。转群当时应在鸡正好休息时间内,不要在刚刚吃完料后或喂饲前进行。为减少惊扰鸡群,可在夜间进行,将鸡舍灯泡换小瓦数或绿色灯泡,使光线变暗,或白天将门窗遮挡好,以便于抓鸡,捉鸡时要抓两腿,轻抓轻放。转群后的 1～2 周应做好向产蛋期过渡工作,如调换饲料配方、增加光照等,准备产蛋。

(2)设置足够的产蛋箱　实行平养的鸡在开产前必须准备好产蛋箱,否则会造成窝外蛋增多。因为鸡有在固定地点产蛋的习惯,以后即使添置了产蛋箱,产窝外蛋的鸡也不易在短时间内改变过来,所以在开产前应把产蛋箱放入舍内,安在光线较暗处。每 4～6 只鸡应有 1 个产蛋窝,窝内铺垫草,并保持垫草清洁卫生。产蛋窝的尺寸为长 30 cm、宽 27 cm、高 30 cm。为减少占地面积,产蛋箱宜制成叠层式,一般为 2～3 层,下层距地面 50 cm。在每层产蛋窝前应设有可以上翻的脚踏板,白天放下,便于鸡入窝产蛋,夜间翻起挡住窝门,防止鸡进入窝内栖息。

4. 编制育雏育成期管理程序表　为了便于管理,有计划地搞好育雏育成期的工作,应在每次育雏前编制管理程序表。

三、产蛋期的饲养与管理

鸡群从开始产蛋到淘汰的期间叫做产蛋期。一般多指 72 周龄,对于实行强制换羽的鸡群,则包含着下一个产蛋期的饲养与管理旨在提高鸡群的产蛋量和蛋的品质,降低耗料比和死亡淘汰率。

(一)产蛋鸡的生理特点和产蛋规律

1. 产蛋鸡的生理特点

(1)开产后身体尚在发育　刚进入产蛋期的母鸡,虽然性已成熟,开始产蛋,但身体还没有发育完全,体重仍在继续增长,开产后 20 周,约达 40 周龄时生长发育基本停止,体重增长极少,40 周龄后体重增加多为脂肪积蓄。

(2)产蛋鸡富于神经质,对于环境变化非常敏感　母鸡产蛋期间对于饲料配方变化;饲喂设备改换;环境温度、湿度、通风、光照、密度的改变;饲养人员和日常管理程序等的变换以及其他应激因素等,都会对产蛋产生不良影响,影响鸡的生产潜力充分发挥。

(3)不同周龄的产蛋鸡对营养物质利用率不同　母鸡刚达性成熟时(蛋用鸡在 17～18 周龄),成熟的卵巢释放雌激素,使母鸡的"贮钙"能力显著增强。随着开产到产蛋高峰时期,鸡对营养物质的消化吸收能力很强,采食量持续增加。而到产蛋后期,其消化吸收能力减弱而脂肪沉积能力增强。

(4)换羽的特性　母鸡经一个产蛋期以后,便自然换羽。从开始换羽到新羽长齐,一般需 2～4 个月的时间。换羽期间因卵巢机能减退,雌激素分泌减少而停止产蛋。换羽后的鸡又开始产蛋,但产蛋率较第一个产蛋年降低 10%～15%,蛋重提高 6%～7%,饲料效率降低 12%左右。产蛋持续时间缩短,仅可达 34 周左右,但抗病力增强。

2. 鸡的产蛋规律　母鸡产蛋具有规律性,就年龄讲,第一年产蛋量最高,第二年和第三年每年递减 15%～20%。就第一个产蛋年讲,产蛋随着周龄的增长呈低—高—低的产蛋曲线。

根据母鸡产蛋特点,产蛋期间可划分三个时期,即始产期、主产期和终产期。

始产期:个体母鸡从产第一枚蛋到正常产蛋开始,约经 1 或 2 周为始产期。鸡群的始产期,一般是指产蛋率 5%～50%的期间,为 3～4 周。此期中,母鸡的产蛋模式不定,如:产蛋间隔时间长、双黄蛋和软壳蛋较多、1 天内产 1 枚畸形蛋、1 枚正常蛋。

主产期:是母鸡产蛋年中最长的时期。此期母鸡的产蛋模式趋于正常,每只母鸡均具有自己特有的产蛋模式。产蛋率上升很快,在 27～30 周龄达产蛋高峰并持续一段时间,然后以每周 0.7%～1%的速度缓慢下降。

终产期:此期相当短,产蛋率迅速下降,直到不能产蛋为止,6～8 周时间。

根据母鸡产蛋期间的三个时期产蛋规律,其产蛋曲线有三个特点:即产蛋率上升快、下降平稳和不可补偿性。现代鸡种开产至产蛋高峰只需 3～4 周时间,产蛋率上升非常快;产蛋高峰过后,产蛋率下降缓慢,而且平稳,到 72 周龄淘汰时,产蛋率仍可达 60%,从产蛋高峰期算起,经 40 多周时间,产蛋率仅下降 25%～30%;在养鸡生产中,如果由于营养、环境条件等方面因素的不良影响,导致母鸡产蛋率下降时,产蛋曲线出现下滑,恢复后,产蛋曲线不会超出标准,产蛋率下降部分不能得到补偿。

实际生产中,鸡群的产蛋率与标准比较,会有一定幅度的升降。蛋重随着鸡龄增加逐渐增加,初产蛋重较小,为 46～49 g。43 周龄后只有微小增加,到第一个产蛋年未达最大,约为 65 g。以后趋于稳定,保持到第二年。第二个产蛋年后,随年龄增加,蛋重逐渐减小。

(二)产蛋期的饲养

1. 产蛋鸡的营养需要 产蛋鸡的体温高,物质代谢旺盛,产蛋多。现代化高产鸡群年平均产蛋量可达 280 枚,年总产蛋量为 15 kg 以上,是鸡体重的 10 倍。除此之外,新母鸡本身体重还要增加 25%左右,所以母鸡在一个产蛋年中必须吃相当于体重 20 多倍的饲料,并且要求营养全面。

(1)能量需要 产蛋鸡的一切生理活动以及蛋的形成和产出都需要能量。并且鸡有根据饲料中能量高低来改变采食量的特点,饲料中能量高时,采食量少些,饲料中能量低时,采食量多些。采食量发生变化后,其他营养成分的摄入量也随之发生改变。所以,在配合鸡的饲料时,应首先确定适宜的能量,然后在此能量基础上确定其他营养成分的需要量。

①能量的来源:饲料中碳水化合物和脂肪是能量的主要来源,蛋白质多余时也分解产生能量。碳水化合物包括淀粉、糖类和纤维,由于鸡对纤维消化能力极差,而蛋白质、脂肪的成本又高。所以,淀粉作为鸡饲料中的能量来源最便宜合适。淀粉又可以转化为脂肪,故不易造成脂肪缺乏,只是亚油酸不能在鸡体内转化合成,需从饲料中供给。

②能量的利用:产蛋鸡对能量的利用可分两部分,一部分用于维持需要,另一部分用于生产需要。维持需要占 2/3,生产需要仅占 1/3。而且鸡每天从饲料中摄取的能量首先满足维持需要,然后才用于生产需要,因此,饲养产蛋鸡,必须在维持需要上下功夫,否则鸡就不产蛋或产蛋较少。影响维持需要的主要因素是鸡体重的大小、活动量越多维持需要越多,笼养鸡活动量小较地上散养维持需要就少,环境温度越低维持需要越多。所以,保持蛋用鸡适宜的体重、实行笼养,保证合适温度是减少维持需要,降低饲料成本,增加经济效益的措施之一。另外,生产水平越高,生产需要越多,相对的维持需要就少。从生产实际的角度讲,体小、产蛋量高、蛋重大、成活率高的鸡群,饲料效率最高。

③能量需要标准:蛋用鸡能适应一定饲料能量范围。经试验证明,白壳蛋鸡在

代谢能范围为10.89～13.82 MJ/kg时，能够调整饲料采食量来满足其能量需要。在合适的环境温度下，蛋用鸡获得营养平衡的饲料时，白壳蛋鸡每天每只需代谢能1.26～1.34 MJ；褐壳蛋鸡需1.47～1.55 MJ。而当环境温度不合适时，即过冷或过热，每天的代谢能需要量就要改变，过冷需要的多，过热需要的少。所以，在考虑能量需要时，要注意到不同季节的温度影响。

(2)蛋白质需要　产蛋鸡对蛋白质的需要不仅要从数量上考虑，更重要的是要从质量上注意。

①蛋白质的需要量：需要量的多少受鸡体重大小、产蛋率的高低和不同周龄等的影响，体重1.8 kg的母鸡，每天维持需要3 g左右蛋白质，产1枚蛋需要6.5 g蛋白质，当产蛋率在100%时，维持和产蛋的饲料中蛋白质的利用率为57%，故每天需从饲料中获得17 g左右的蛋白质。

②氨基酸的需要：鸡对蛋白质的需要实质上是对必需氨基酸的种类和数量的需要，即氨基酸在饲料中是否平衡。产蛋鸡必需的氨基酸有12种，包括蛋氨酸、赖氨酸、色氨酸、亮氨酸、精氨酸、组氨酸、异亮氨酸、苏氨酸、苯丙氨酸、缬氨酸、酪氨酸和胱氨酸。由于蛋氨酸、赖氨酸和色氨酸在一般谷物中含量极少，鸡在利用其他各种氨基酸合成蛋白质时，均受到它们的限制，称为限制性氨基酸。当在较低蛋白质水平的饲料中添加适量的限制性氨基酸时，可提高其他氨基酸的利用率，从而降低饲料成本，又能提高产蛋量。生产中，在产蛋鸡的饲料中，按饲养标准对氨基酸的需求量适当加入限制性氨基酸而不加鱼粉是可行的。当然，动物性蛋白质饲料中除氨基酸组分完善外，还有维生素 B_1 和未知生长因子，它们对提高产蛋量和种蛋受精率及孵化率具有一定作用。所以，配制产蛋鸡(特别是种鸡)饲料时，在氨基酸平衡的情况下，添加少量的优质鱼粉，其实质是保证对维生素 B_{12} 和未知生长因子的需要。

蛋白质和氨基酸的需要量的表示方法有两种，一种是粗蛋白质和氨基酸占饲料质量的百分比，另一种是蛋白或氨基酸与能量之比。

(3)矿物质需要　天然饲料中常常不能满足产蛋鸡对某些矿物质的需要，必须另外补加矿物质饲料或添加剂。产蛋鸡必需的矿物元素有14种，包括钙、磷、钠、钾、氯、镁、锰、锌、铁、铜、钼、硒、碘、钴。

①钙和磷：钙对产蛋鸡是至关重要的，因为蛋壳中约含有35%的钙。每枚蛋壳重6.3～6.5 g，含钙2.2～2.3 g，饲料中钙的总利用率按50%计算，每天应供给产蛋母鸡3.0～3.2 g钙。在产蛋高峰期，母鸡需要的钙量还要多些。当饲料中短期缺钙时，鸡体动用贮存的钙形成蛋壳，维持正常产蛋。当长期不足时，鸡体贮存的钙满足不了需要，则产软壳蛋，甚至停产，同时，鸡还会患软骨症。

由于粉状钙质饲料在鸡肠道内存留时间很短，排出的多，利用得少，而颗粒状钙质饲料可在肠道内存留较长时间，能被充分利用。所以产蛋鸡饲料中应有一定量的颗粒状钙质饲料。实践证明，饲料中的钙应有30%～50%为钙粒。另外，如果饲料中粉末状钙质饲料比例过大还会使适口性下降，影响鸡的采食量。因此，有必要另设饲槽供给颗粒状钙质饲料，任鸡自由采食。

磷是骨骼、蛋壳的组成成分，同时有助于营养代谢，对钙的正常吸收利用也有一定的作用。由于产蛋鸡对于谷物中的植酸磷利用率低，仅为30%～50%，而对于无机磷利用率可视为100%，因此，饲料中必须有一定量的无机磷。实践证明，无机磷应占总磷的1/3以上。

最近的研究结果表明，产蛋母鸡饲料中3.5%的钙和0.3%的可利用磷，对于提高产蛋量和蛋壳质量是最有利的。

②钠和氯：在血液、胃液和其他体液中钠和氯含量较多，有重要的生理作用。在饲养产蛋鸡时，多以食盐的形式补给。实践证明，当饲料中食盐不足时，则鸡的消化不良，食欲减退，易发生啄癖，体重和蛋重减轻，产蛋率下降。但也不能过多，否则会引起鸡中毒。

③锰：锰与骨骼生长和繁殖有关。缺乏时产薄壳蛋，蛋的破损率增高，产蛋率和孵化率下降。

④锌：锌在鸡体内分布很广，很多组织中都含有锌。缺锌时，母鸡产蛋率下降，种蛋孵化率降低，孵出的鸡雏骨骼发育受损严重，弱雏率增高。其他的许多矿物质元素在维持产蛋鸡的正常生理和保证产蛋量上都很重要，但大部分在饲料中不易缺乏，有些则在特定环境条件下需要添加，例如喂给产蛋鸡缺硒饲料时，应补加硒。

(4)维生素需要　由于鸡不像家畜那样能靠肠道中的大量微生物合成维生素，所以，必须由饲料中供给。而且随着现代化养鸡生产的发展，给产蛋鸡造成的应激因素增多而影响产蛋。维生素对于缓解和减少应激反应有重要的作用，因此，产蛋鸡对维生素的需要量也有所增加。产蛋鸡必须从饲料中摄取的维生素有13种，其中脂溶性有维生素A、维生素D、维生素E、维生素K 4种；水溶性有维生素B_1、维生素B_2、维生素B_6、烟酸、泛酸、生物素、叶酸、维生素B_{12}和胆碱9种。另外，维生素C虽然可在鸡体内合成，但因为它可以缓解热应激，尤其是在现代高密度饲养条件下有补充的必要。下面仅就脂溶性和水溶性两大类维生素的特点加以说明。

①脂溶性维生素：都可溶于脂类和脂溶剂，而不溶于水。当产蛋鸡脂肪吸收不良时，它们吸收也随之减少，而引起缺乏症。尤其是饼粕类饲料在贮存中保存不良或受热而造成脂肪变性，会大大降低其中脂溶性维生素的含量和效价，使用时应注意补充。最近的一些研究表明，脂溶性维生素对于改善鸡蛋的品质具有一定的作

用;维生素 A、维生素 E 对维持和增强产蛋鸡的免疫功能有重要的作用。

②水溶性维生素:这类维生素除维生素 B_{12} 外都不能在体内贮存,给量过多便排出体外,所以,应当保证不断供给。水溶性维生素会因饲料受热、受潮以及阳光直射等的影响而大幅度降低含量,在配合饲料时应加以注意。

由于维生素的作用机制和相互之间的关系以及维生素与其他营养物质的关系很复杂,在生产中,为尽力保证产蛋鸡饲料中的最佳需要,要根据饲养标准,结合现场实际,包括饲料条件、饲喂方式、管理水平和产蛋鸡所处的生理阶段以及生产水平等,综合考虑。切不可盲目过多添加,否则,不但会增加饲料成本,还会引起营养不平衡。

2. 饲料形式和喂饲方式 产蛋鸡饲料形式分粉料和粒料。粉料是把饲粮中全部饲料调制成粉状,然后加入维生素、微量元素等添加剂混拌均匀。粉料优点是鸡不能挑食,使鸡群都能吃到营养全面的配合饲料,适于各种类型和不同年龄的鸡。产蛋鸡的粉料不宜过细,否则易飞散损失和降低适口性。粒料指整粒的或破碎的玉米、高粱、麦粒、草籽等,适口性好,鸡喜欢采食,在消化道中存留时间较粉料长,适宜冬季傍晚最后一次喂饲。缺点是单纯喂粒料,营养不完善,在使用上应与粉料搭配。

喂饲方式有两种,一种是干粉料自由采食,多用干料桶或拉链喂料机喂饲。优点是鸡随时可吃到饲料,强弱鸡营养差距不大,节省劳力。另一种是湿粉料分次喂饲,每日把饲料分几次用水或鱼汤、青菜汁拌湿喂给产蛋鸡。其优点是适口性好,鸡喜欢吃,采食量大。缺点是弱鸡往往采食不到足够的营养,造成强弱差距加大,增加淘汰鸡数量。湿料分次喂饲每天 4~5 次,春、秋季节太阳出来喂第一次,晚上日落前 1 h 喂最后一次;夏季因天气炎热,应集中在早晚喂饲;冬季夜间长,应提早开灯喂鸡。分次喂饲的次数与时间确定之后,不要轻易变动,以免影响产蛋。

产蛋鸡每只每天采食 100~120 g 配合饲料。要根据天气和产蛋量的变化,调整喂饲量,每天饲料量要有记录。要注意产蛋鸡的供水,特别是干粉料自由采食时,更应保证经常不断,产蛋鸡的饮水量为采食量的 2~3 倍。

3. 饲养方法

(1)分段饲养 根据鸡的周龄和产蛋水平将产蛋期划分为几个阶段,不同阶段喂给不同水平的蛋白质等营养物质的饲料,这种饲养方法叫分段饲养。有两段法和三段法,其中三段法更合理一些。

产蛋鸡实行分段饲养时,各阶段变更饲料需 1~2 周的过渡时间。

(2)调整饲养 根据环境条件和鸡群状况的变化,及时调整饲料配方中各种营养成分的含量,以适应鸡的生理和产蛋需要。这种方法叫调整饲养。它是分段饲养的继续。

①按产蛋曲线调整。即按鸡的产蛋规律进行调整。

在调整营养物质水平时，掌握的原则是：上高峰时为了“促”，饲料要走在前头；下高峰时为了“保”，饲料要走在后头。也就是上高峰时在产蛋率上来前1～2周要先提高营养标准，下高峰时在产蛋率下降后1周左右再降低营养标准。

②按季节气温变化调整。环境温度不同，鸡的采食量有很大变化，气温低时采食量增加，应提高能量降低蛋白质水平；气温高时采食量下降，应减少能量增加蛋白质水平。

③鸡群采取技术措施时调整。如在断喙的前后各一天，在每千克饲料中加维生素K 5 mg，1周内增加1%的蛋白质，接种疫苗后的7～10天，也宜增加1%的蛋白质。

④出现啄癖时的调整。鸡群如出现啄癖，除消除原因外，在饲料中适当增加粗纤维饲料；啄羽严重时可短时间内喂些石膏；脱肛、啄肛严重时，可加喂1%～2%的食盐1～2天。

实行调整饲养时，应围绕饲养标准进行，保持饲料配方的相对稳定。并注意观察调整效果，发现效果不好时要及时纠正。

4. 限制饲养　产蛋鸡在产蛋后期实行适当限制采食量的办法，可降低饲料成本而不影响产蛋，并可防止体内脂肪沉积和减少死淘率。产蛋鸡限饲的关键是找准自由采食量，可以在同群鸡中随机抽出100只，以同样饲养方式自由采食，统计采食量，然后按此量减少5%～7%，作为大群鸡的限饲量。

5. 防止饲料浪费　饲料费占养鸡成本的70%左右。因此，节省饲料可大大降低养鸡成本。

①使用全价饲料。全价饲料能满足鸡的生理和生产需要，饲料转化率高，虽然单价高，但经济效益好。

②饲养鉴别母雏，及时淘汰公雏。

③公、母比例要适当，繁殖季节过后，立即淘汰公鸡。

④随时淘汰病、弱、残和不产蛋的母鸡。

⑤料槽、水槽结构要合理，数量要够，摆放均匀，高度适中，防止鸡扒料、抢料。

⑥注意饲料保存。防鼠、防雨雪、发霉等变质和阳光直射，添加剂饲料更要注意保存。

（三）产蛋期的管理

1. 日常管理

（1）注意观察鸡群　目的在于随时掌握鸡群的健康和采食状况，把握鸡群生产动态。

①行为活动观察。鸡采食、饮水、交配、栖息、疏理羽毛、伏窝产蛋、啼叫等行为均为正常活动。当发现有的鸡专门啄食其他鸡羽毛，或长时间呆立一隅，不吃不喝，以及冠色发紫或苍白皱缩、尾翅下垂、眼闭无神等均为不正常行为，应抓住进一步检查，找出原因，及时处理。

②采食饮水观察。在掌握鸡群每天采食量和饮水量的基础上，每天喂饲时应注意观察鸡群采食饮水情况。如果食欲旺盛，采食量和饮水量不断增加，预示着产蛋量将会上升，如果经常剩料，不愿饮水，或饮水过量，产蛋量可能会下降或者鸡群患病。

③粪便观察。以玉米、大豆饼为主体的饲料，正常粪便颜色是灰黑色或黄褐色，软硬适度，堆状或粗条状，上面覆有一层白色尿酸盐。干硬粪便是饮水不足或饲料搭配不当；过稀是饮水过多；黄色带泡沫稀便是肠炎或消化不良；绿色、白色、蛋清样稀便多为霍乱、新城疫或重肝病等重症后期；胡萝卜样血便是球虫病后期(雏鸡)；水样或白色稀便是法氏囊病(雏鸡)；产蛋鸡出现血便多是由于蛔虫、绦虫所致，有时粪便中混有虫体。茶褐色粘便是盲肠排出的正常粪便。粪便尿酸盐少说明饲料中蛋白质不足。

观察鸡群除随时注意外，应在早晨开灯、喂饲和晚上关灯后的时间仔细观察。尤其是关灯鸡休息后，听鸡的呼吸音是否正常很重要。如有甩鼻、打呼噜、喉鸣音等呼吸困难异常音响，说明鸡群已患病，应进一步诊查。

(2)保证合适的环境条件　环境条件的好坏对产蛋鸡影响很大，日常管理中应时时注意。

①舍温。产蛋最适温度为13～20℃，过高过低都对产蛋不利。为保证鸡舍温度合适，在夏季应注意通风，舍内凉水喷雾，适当减小饲养密度，尽量使舍温降到29℃以下。冬季应注意保温，适当增加饲养密度，尽量保证舍温在8℃以上。

②相对湿度。适宜湿度为60%～70%，如温度合适，相对湿度在40%～72%之间对产蛋鸡影响不大。舍内过于干燥易诱发呼吸道病；过于潮湿，鸡体污秽也易患病。保持正常湿度时应注意与舍温、通风的关系，不要造成高温高湿、低温高湿等不利条件。

③空气。产蛋鸡舍要求每千克体重每分钟通风量0.113 m^3 空气流速要求0.3～0.35 m/s，并且气流不能直接吹到鸡体，整个鸡舍内不应有气流死角和贼风，否则，鸡在舍内将分布不均而影响生产。

④光照。合理地光照对提高鸡的生产性能有很大作用，光照除了保证鸡正常采食饮水和活动外，产蛋母鸡接受光刺激后，由眼睛的视网膜神经传到脑下垂体，

刺激产生促性腺激素，使生殖机能增强，促进卵泡成熟排卵和产蛋，所以产蛋期的光照管理是很重要的一项工作。

产蛋期的光照原则是：每天的光照时间只能逐渐增加或恒定，不能减少，但最多不能超过 17 h。根据育成期的光照方案，产蛋鸡从 21 周龄开始增加光照时间，到产蛋高峰出现时达最长光照时间，每天 16 h，以后恒定。一般每周增加 1 次，每次不超过 1 h。如育成期末 20 周龄为 11 h。到产蛋高峰期需 8～9 周，每周增加 0.5 h 即可。产蛋期的光照强度以 10～15 lx 为宜。由于产蛋鸡对于光照非常敏感，突然增加或减少以及开闭灯的时间改变，都会影响正常产蛋，所以应每天严格按光照方案制订的时间开闭灯，舍内过脏的灯泡要及时擦干净，损坏的要及时更换。有条件可以安装自控装置。增加光照的方法以早、晚补为好。

⑤密度。产蛋鸡饲养密度直接影响着采食、饮水、活动、休息以及产蛋，所以，必须保证合理的密度。产蛋期适宜密度(表 4-1)。

表 4-1　产蛋鸡饲养密度

饲养方式	白壳蛋鸡		褐壳蛋鸡	
	cm^2/只	只/m^2	cm^2/只	只/m^2
地面平养	1 600	6.2	1 900	5.4
网上平养	900	10.8	1 100	8.6
笼养	380		460	

除上述环境条件外，气压、噪声等对产蛋鸡也有一定程度的影响，日常管理中也要注意，尤其是突然的声响，晃动的灯影，空中飞机、猛禽、兽害等易引起惊群而使产蛋量下降，产软壳蛋等。另外，在管理中应做到“定人定群”，按时作息，每天的工作程序不要轻易改动，尽量减少人员出入鸡舍次数。

(3)减少破蛋、脏蛋　蛋的破损率不应超过 1%～2%。为减少破损率，除保证饲料中矿物质供给外，应及时淘汰鸡群有啄癖的鸡。要勤拣蛋，每天拣蛋 3～4 次，薄壳蛋和裂纹蛋要单独存放。平养时应保证足够的产蛋箱，并经常保持产蛋箱内垫草干净。

(4)做好记录工作　为了及时了解养鸡生产情况，统计经济效益和总结，每天应对产蛋量、饲料消耗、死亡、淘汰、存活鸡数，以及定期称测蛋重、体重和采取的技术措施等做好记录。

2. 季节管理　开放式鸡舍和不能控制环境的鸡舍受季节变化影响大，应根据不同季节对鸡群采取必要的管理措施。

(1)春季　气温逐渐升高，日照时间加长，是鸡繁殖和产蛋旺季，应保证饲料营养和饲喂量。由于气候适宜,病原微生物易于滋生繁殖,在天气转暖前将鸡舍彻底消毒1次,以减少疾病发生机会。

(2)夏季　做好防暑降温工作,运动场搭设凉棚,注意清洁饮水不断,雨后应及时排出运动场积水。防止饲料霉变,由于气温升高,鸡采食量下降,应及时调整饲料,保证采食量和营养需要。

(3)秋季　日照时间渐短,鸡开始换羽停产,当年培育的雏鸡成熟,此时可调整鸡群,准备利用二年鸡进行生产时,可进行人工强制换羽,过冬前的准备工作也应做好。

(4)冬季　做好防寒保温、换气防潮、补充光照等工作。由于舍内外温差大,应晚放鸡、早关鸡,有条件可喂饮温水,适当加大饲养密度的同时注意适度的通风换气,防止过潮和空气污浊。雪天应及时清扫运动场积雪,补充光照按产蛋期光照方案执行。

3.笼养鸡的管理要点　笼养鸡是现代养鸡生产的发展方向。笼养产蛋鸡对饲料和环境要求比平养更严格,在饲养管理中,除了按产蛋鸡饲养标准保证充足完善的营养和适宜的环境条件外,应从下面几点注意。

(1)喂料、饮水　应保证每个鸡位都能吃到料、饮到水,每百只鸡每周加喂1次沙砾500 g。为了防止浪费饲料和保证每只鸡都能吃到同等数量的饲料,应注意经常匀料。

(2)光照　注意各层笼的光照强度应尽力一致,为防止强度过高,可给底层提供最低光照,并将灯的位置和高度适当错开。

(3)观察鸡群　除了日常观察外,应特别注意有否鸡头、脖、翅等别挂在笼子上的,有否啄肛、啄蛋和跑出笼外的鸡。发现上述情况应及时处理。

(4)搞好环境卫生,杀灭蚊蝇　每天注意清扫、保持干燥、空气新鲜,管理好粪便,必要时可用药物杀灭蚊蝇,以防止叮咬干扰鸡群。

4.种用蛋鸡的管理　为了获得更多受精率高的合格种蛋,除了按商品产蛋鸡的饲养管理要求做外,还应从以下几点加强管理:

(1)选用合适的饲养方式　除平养外,种用蛋鸡也可选用两层商品鸡笼饲养,笼门应大些,以便于人工授精操作,采用人工授精。

(2)加强种公鸡的饲养管理　实践证明,育雏育成期公母鸡分饲较公母鸡混饲效果好,原因是公雏对营养和环境条件要求与母雏不一样;生理特性也不一样(具体饲养管理措施详见肉种鸡一节)。配种前,在组织配种混群时应按正常配偶比例将公鸡多放2%～3%,以保证种用期淘汰数。混群后,必须严密观察,及时淘汰劣等公鸡。为增强公鸡体质和腿的健壮保证种用体况,地面散养可悬挂青菜;任其跳跃抢食,或在运动场上撒布粒料,促使公鸡运动。注意舍内垫料和运动场不应有尖锐异物,以防公鸡脚伤。

(3)种蛋的收集 种鸡达 22 周龄,蛋重在 50 g 以上即可组织配种,自然交配的鸡群,混群后 1 周受精率可达高峰,便可收集种蛋,人工授精的鸡群,正常输精后 48 h 即可收集种蛋。每天拣蛋次数应比商品鸡场勤,尤其是夏季舍温过高和冬季舍温过低时更应勤拣蛋,并不在舍内存放。收集种蛋还应注意尽量减少倒运次数,拣蛋时将不符合要求的种蛋随时剔除另放。收集到的种蛋应及时清点数量、消毒后送到蛋库保存。

(四)强制换羽与二年鸡的利用

强制换羽是人为地改变饲养管理环境,使鸡在短期内结束换羽后重新产蛋的一种方法。

1. 强制换羽的优缺点

(1)优点 强制换羽延长了产蛋鸡的利用年限,减少了培育育成鸡的费用;第二个产蛋期母鸡存活率高,蛋重大;缩短了换羽期,任其自然换羽需 3～4 个月,人工强制换羽只需 2 个月;可根据市场需要,控制休产期和产蛋期。

(2)缺点 强制换羽后的产蛋期比第一个产蛋期短 2～4 个月;体重较大,维持需要多,饲料效能低。

是否采用强制换羽饲养二年鸡,要根据市场需要和鸡群状况做出决定。如果鸡群健康无病,鸡种优良,不易买到,第一个产蛋期产蛋水平高,或因没有育雏设施,没有新鸡更新鸡群,或为了利用二年鸡抗病力强、蛋重大等优点,均可采用强制换羽,饲养二年鸡。

2. 强制换羽的方法

(1)断水绝食法 通过对饲料、饮水和光照的控制,使鸡体重减轻,生殖器官相应萎缩,从而达到停产换羽的目的。断水绝食法又因鸡种、体质、产蛋水平和季节气温等不同,而方法各异。其中较严格的办法是在最初 1～2 天断水绝食,从第 3 天开始只供饮水不喂食,持续到 8～13 天,每天 8 h 光照。以后再逐渐恢复给料和增加光照,这种做法,换羽期短,一般 50 天即可恢复产蛋,但死亡率高,损失大,适合于鸡群健壮,气候适宜,条件好的鸡场采用。另外一种较缓和的办法,强制换羽期间间断给水、给料(适合于气候合适的所有场采用);或只限料,不限水(适合于气温高的季节采用)。这种做法,死亡率低,较多用。

(2)高锌饲料换羽法 在鸡的饲料中加入 2%的锌(或氧化锌),鸡的采食量急剧减少,连续喂饲 7 天含锌饲料,鸡就停止产蛋。这时撤掉饲料中锌,鸡又恢复产蛋。在喂含锌料期间,不停水、自由采食,光照每天 8 h。这种方法可使母鸡迅速换羽,迅速恢复产蛋。但开产后产蛋率上升慢。目前生产中多采用断水绝食法和加锌日粮结合的强制换羽方法。

3. 衡量强制换羽效果的指标

(1)换羽期的长短　即强制换羽开始到恢复产蛋率达 50%,一般为 6～8 周,过长过短对第二个产蛋期均不利。

(2)失重率　根据鸡群的周龄、季节、鸡种和饲养方式等,一般失重率达到 20%～30%为宜。

(3)死亡率　换羽期间死亡率不应超过 5%。

(4)羽毛脱落速度　强制换羽 7～10 天后,小羽毛应大部脱落,10～20 天主翼羽开始脱落。

4. 实行强制换羽应注意事项

①鸡群的选择。实行强制换羽必须是健康无病的高产的鸡群,并选择体重一致的鸡只,淘汰病、弱、伤、残的和已经换羽的鸡。

②疫苗接种、驱虫。开始强制换羽前 1 周应对选择的鸡进行新城疫、鸡痘疫苗接种和用药物驱虫。

③换羽期间要掌握好脱羽速度、失重率和死亡率 3 项的相对平衡。

④恢复给料和光照时要注意逐渐进行。给料量和营养水平都应逐渐增加,一般恢复给料的第 1 天每只为 10～30 g,以后每天增加 10～20 g,到第 10 天左右达到正常采食量。保证饲槽充足,喂料时使全群鸡能同时吃到料。

⑤注意鸡舍卫生和清扫。强制换羽期间鸡的抵抗力降低,高度饥饿,易感染疾病和觅食舍内脱落羽毛和其他杂物,因此,应保持舍内卫生,并及时清扫羽毛杂物。

⑥实行强制换羽鸡的适宜周龄。一般是在母鸡产蛋 10～12 个月后进行,但因为此时鸡的体质较差,换羽期间往往死亡率高,第二个产蛋期产蛋率较低。而在 60 周龄左右,当产蛋率还在 60%以上时进行为好。对于特别贵重鸡种,也可进行第二次、第三次强制换羽,方法基本一致,只是每次实行时的鸡龄应重新安排,如打算进行两次强制换羽,第一次应在产蛋 9 个月后进行,第二次在第二个产蛋期 6 个月后进行,然后仍可利用 5 个月左右。两次换羽比一次换羽多利用 2～3 个月的产蛋时间。

5. 二年鸡利用时注意的问题

(1)适当控制体重。强制换羽恢复产蛋后一般可按第一个产蛋期正常饲养管理,但应适当控制母鸡体重,否则会使饲料效率更低。

(2)应尽力保持饲养方式不变。强制换羽前后的饲养方式最好保持不变,这样可使第二个产蛋期来得早,产蛋高峰出现的早。如必须改变时,应加强看护。

(3)种公鸡利用问题。如果种鸡群实行强制换羽，最好在第二个种用期更换青年公鸡，因为二年老公鸡的精液品质和配种能力都有所下降，这样就应考虑在种母鸡恢复产蛋前6个月培育新的种公鸡。如果必须使用老龄公鸡时，也应同样将其实行强制换羽，并进行1次严格选择后再利用。

第三节　肉鸡生产

一、肉种鸡的饲养管理

(一)肉用种鸡的饲养

1.饲养标准与饲料配方

(1)饲养标准　为使肉用种鸡获得高水平的生产性能，必须供给充足的营养物质。如果营养水平过高，不但会造成饲料浪费，甚至还会引起代谢病；营养水平过低，则会造成种鸡的营养缺乏，体质瘦弱。应用饲养标准不仅能使肉用种鸡表现出应有的生产性能，而且又能经济有效地利用饲料。世界上大的家禽育种公司，在销售推广本公司所培育的种鸡时，同时也推荐其营养需要标准，给种鸡编制饲料配方时，应把推荐的营养标准作为主要参考。

在生产实践中，经常会遇到营养缺乏问题。如当某种维生素极度缺乏或长时间不能满足出现特征性症状时，则容易辨别，但出现一般性的生长不良、羽毛无光泽、生产水平就会使种鸡生产蒙受重大损失。同样，某种氨基酸、矿物微量元素缺乏或不足也是如此。所以，对育种公司推荐的营养标准，应理解为是在理想条件下种鸡的最低需要量。在生产实践中，应根据饲养的鸡种、体重、产蛋率、气温、疾病、卫生状况、饲养方式、饲养密度、饲料能量浓度、饮水温度、水质状况等注意经常调整营养。

(2)饲料配方　饲料是肉用种鸡饲养成本开支最多的一项，配合饲料的质量高低对肉用种鸡的生产水平和经济效益影响很大。因此，必须认真对待这项工作。

编制饲料配方有两个方面的依据，一个是理论依据，即种鸡的饲养标准和饲料营养成分表；另一个是“实际”依据，即鸡群的实际状况和现有的饲料种类。对我国的地方“优质型”肉用种鸡，可参照我国肉用种鸡的饲养标准编制饲料配方；对于从国外引进的“快大型”肉用种鸡主要应参照育种公司推荐的饲养标准编制饲料配方。各类饲料原料的营养成分含量，可以从我国《鸡常用饲料及营养价值表》中查出，最好是将常用的本地主要饲料原料和配合饲料样品进行定期化验分析，这样更符合生产的实际需要。

根据当地的饲料资源种类，将各类饲料原料按一定比例配合所编制的饲料配方，应达到科学、合理，而且成本最低。

根据我国目前的饲养方式、饲料资源和生产配合饲料的机具情况，编制的饲料配方营养水平最低应达到推荐的标准或略高于推荐的标准，这对充分发挥肉用种鸡的生产潜力更可靠。

研究资料表明，在种鸡产蛋前的一段时间（18～23 周龄），饲喂高蛋白的饲料会收到事半功倍的效果，即可以提高种鸡产蛋前期鸡只的品质，保证进入产蛋后期产蛋率平稳持久有良好的作用。

目前多用粉状料喂饲种鸡，比较理想的料型是先将配合好的粉状饲料制成颗粒，然后重新破碎，用这种“破碎料”喂种鸡比较理想，同时对饲料也起到了消毒作用。

肉用种鸡的一生几乎都采用限制饲养，每天每只鸡得到营养物质数量的多少，用喂料量就可得到控制。所以，肉用种鸡从出生到淘汰，根据其不同的生理阶段，一般采用 4 个全价配合饲料配方；公、母鸡分养，产蛋前期、产蛋期都应单独用公鸡的饲料；如果公、母鸡混合喂饲，同用母鸡的饲料和喂量即可。

2. 肉用种鸡的限制饲养 限制饲养是指对喂肉用种鸡的饲料在量或质的方面采取某种程度的限制。这项技术对提高肉用种鸡的生产性能，降低饲料消耗、保证种鸡的种用价值等方面起着决定性的作用。限制饲养是养好肉用种鸡的关键措施，成为肉用种鸡饲养管理中的核心技术。目前世界各国普遍采用限制喂料量的方法达到控制种鸡体重的目的。

(1)限制饲养的目的和作用 一般在肉用种鸡育雏期的前三周让其充分采食，从第四周开始一直到产蛋结束都要实行限制饲养。限制饲养的主要目的是控制生长速度，使种鸡的体重符合标准要求。肉用种鸡的最大特点是采食量大、生长速度快、沉积脂肪能力强。作为肉用种母鸡，要求 20 周龄的体重标准是 2 200～2 400 g，如果任其自由采食、自然生长，到 20 周龄体重可达 3 600 g 以上，体重过大的母鸡，则产蛋量明显减少，种蛋合格率下降；公鸡过重，腿病增加，配种困难，受精率低。其次，限制饲养可以控制种鸡适时开始产蛋，肉用种鸡 24 周龄见蛋，25 周龄产蛋率达 5%，30 周龄进入产蛋高峰最为理想。限饲不当，会出现过早（22 周龄）或过晚（27 周龄后）开产的现象。鸡群过早开产，则蛋重小，持续产小蛋的时间长，高峰不高，持续期短，产蛋数量少；过晚开产，蛋重虽大，但产蛋数量少，也不经济。正确的限饲可使鸡群在最适宜的周龄开产，开产日龄整齐，初产蛋重大，产蛋率上升快，产蛋高峰持续时间长，全期产蛋多，种蛋合格率高，所获得的后代雏鸡多。限制饲养还可以降低鸡体内腹部脂肪沉积量的 20%～30%。如果让肉用种鸡自由采食，就会因吃的过多而变得肥胖，体重增加，形成所谓“脂肪鸡”，这种鸡当用手提其翼羽时，有一种提不起来的沉重感，而且必须用力握住鸡的翅膀才能提起来，通过触摸测试可知，胸骨较短，体内脂肪较厚，腹内的容积相对狭小，体躯发育不佳，从耻骨的周围到整个腹部，进而肾脏、肌胃以及所有的内脏周围均有较多的脂肪沉积。一旦育成这样的鸡，不但消耗饲料较多，而且进入性成熟阶段，生理代谢机能也不会旺盛，对正常的产蛋生理会产生明显的妨碍，对产蛋性能有很大影响。除此之外，“脂肪鸡”还有以下缺点：气温高时，因体温散发困难，易患日射病或热射病，当舍温达 35℃以上持续 1～2 天，死亡率可高达 3%～5%，而脂肪少的鸡死亡率几乎不增加；脂肪多的鸡易出现难产，而且产蛋后肛门复位的时间长，因肛门过度伸展而造成撕裂出血，鸡群易诱发啄肛癖，危害很大；由于脂肪积存于卵壳腺，会造成钙的分泌机能发生障碍，易产薄壳蛋或软壳蛋。另外，实行限制饲养可节省饲料，降低饲养成本。

(2)限制饲养的依据和方法　关于肉用种鸡喂料量的限制程度，主要依据体重的变化。因为肉用种鸡的体重在某种程度上决定了种鸡的开产周龄。

通过限制饲养，可以达到把种鸡控制在标准体重范围内，并在合适的周龄开产的目的。世界上大的家禽育种公司，均依据实际情况制定出本公司出售的各代次种鸡肉用种鸡限制饲养对开产体重和性成熟的影响的不同周龄的适宜体重范围和喂料的标准。因此，饲养肉用种鸡可依据每周称测体重的结果与标准体重对照，以确定每周的实际喂料量。

限制饲养可分三种方法：

①限时法：即用喂料时间限制，此法又可分为每日限、隔日限和每周限。

每日限饲：即每天喂给一定数量的饲料，吃完后不再喂料。这种方法对鸡应激较小，适于幼雏转入育成期前 2～4 周（即 4～6 周龄）和育成鸡转入产蛋期前 3～4 周(即 20～24 周龄)时应用。

隔日限饲：即一天喂饲，一天停喂，把两天的饲料量合在一起，在喂料日喂给。这种方法限饲强度较大，适于生长速度较快，难于控制的阶段(7～11 周龄)；另外，体重超标的鸡群或阶段也可采用。但应注意两天的喂料量总和不能超过产蛋高峰期的喂料量。

每周限饲：即每周喂 5 天，停 2 天，即把 7 天的喂料量在 5 天内喂给鸡，一般在星期日和星期三停喂。此法限饲强度较小，一般应用于 12～19 周龄，亦可延长至 23 周龄。这种方法也适用于体重没有达到标准或受应激较大的鸡群，以及承受不了较强限饲的鸡群。

②限量法：即用饲料数量限制。一般肉用种鸡按充分采食量的 70%以上喂

饲；蛋用种鸡按充分采食量的90%左右喂饲。

③限质法：用饲料的营养水平限饲。这种方法很少单独使用。

以上几种限饲方法并非单独使用，在生产实践中，对同一群鸡在不同的周龄，多分别采用每天限饲、隔日限饲和每周限饲的综合限制饲养的程序。不论采用何种限制饲养的方法，种鸡的体重都是最重要的。因此，在肉用种鸡一生中，喂料量都应细心地进行控制，使鸡群的体重处于标准体重范围内，这是饲养肉用种鸡成功的关键措施。

在生产实践中，肉用种鸡的限制饲养方案，应参照育种公司推荐的“肉用种鸡饲养管理手册”来制定。

(3)肉用种鸡的限水问题　对肉用种鸡实行合理的限水有助于保持垫料干燥，降低氨气形成，可减少脚腿病，有助于形成更为合适的饲养环境，产蛋期限水的好处是可获得更为清洁卫生的种蛋和品质良好的雏鸡。

限水的程序如下：投料前的30 min开始到吃完料后的1 h应充分供水。采食后断水时，用手触摸嗉囊的感觉应是柔软的，如果嗉囊坚硬，则表明供水不足。在寒冷的下午应供水二次，每次至少20 min，关灯前应再供水1次，以满足全天的需要；气温低于29℃的温热气候条件下，下午应供水2～3次，每次至少30 min，关灯前再供水1 h；气温高于29℃时，每小时至少供水20 min；在极热的条件下应全天供水。对于笼养肉用种鸡采用乳头式饮水方式，则不能采用限水的方法。

在实施限水时，供水开始后的5 min内必须使所有的鸡只都能喝到水。因此，要使所有的饮水器和供水系统始终处于良好的工作状态，并应注意经常检查供水的仪器和设备，以便保证供水。

(4)限制饲养应注意的事项

①限饲开始前普遍整群。鸡群逐只称重，根据体重标准分成大、中、小三等，分别放在鸡栏中。同时，将病、弱、伤、残鸡挑出或淘汰。因为这些鸡忍受不了限饲应激，如果混在群中，还会影响饲料量计算的准确性，对正确实施限饲方案不利。

②鸡只的数目要统计准确，并定时称测体重。根据每栏鸡的准确鸡数，称取规定的饲料量进行投喂。喂料量的多少应根据体重的大小来确定。从第三周末开始，每周称重一次，开始产蛋后每月称重一次，生长期称测每栏鸡数的5%～10%，产蛋期称测2%～5%，每栏都应称测，不能用一栏代替全群。称重的时间应固定在每周的同一天的同一时间，最好在停料日下午进行，如果在喂料日称重，应注意所得的体重含有饲料量。对称重的鸡只应随机抽样，用折叠铁丝网随机的将鸡围起来，所围的鸡数接近抽测的计划鸡数。然后用校对准确的台秤或弹簧秤逐只称量，并作好个体记录，称完之后计算平均体重和均匀度，并与标准体重比较。当鸡

群的平均体重高于标准体重时，不应用减少喂料量的办法达到降低体重的目的，而应维持原有的喂料量，这样鸡的生长速度较慢就会渐渐恢复到标准体重；如果鸡的平均体重过轻，应适当增加喂料量(2～4 g)/(只·天)，这样鸡只增重较快。当超重或较轻的鸡群达到标准体重时，就应按正常的喂料量进行投喂。

为了确保鸡群较高的整齐度，应在6～7周龄和15～16周龄对全群的鸡只逐一称重2次，特别是当鸡群的体重不均匀时更为必要。称重时逐只记录在体重记录表上，根据每只鸡的体重，将其分成合乎标准体重、大于和小于标准体重的三个类型的群体，然后计算出整齐度。例如：以5 000只的鸡群为例，平均标准体重为2 000 g，本群鸡平均体重±10%的范围为1 800～2 200 g，在此范围内有4 250只鸡，其整齐度为：4 250÷5 000×100%＝85%，这说明了鸡群的整齐度很高，预计这群鸡的生产指标会得到理想的效果。

整齐度是系鸡群中每只鸡体重大小的均匀程度，它是品种的生产性能和饲养管理技术的综合指标。通常以75%～80%鸡只的体重在标准体重平均±10%范围内，则可认为鸡群的整齐度较好。根据鸡群的体重，按上述方法调整喂料量，即可提高鸡群的整齐度。当鸡群的整齐度较低时，应细心的查找原因，包括饲养密度、采食位置、饮水位置、喂料量及疾病和寄生虫的防治等。并及时采取相应的措施，这样才能达到较理想的结果。

肉用种鸡实行笼养，在转群时应逐只称重，并按体重大小装笼，以便掌握适宜的喂料量。

③限制饲养程序。为了取得良好效果，限制饲养应尽早开始。通常父母代肉用种鸡的母系从4周龄、父系从3周龄开始实施限饲。在1～3周自由采食，目的是促进小鸡的骨骼、肌肉得到充分生长发育，有一个良好的开端；4～6周龄调整喂料量，使体重达标；7～11周龄为快速生长期，控制好体重十分重要；12～15周龄喂料量变化不大；16周龄至产蛋开始，体重则缓慢增加。如果所饲养的母鸡预期在昼渐短夜渐长期间进入产蛋期，开产前的体重应维持在接近上限处；如果鸡群预期在昼渐长夜渐短期间进入产蛋期，开产前的体重应以较轻的下限为宜。产蛋开始后的喂料量主要依据产蛋率，同时注意称测体重，喂料量的增加要确保在产蛋增加之前(2周左右)给予，在日产蛋率达35%左右时，就应供给最高喂料量，当产蛋增加或达到产蛋高峰时，绝对不要减少喂料量。产蛋高峰过后，即产蛋率降到80%以下时，应逐渐减少喂料，以防止造成母鸡过肥和饲料的浪费。

为了增加产蛋量，可采用“试探性”的增减喂料量的喂饲法。即开产后的母鸡至产蛋高峰前如出现连续几天产蛋不上升时，可按每只母鸡每天额外多喂4～6 g料的方法试喂3～4天，如果产蛋率上升，则说明方法对头，若鸡群第4天还没有反应，说明产蛋率不上升与喂料量没关系，这时应立即恢复到原来的喂料量；产蛋率达80%以上为产蛋高峰期，在此期如果产蛋率稍有下降，但蛋重仍有增加，所以对营养物质的实际需要量不应减少，喂料量要保持恒定不可减量；产蛋高峰过后，一般产蛋率以每周1%左右的速度下降，每下降4～5个百分点，就应调整一次喂料量，即每次每只母鸡可减2.3 g左右的喂料量。这样，从产蛋高峰到淘汰约调整6次喂料量。每次"试探性"减料的同时，必须观察鸡群的反应，如遇有健康不良或出现产蛋率不正常的下降现象，应立即恢复到原来的喂料量，如果产蛋率下降在正常范围内，则说明方法对头。试探性的"增"、"减"喂料法如条件允许，可多次试用。

④备足饲槽和水槽。限饲鸡群要求每只鸡都有足够的料位和水位，免得有的鸡抢不着饲料造成体重不均匀或伤亡过大等现象。料槽和水槽距鸡活动的范围要求在3 m之内，水槽应距料槽近些，免得吃完干料喝不到水噎死鸡。每天投料的次数可按第一周龄7次，第二周龄5次，第三周龄5次，第四周龄2次，从第五周龄开始最好在早晨一次投料，切忌分次投料。

⑤加快喂料速度。不论采用槽式或桶式喂料器，都应将规定的喂料量称重后，迅速均匀地投放到喂料器内，使用料桶或料槽人工喂料时，需增加人员，在均等的位置上，同时添料，动作要快，或在早、晚天不亮时将料桶装上饲料挂起来，早上快速将料桶放下，以达到能同时均匀采食，防止拥挤、踩压、抢食造成应激，采食完毕将料桶挂起；使用链式饲槽机械送料时，应保证链条转速，一般应为18 m/min，如果转速慢，则需在适当位置增加辅助料箱或人工投料，以缩短供料距离，弥补传送慢的缺点。

⑥各期更换料的时间。鸡群3周龄时如果体重已达到标准，从4周龄开始就可由育雏料改为生长期的饲料，体重未达到标准，则应待体重达到标准后再更换饲料，18～23周龄喂种鸡产蛋前期料；24周龄开始应更换为产蛋期的饲料，以保证鸡群在24～26周龄开始产蛋。饲料的更换应有3～5天的过渡期。从第七周龄开始，每100只鸡每周应投喂450 g粒度适宜的不溶性沙砾。

⑦注意经常调整营养。注意观察鸡群动态，防止各种应激，根据环境条件、气温、湿度、卫生、疾病等情况，做到经常调整营养。如根据天气预报在特别冷的寒流来临前一日，对产蛋鸡群把喂料量额外增加约9 g，直到寒流消失为止，这样就可减轻因寒冷刺激对产蛋量的影响。

另外，限制饲养应和光照程序结合在一起才能达到良好的效果。

(5)种公鸡的限制饲养　肉用父母代种公、母雏的搭配比例一般100只母雏配15只公雏，公雏的剪冠、断趾工作在运出孵化厂时已做好。可以实行公、母雏分开饲养，以便于控制公、母鸡体重，并能仔细地观察公鸡的健康状况，及时清除鉴别错误的鸡，对于公鸡的选种也容易进行。不利的是到种用期公、母鸡混群时，需重新建立新的“啄斗顺序”，会引起啄毛和争斗。但通过断喙、夜间合群等措施后，鸡群会在较短的时间内重新建立起新的群序性，这种情况一般不会造成危害。育雏期和生长期公鸡的限制饲养方法与母鸡相同，只是体重和喂料量不同而已，只要严格按体重限饲，就能收到较好的效果。值得注意的是公鸡在 18～23 周龄期间，应保持不断增重，增重应恒定、适宜，均匀度要好，这是避免开产初期种蛋受精率低的主要措施。

18～19 周龄公、母鸡混群，其比例可掌握在 100 只母鸡搭配 11～12 只合格的公鸡。混群之后，公鸡的喂料量和母鸡一样计算即可。

(6)限制饲养技术的新进展 限制饲养贯串肉用种鸡饲养的全过程，这项技术不断取得新的进展。

①产蛋期公、母鸡混群分饲法。这是 20 世纪 80 年代美国研究出来的一项新方法。其优点是：可有效地控制种公鸡体重，保持良好的繁殖体况，可减少种公鸡脚趾瘤的发生，提高种蛋的受精率 2%～5%。方法是母鸡用料槽，槽上装有防栖栅格，格宽 42～45 mm，公鸡的头伸不进去，而母鸡的头则能伸进采食。最初可能有发育较差，头较小的公鸡暂能吃到母鸡料，待到 28 周龄时，公鸡则完全不能利用母鸡的料槽采食；公鸡用料桶，将料桶吊高距地 41～46 cm，以不让母鸡够着采食，公鸡立起脚能够采食为原则。利用这种方法，要求有足够的饲养面积和料位，每 8～10 只公鸡提供一个料桶，投料时应迅速而均匀，以防公鸡乱串；母鸡料槽上的栅状格子切勿间隙太小，以免擦伤头部，如果太窄，其结果会造成母鸡的头部因受伤而肿胀，采食量不足，从而使产蛋量下降，这样也会给生产带来不利。

②提早限饲时间。现行的限饲方案一般都在 4 周龄开始，应提早到 10 日龄开始限饲；早期限饲，能有效地控制住早期体重，到 4 周龄的体重稍低，这样以后有机会在 16～20 周龄，直到产蛋时每周有个较大的增重量，这时正处于光照时间增加，光照刺激增强的时期，所以鸡群会出现较高的产蛋高峰，每只入舍母鸡约多产蛋 10 枚，并可节省饲料。

③育成期的体重。育成期 3～4 周龄和 18～28 周龄是两个重要阶段。大量试验证明，育成期体重对高峰产蛋率影响较大，特别是 4 周龄及 25 周龄时体重较轻的鸡比体重大的鸡高峰期的产蛋率高。

④饲喂预产期饲料的重要性。从生长期到产蛋，鸡体内同生殖系统有关的组织急剧发育，特别是到后期更明显，而这些组织器官的物质基础是蛋白质，其中包括酶、激素等，因此在这个阶段注意增加优质蛋白质，减少脂肪，对提高产蛋率及维持 50 周龄以后的产蛋持续性都非常重要。

(二)肉用种鸡的管理

肉用种鸡除应达到蛋鸡的管理要求外,还应针对肉用种鸡的特点,在管理上做到以下几方面的工作。

1.公、母鸡的搭配比例和选择 公、母雏鸡的搭配比例一般为100只母雏配15只公雏;种用期的搭配比例为100只母鸡配11～12只公鸡;笼养人工授精则100只母鸡搭配3～4只公鸡。对肉用种鸡的选择一般于6～8周龄和18～20周龄进行两次。选择时应把残废、腿瘸、畸形、单眼、扭颈、发育不良、雄性不佳、患病和鉴别错误的公、母鸡淘汰掉。平时亦应注意随时淘汰没有种用价值的鸡只。

2.光照 合理的光照程序是控制种鸡生长、促进性成熟和增加种蛋产量的重要措施。肉用种鸡实行光照的方法与蛋用种鸡基本相同,只是肉用种鸡对光照刺激的反应比蛋用种鸡迟钝,所以要求开产前5～6周龄就应开始增加光照刺激,第一次可增加1～1.5 h的光照,以后逐渐增加,并于种鸡进入产蛋高峰开始时增加最后一次光照。

3.种蛋的管理 只有清洁卫生的种蛋,才能孵化出强壮健康的雏鸡。所以,必须注意产蛋箱的管理和种蛋的卫生。

①19～20周龄时应在种鸡舍安装好产蛋箱,保证每4只母鸡有一个产蛋间隔,产蛋箱的底应高于地面50 cm左右,产蛋开始前的1周打开产蛋箱的门并铺上清洁的垫料,在晚间要把产蛋箱关上,以防止鸡在窝内栖息污染产蛋箱,应注意经常清理蛋窝,并更换垫料,防止污染种蛋,在清晨应及时打开产蛋箱,避免鸡在窝外产蛋。

②每天至少收集种蛋4～6次,饲养人员在拣蛋前必须洗手消毒,轻度脏污的种蛋应随时用细砂纸擦拭干净。种蛋应大头朝上排在蛋盘上。

③每次拣蛋后,应做好标记装箱,并尽快(1～2 h内)进行熏蒸消毒(每立方米容积按14 g高锰酸钾,28 mL福尔马林熏蒸20 min),然后将合格的种蛋送交孵化厂。

4.防止应激 在很多情况下能对鸡群造成应激。例如:高温和严寒、潮湿或过于干燥等连续或急剧发生变化;水或饲料的突变或不足、密度过大,光照不合理;鸡舍内有贼风和鼠、犬、猫、野鸟;兽害;奇特颜色的服装;垫料不佳;运输或转移鸡群;反复的噪声、异常音和突变音响;接种疫苗和采血化验;病毒的潜伏感染;投喂药品不合理等等。这些应激因素都会不同程度地对鸡群造成不良影响,危害鸡只的健康。所以在日常管理工作中,应及时"对症下药"地采取保护措施,使鸡免受危害。尤其是当免疫接种、断喙、称重、转群(笼)等进行必要的工作时,更应在其前后2～3天的时间内,利用抗应激的添加剂或保健药品,以减少或避免对鸡群造成不良影响。

5. 做好各项记录工作　对种鸡群及时地做好各项记录是管理工作很重要的一个方面。如每日的喂料量、采食时间、饮水量、产蛋性能(产蛋率、种蛋合格率、破损率、畸形蛋、种蛋受精率等)、死亡淘汰只数、防疫接种、投药、健康状况等等,并绘制成各种图表,对数据资料及时进行统计和分析。据此,不断地改进饲养管理工作,这是保证提高肉用种鸡生产性能的重要措施。

二、肉用仔鸡生产

肉用仔鸡在我国民间通常称“童子鸡”。当今,世界各国都把不到性成熟就供食用的幼龄或青年鸡称之为肉用仔鸡。20 多年来,我国的肉用仔鸡业是畜牧业中发展最快的一个行业,目前饲养肉用仔鸡的专业户、肉鸡场和大规模的工厂化肉鸡生产正在迅速发展,肉用仔鸡生产与其各种行业构成了一个新兴产业。

(一)肉用仔鸡生产的特点

1. 早期生长速度快　肉用雏鸡出壳重 40 g 左右,饲养 56 天体重可达 2 500 g 以上,为初生重的 60 多倍。肉用仔鸡幼龄时生长迅速,日龄越小,生长速度越快,而单位活重的饲料料肉比则越小。这一事实表明,肉用仔鸡达到一定上市体重的天数越少就越有利。所以,肉用仔鸡早期生长速度快,这是人们用于生产经济肉食的最重要的生物学特性。

2. 生产周期短、周转快　肉用仔鸡一般在 8 周龄左右即可出售,国外提前到 6~7 周龄出售。第一批鸡出栏后,鸡舍经清扫、消毒 2 周左右,接着可饲养第二批鸡,这样一年就可饲养 5 批以上,人力、用具和房舍利用率较高。因此,生产周期短,投入的资金周转快,可在短期内受益。

3. 饲料转化率高　肉用仔鸡的饲料转化率高于牛、猪。我国肉用仔鸡的饲料转化率一般为 2.2~2.3,饲养水平比较高的地区已达到 2~2.2,接近世界先进水平。肉牛的饲料转化率为 5~7,猪的饲料转化率一般为 3~4。肉用仔鸡的饲料转化率十几年来得到大幅度改善,耗料少,饲料报酬高。所以,肉用仔鸡作为有益于人们健康、价格便宜的食品,越来越受到消费者的欢迎。

4. 适于高密度大群饲养　肉用仔鸡性情安静,体质强健,大群饲养在一栋鸡舍,很少出现打斗跳跃,除了吃料喝水,活动量大大减少,具有良好的群体适应能力,不仅生长快,而且均匀整齐适于高密度大群饲养。因此,肉用仔鸡适合大规模机械化饲养,可大大提高劳动效率。

(二)肉用仔鸡的饲养

1. 饲养方式　肉用仔鸡的饲养方式主要有三种:

(1)垫料饲养　利用垫料饲养肉用仔鸡是目前国内外普遍采用的一种方式。优点是投资少,简单易行,管理也比较方便,胸囊肿和外伤发病率低;缺点是需要大量垫料,常因垫料质量差,更换不及时,鸡与粪便直接接触易诱发呼吸道疾病和球虫病等。垫料以刨屑、稻壳、枯松针为好,其次还可用铡短的稻草、麦秸,压扁的花生壳、玉米蕊等。垫料应清洁、松软、吸湿性强、不发霉、不结块,经常注意翻动,保持疏松、干燥、平整。垫料饲养可分厚垫料和薄垫料饲养。

厚垫料饲养是指进鸡前地面上铺 7～8 cm 的垫料,随着鸡的逐渐长大,垫料越来越脏污,所以应经常翻动垫料或在旧垫料上经常添加一层新垫料,并注意清除饮水器下部的湿垫料。这样待鸡出栏后将垫料和粪便一次清除。

薄垫料饲养是指进鸡前地面上铺约 2 cm 厚的垫料,一直饲养到 10 日龄左右改变为经常清粪,每次清粪后再撒一层薄垫料。此法由于经常清粪和更换垫料,地面比较干燥,可有效地控制球虫病和呼吸道病的发生,缺点是用工较多。

(2)网上平养　这种方式多以三角铁、钢筋或水泥梁作支架,离地 50～60 cm 高,上面铺一层铁丝网片,也可用竹排代替铁丝网片。为了减少腿病和胸囊肿病的发生,可在平网上铺一层弹性塑料网。这种饲养方式不用垫料,可提高饲养密度 25%～30%,降低劳动强度,减少了球虫病的发生。缺点是一次性投资大,养大型肉鸡(2 kg 以上)胸囊肿病的发病率高。

(3)笼养　目前欧洲、美国、日本利用全塑料鸡笼,已使肉鸡笼养工艺在实践中得到应用。我国已重视饲养肉鸡笼具的研制工作。从长远的观点看,肉用仔鸡笼养是发展的必然趋势。肉鸡笼养可提高饲养密度 2～3 倍,劳动效率高,节省取暖、照明费用,不用垫料,减少了球虫病的发生,缺点是一次性投资大,对电的依赖性大。

2. 营养需要和饲料配方　为了使肉用仔鸡生长的遗传潜力得到充分发挥,应保证供给肉用仔鸡高能量、高蛋白、维生素和微量元素营养成分丰富而平衡的全价配合饲料,提供符合肉用仔鸡生长规律和生长需要的蛋白能量比值。前期应注意满足肉用仔鸡对蛋白质的需要,如果饲料中蛋白质的含量低就不能满足早期快速生长的需要,生长发育就会受到阻碍,其结果是单位体重耗料增多;后期要求肉用仔鸡在短期内快速增重,并适当沉积脂肪以改善肉质。所以后期对能量要求突出,如果日粮不与之相适应,就会导致蛋白质的过量摄取,从而造成浪费,甚至会出现代谢障碍等不良后果。肉鸡从前期料改变为后期料的时间,单就饲料的价格而言,应以尽早才合算,但过早会影响肉鸡的生长发育,反而不利于总的饲养效果。在生产中,要避免不管饲料营养水平是否符合肉用仔鸡的营养需要,单纯以“低价取饲料”的方法,因为不同饲料的差价,反映在饲养效果上也不一样,结果是便宜的饲料反不如成本稍高的饲料盈利多。“快大型”的肉用仔鸡，饲料中能量水平在12.97～14.23 MJ/kg范围内，增重和饲料效率最好；而蛋白质含量以前期23%、后期21%的水平生长最佳。根据我国当前的实际情况，肉用仔鸡饲料的能量水平以不低于12.13～12.55 MJ/kg、蛋白质含量前期不低于21%、后期不低于18%为宜。

肉用仔鸡的饲养可分为两段制和三段制，两段制是0～4周龄喂前期饲料，属育雏期；4周龄以后则喂后期饲料，属肥育期。我国肉用仔鸡的饲养标准属两段制，已得到广泛应用。当前肉鸡生产发展，总的趋势是饲养周龄缩短，提早出栏，并推行三段制饲养。三段制是0～3周龄喂前期料，属育雏期；4～5周龄喂肥育前期料，属中期；6周龄到出售喂肥育后期料。三段式更符合肉用仔鸡的生长特点，饲养效果较好。

根据肉用仔鸡的营养需要和当地的饲料种类，筛选出最佳配方，这是饲养肉用仔鸡最重要的问题之一，因为饲料的质量、价格是影响肉用仔鸡生产成本的主要因素。

3. 实行自由采食　从第一日龄开始喂料起一直到出售，对肉用仔鸡应采用充分饲养，实行自由采食，任其能吃多少饲料就投喂多少饲料，而且想方设法让其多吃料。如：增加投料次数，炎热季节加强夜间喂料，后期注意“趟群”等。通常肉用仔鸡吃的饲料越多，长的越快，饲料利用率越高。因此，应尽可能诱使肉鸡多吃料，自始至终采用充分饲养，实行自由采食。

4. 料型　喂养肉用仔鸡比较理想的料型是前期使用破碎料，中、后期使用颗粒料。采用破碎料和颗粒饲料可提高饲料的消化率，增重速度快，减少疾病和饲料浪费，延长脂溶性维生素的氧化时间。在采用粉料喂肉用仔鸡时，一般都是喂配制的干粉料，采取不断给食的方法，少给勤添，保持经常不断料。为了提高饲料的适口性，使鸡易于采食，促进食欲，在育雏的前7～10天可喂湿拌料，然后逐渐过渡到干粉料，这对提高育雏期的成活率，促进肉用仔鸡的早期生长速度比较有利。应注意防止湿拌料冻结或腐败变质，当饲料从一种料型转到另一种料型时，注意逐渐转变的原则，完成这种过渡有两种方法：一是在原来的饲料中混入新的饲料，混入新饲料的比例逐渐增加，二是将一些新的喂料器盛入新的饲料放入舍内，这些喂料器的数量逐日增加，盛原来饲料的喂料器则逐步减少。无论采用哪种过渡法，一般要求至少要有3～5天的过渡时间。

5. 喂料次数和采食位置　一般采用定量分次投料的方法，喂饲次数可按第一周龄每天8次，第二周龄每天7次，第三周龄起一直到出售，每天可饲喂5～6次。增加喂料次数可刺激鸡的食欲，减少饲料的浪费，但也不宜投料次数过多。否则，不仅影响鸡的休息，而且对于饲料的消化吸收和鸡的生长也不利。喂养肉用仔鸡应有足够的喂料器，可按第一周龄每 100 只鸡使用一个平底塑料盘喂湿拌料，1 周龄后可用饲槽（每只鸡应有 5 cm 以上的采食位置）或吊桶喂料器（20～30 只鸡一个）逐渐改为喂干粉料，应注意料槽或吊桶的边缘与鸡背等高（一般每周调整一次），以防饲料被污染或造成饲料浪费。

6. 饮水 饲养肉用仔鸡应充分供水，水质良好，保持新鲜、清洁，最初 5～7 天饮温开水，水温与室温保持一致，以后改为饮凉水。通常每采食 1 kg 饲料需饮水 2～3 kg，气温越高，饮水量越多。

一般每 1 000 只鸡需要 15 个 4 kg 的饮水器或 7 个圆钟形的饮水器。若使用饮水槽，每只鸡至少应有 2.5 cm 的直线饮水位置，饮水器边缘的高度应经常调整到与鸡背高度一致，饮水器下面的湿垫料要经常更换。每天早、晚应注意消毒和清洗饮水器，并及时更换上新鲜的水，保持饮水器中经常不断水，而且将饮水器均匀地摆布在喂料器附近，使鸡只很容易找到水喝。

（三）肉用仔鸡的管理

1. 温度 养育肉用仔鸡的温度通常可参考育雏的温度，但要注意掌握温度不可偏高，特别是后期更是如此。肉用仔鸡生长快，饲养密度大，后期皮下已积存一定量脂肪，所以前 2 周温度稍高无甚影响，从第三周起应注意降温，否则会影响生长速度，增加死亡率和降低屠体等级，供温标准可掌握在第一、二天 35～33℃，以后每天降低 0.5℃左右，从第五周龄开始维持在 21～23℃即可。根据鸡群和天气情况，应注意“看鸡施温”，以鸡群感到舒适，采食、喝水、活动、睡眠等正常为最佳标准。切忌温度忽高忽低，寒冷季节不能使鸡受到贼风的侵袭，炎热天气应注意防暑降温。

2. 湿度 肉用仔鸡适宜的相对湿度范围是 55%～65%。最初 10 天可高一些，这对促进卵黄吸收和防止雏鸡脱水有利；以后相对湿度应小些，保持舍内干燥，以防垫料潮湿，引起球虫病等。

3. 通风 经常注意通风换气，鸡舍内保持空气新鲜和适当流通，使鸡免受过多氨气、硫化氢、二氧化碳的危害，这是养好肉鸡的先决条件。足够的氧气可使鸡只维持正常的新陈代谢，保持健康。空气流通一方面可及时排除有害气体，另一方面能控制舍内湿度，使垫料保持良好的状态。人进入鸡舍内不应感到有强烈的刺激味，甚至眼睛流泪，也不应有憋气的感觉。为此，在注意温度的同时，根据天气的状况（特别是早春、晚秋和寒冷的冬季）应经常调节门窗、通气孔、帘布开启的大小，无窗鸡舍应调整好通风系统，以使舍内保持空气新鲜，对于 3 周龄以后的鸡，尤其应注意通风换气。

4. 光照　光照的目的是延长肉仔鸡的采食时间，促进生长速度，但光线不宜过强。一般第 1 周 23 h 的光照，1 h 的黑暗；从第 2 周龄起，白天利用自然光照，夜间每次喂料、饮水时可开灯照明 0.5～1 h，然后黑暗 2～4 h，采用照明和黑暗交错进行的方式。光照强度的原则是由强到弱。开始 1～2 周龄 2.7～3.5 W/m^2（灯高 2 m、灯距 3 m、带灯罩），这可帮助小鸡熟悉环境，充分采食和饮水。从第 3 周龄起 1.3～2.1 W/m^2 的光照强度即可。为保持整个舍内光照强度均匀，最好用功率小于 60 W 的灯泡，均匀安装并加灯罩。应注意随时更换破损灯泡，每周将灯泡擦拭 1 次，以使舍内保持适宜的亮度。

5. 密度　饲养密度是否恰当，对养好肉用仔鸡和充分利用鸡舍有很大关系。肉用仔鸡平面垫料饲养时，每单位面积饲养的只数决定于肉用仔鸡体重的大小。如果饲养密度太大，鸡的生长发育就会受到抑制，同时鸡只的个体间体重差异大，发育不良的个体增多，易出现啄癖，死亡率也增高。地面平养的适宜饲养密度（表 4-2、表 4-3）。

表 4-2　不同体重肉鸡的饲养密度

每只鸡活重	1 m^2 饲养只数	1 m^2 活重 (kg)
1.4	18	25.2
1.6	16	25.6
1.8	14	25.2
2.0	12.6	25.2
2.2	11.5	25.3
2.4	10.7	25.7
2.6	10	26.0

表 4-3　不同日龄肉鸡的饲养密度

日龄	饲养密度（只/m^2）	备注
1～7	40	每周应将鸡群疏散 1 次
8～14	30	
15～28	25	
29～42	16～17	
43～56	10～12	

网上平养和笼养方式比地面垫料平养饲养密度可提高 30%～100%。冬季通风条件好，饲养密度可高一点；夏季通风设施差，饲养密度应适当低些。

6. 适当的肥育期限　肥育期限与经济效益密切相关，而经济效益受品种性能、生长速度、饲料品质及市场价格等多种因素的影响。一般地说，达到一定活重所需天数越短,饲料消耗越少,鸡舍的使用时间越短,鸡舍周转率就越快,而且担风险也少。目前,我国饲养的“快大型”肉鸡,无论是作为整鸡;带骨肉鸡用,还是作为分割净肉用,一般以56日龄左右出栏上市较为合算。国外肉用仔鸡的肥育期限从20世纪60年代的9周龄,到目前已缩短为6～7周龄出栏上市。

7.肉鸡的绝食与送宰　肉用仔鸡达到要求体重时,要及时拉运到屠宰厂。送宰前断食8～10 h最合适,如果断食时间太长,不仅肉鸡失重太大,而且对胴体品质和等级均有一定影响。所以,出场前4～6 h应使鸡将饲料吃完,饮水可继续供应。送鸡装笼的时间夏季应安排在清晨或夜晚,冬季在中午较合适。抓鸡前将鸡舍光线变暗或变成蓝光或红光,然后移走饲槽(或吊桶)、饮水器等所有器具,以避免鸡只受到机械性损伤。抓鸡时不应提抓翅膀,应抓跟部,免得骨折或出现“血印”;入笼、装车、卸车、运输、放鸡时动作要轻巧稳妥,不能粗暴操作,以防碰伤,造成不必要的经济损失。

(四)饲养肉用仔鸡的几项先进技术措施

1.实行“全进全出”制　所谓“全进全出”制是指同一栋鸡舍内(全场更好)同一时间里投入同一日龄的雏鸡,养成后又在同一时间出售屠宰。现代肉用仔鸡生产几乎都采用“全进全出”的饲养制度。这种饲养制度简单易行,管理方便,可以实行统一的饲养标准、统一的技术和防疫措施。仔鸡出场后,有利于彻底清扫、消毒、切断病原的循环感染。全进全出的饲养制度比在同一栋鸡舍里几种不同日龄的鸡连续生产制增重快、耗料少、死亡率低。

2.公、母分群饲养　根据公、母鸡不同的生理特点,实行分开饲养制度,可提高经济效益。随着自别雌雄商品鸡的培育和初生雏鸡雌雄鉴别技术的普及和提高,公、母分开饲养得到了普遍重视,表现出许多优点。

(1)生长速度不同　通常2周龄后公鸡生长的速度快于母鸡,4、6、8周龄时公鸡的体重比母鸡分别高13%、20%、27%。如公、母混养,体重大小不一,食槽、水槽高低要求不同,往往顾此失彼,特别是弱小的母鸡受影响更大。分开饲养可使公、母鸡的生产性能表现得更加理想。公、母鸡的遗传性能不同,母鸡7周龄后,生长速度相对下降,每千克增重的耗料量则急剧增加。所以,7周龄左右出售饲料效率高,经济合算;公鸡快速增重的时间可到9周龄,故9周龄出售,喂养重型肉鸡的效益较好。

(2)公、母鸡对营养要求不同　公鸡沉积脂肪的能力比母鸡差,但公鸡比母鸡能更有效的利用蛋白质,从2周龄起公、母雏对重要营养成分需求量就有显著差别。公鸡饲料的蛋白质水平应高于母鸡,适量添加赖氨酸可使公鸡的生长速度和饲料效率明显提高,母鸡则反应比较小。

(3)公、母鸡对环境要求不同　公鸡的羽毛长得慢，母鸡羽毛长得快，所以公鸡前期对温度的要求比母鸡高，而后期则比母鸡低些；公鸡的体重大，因此胸囊肿的发病比例比母鸡高，要求垫料松散并适当加厚。

总之，实行公、母鸡分开饲养比混合饲养平均增重快，节省饲料，大小均匀，有利于机械屠宰加工、分割及包装等一系列作业。

3. 采用颗粒饲料　颗粒饲料的优点是适口性好，营养全面，比例稳定，经包装、运输、饲喂等工序不会发生质的分离和营养成分不均的现象，饲料浪费少，同时在加工成颗粒料的过程中还起到一定的消毒作用，颗粒料体积小比重大，可促使肉鸡多吃料。所以，使用颗粒料可提高饲料的效率 2%，增重提高 3%～4%，对减少疾病和节省饲料有重要作用。国外肉鸡生产已普遍使用颗粒饲料。目前，国内颗粒饲料加工厂也越来越多，饲养肉用仔鸡的场、户用颗粒料的也逐渐增多。颗粒直径一般 0.3 cm 左右，育雏期的料是将颗粒料再破碎，成为便于采食的细小的破碎料。

4. 注意早期饲养　肉用仔鸡第一周体重可达 130 g 以上，如果前期营养差、生长慢，后期虽然有一定的补偿作用，但始终赶不上营养好、生长快的。据试验，5～8 周龄均使用 21%的蛋白质饲料，前期使用 23%的蛋白质饲料比使用 21%的蛋白质饲料体重高 3%。前期鸡的体重小，维持消耗少，虽然饲料因营养水平高，成本高一点，但鸡的生长速度比使用营养水平低的饲料长得快，饲料效率高，其单位增重比使用低营养水平的饲料成本低。因此，饲养肉用仔鸡，应特别注意早期饲养问题。

5. 光照　最近对不同光照制度的研究证明：在“无窗”(即环境控制)的鸡舍，每 24 h 内给予 1～2 h 的光照与 2～4 h 的黑暗交替循环进行的光照方案比连续光照增重快、死亡率低、饲料报酬高。

总之，在整个饲养期间，要为肉用仔鸡提供“适宜的环境”、“完善的营养”、“严格的防疫措施”，并应注意每周抽测生长发育状况。日常的饲养管理中，要注意细心观察(采食、粪便、鸡群的动态等)，及时发现并解决处在“萌芽”状态的问题，做好“微细管理”，科学合理地处理所有的细节，喂养肉用仔鸡就一定会取得成功。

第四节　肉鸭生产

一、肉鸭生产流程

肉鸭的生产流程主要由 4 个环节组成：育种场、种鸭场、孵化场、商品肉鸭场。

(一)育种场

育种场的主要目的是培育新品种。它是利用某些原有鸭品种作为育种素材，采用各种先进的育种方法，培育出具有出色生产性能的肉鸭新品种。

（二）种鸭场

种鸭场主要包括祖代鸭场、父母代鸭场。祖代鸭场饲养祖代鸭，父母代场饲养父母代鸭。祖代场为父母代场提供父母代种鸭雏；父母代种鸭产蛋后，经过孵化产出的雏鸭就是商品代肉雏鸭，将其提供给商品代肉鸭场饲养。

（三）孵化场

孵化场的主要任务是对祖代鸭和父母代鸭产出的种蛋进行孵化。

（四）商品肉鸭场

商品肉鸭场的主要任务就是将父母代鸭场生产的商品代肉鸭经过饲养，至出栏屠宰销售。

肉鸭的整个生产流程，如图 4-21 所示。

二、鸭舍的建筑要求

（一）场址选择及布局设计

1. 鸭场场址的选择 通常情况下，如果是家庭养殖，且数量有限，几百只到一两千只，往往只在自家的院前院后即可完成，如果养殖规模较大，院前屋后的场地难以完成时，则需要另选场地，这时场址的选择问题就比较重要了，选择一个合适的鸭场场址，不仅关系到经济效益的高低，而且是养鸭成败的关键因素之一。因此必须引起广大养殖者的高度重视，选择最合适的地点建造鸭场。下面讲几条原则：

（1）地势高燥，向阳背风 首先，建造鸭舍的场地要高于周围地区，以免雨季积水，若有一定坡度更好，有利于排水；其次场区应向阳背风，以坐北朝南最好。在山区应选择在半山腰处建场，不宜选在昼夜温差过大的山顶，或通风不良和潮湿的山谷深洼地带。鸭场的土质以壤土最佳。

（2）水源充足，水质良好 养殖种鸭，应考虑水的问题。鸭是水禽，日常生活离不开水，洗澡需要水，交尾配种更离不开水，每天还要有大量饮水。所以，水源的选择对鸭来说十分重要。鸭场一般建在离河较近的岸边，水面尽量宽阔，水源充足，水质良好，无污染。

（3）交通便利 鸭场应与公路、水路或铁路相通，便于运送产品和饲料。但也不能离车站、码头、交通要道太近，一般应最低应有 100 m 以上的距离，如若有围墙，可缩短到 50 m，其目的是保证防疫，避免疫病的传播。不要在铁路或公路旁边建场，不利于防疫卫生，而且由于环境杂乱，容易引起鸭的应激反应，影响生长和产蛋。

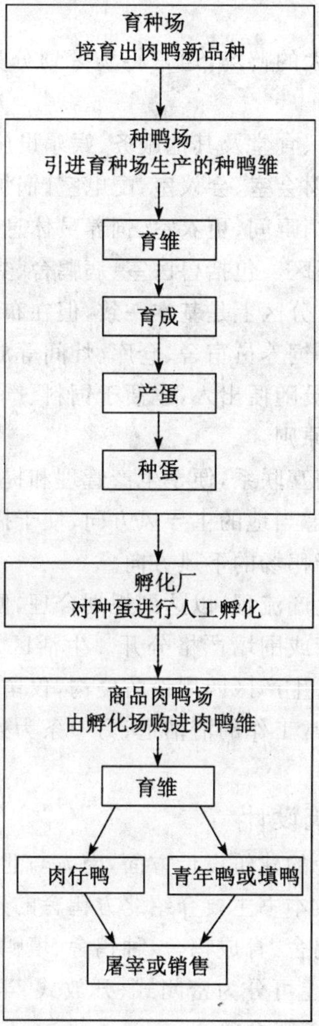

图 4-21　肉鸭生产流程示意图

(4)电力保障　鸭场晚上必须照明,若有孵化场则更不能断电,因此,在选择场址时,应有电力保障。在经常停电的地区要自备发电机。电力安装容量以每只种鸭 5～6 W,商品鸭 1.5～2 W 计算。

(5)粪便处理　在建造鸭场前,就应考虑好粪便的处理问题,如能做到综合利用,不仅减少污染,还能取得最大的经济效益。如利用鸭场内的污水灌溉农田或养鱼等。

2. 场区布局的设计

(1)鸭场分区　规模较大的鸭场，通常将场区划分为生活区、行政区、生产区、病鸭管理区和粪污处理区。

生活区　包括职工宿舍、食堂及其他服务、娱乐设施和场所等。

行政区　包括办公室、财会室、会议室、配电室、锅炉房、车库等。

生产区　包括洗澡间、消毒间、更衣室、饲养员休息室、鸭舍、蛋库、料库等。

病鸭管理区和粪污处理区　包括兽医室、病鸭舍、粪污处理池等。

小型鸭场与大型鸭场在分区上是基本一致，但在布局时为了减少造成成本，可进行简化，常见的做法是：将饲养员宿舍、仓库、灶间等放在最外侧的一端。将鸭舍放在最里端，以避免外来人员随便出入，也便于饲料、产品等的运输和装卸。

(2)鸭场内各区的布局原则

①综合考虑各区间的相互联系，便于生产管理和提高工作效率。

②在布局各区时，要考虑当地的主导风方向，便于搞好卫生防疫。如病鸭管理区和粪便处理区一定要处于鸭场的下风方向。

③生产区要重点考虑生产流程，以达到规划合理，便于生产。

④各区之间应用绿化带或围墙严格分开。生活区、行政区要远离生产区。生产区与其他区域必须隔离。生产区四周设防疫沟，仅留两条通道：一条为饲养员进行雏鸭饲喂、饲料运送等正常工作的清洁道；另一条为处理鸭粪和鸭群淘汰等的污道，两条不能交叉。

(二)各种鸭舍的建筑设计

1. 鸭舍的分类　在鸭舍的建筑设计方面，南方与北方有很大的不同，主要是因为二者的气候特点造成的。本书主要介绍北方鸭舍的建造特点。

鸭舍按用途分为育雏鸭舍、育成鸭舍、种鸭舍、填鸭舍；从舍内布局上可分为单列式、双列式。从建筑方式上可分为密闭式、开放式、半开放式。从饲养方式上可分为地面平养鸭舍、网上平养鸭舍等。

2. 各种鸭舍的建筑设计

(1)育雏鸭舍　雏鸭的饲养方式可分为网上平养和地面平养两种方式。无论哪种饲养方式，对房舍的建筑要求都是一样的。雏鸭舍的房舍要求是：保温性能要好，特别是屋顶最好有隔热层；墙壁要厚实，寒冷地区北窗要用双层玻璃窗，室内要安装加温设备，并有稳定的电源；采光要充分，通风良好，鸭舍地面面积与窗户的有效面积之比为 9∶1 左右，北窗面积较小，约为南窗面积的一半，南窗离地面高 60～70 cm，并设气窗，便于调节室内空气，克服通风和保温的矛盾，北窗离地面高 1 m 左右；地面要坚实、干燥，既防鼠害，又利排水。舍内有加温设施。为了提高保温性能，舍内屋顶应设天花板。

网上平养雏鸭舍多采用有窗式双列单走廊雏鸭舍，其跨度为 8 m，走廊设在中间，宽 1 m。走廊两侧为网状鸭床，网床离地面 1 m 左右。这种鸭床用水泥杆、木料或毛竹搭成框架，在框架上面铺上塑料网、金属网等，网眼大小为 1 cm×1 cm。鸭舍地面为水泥地面，网架下的地面建成“V”形沟，形成一定的坡度，坡沟面的倾斜度为 30°。雏鸭排泄物可直接漏在“V”形沟中，用清水冲入集粪池中。网上平养雏鸭舍卫生条件好，节约垫草和能源，省工省时，管理方便、易于消毒。其主要缺点是一次性投资较大。建议有条件的采用此方式最好。

地面平养育雏舍，多采用有窗式单列带走廊的育雏舍。鸭舍跨度 8 m。舍内隔成若干小区，南墙设供温设施；北墙边设走廊，宽 1 m；东山墙设门，供人员进出；南墙开通向运动场的门。鸭舍南、北墙设窗，每侧上下两排窗，下排窗除起到通风降温作用外，还可供鸭群出入于运动场。但下排窗需设铁丝网罩以防兽害。靠走廊一侧建一条排水沟，沟上盖铁丝网，网上放饮水器，使雏鸭饮水时溅出的水，通过铁丝网漏到沟中，再排出舍外。也可以在走廊一侧用水泥砌制水槽，水槽紧挨走廊，水槽南侧设一个宽 30 cm、深 20 cm 的水沟。走廊与雏鸭区用围栏隔开，食槽设在围栏的中心。南侧墙外是运动场和水浴池。运动场上要搭设遮阳凉棚。

(2)育成鸭舍　育成鸭舍的基本要求是：能遮风挡雨，冬暖夏凉，易于建造，投资少。

肉鸭 3 周龄结束后，即从 22 日龄进入生长肥育期。这个时期肉鸭生长快，对外界环境适应能力增强，对温度的要求也较宽松，因而在鸭舍建造上可简单些，只要满足基本要求即可。育成鸭舍一般为双列式单走廊鸭舍，地面为水泥或三合土结构，鸭舍要备有垫草或锯末，鸭舍地面有一定倾斜，在较低的一边挖 1 道排水沟，沟上覆盖铁丝网，网上设置饮水器，防止漏水浸湿垫草。每 350 只鸭应用长 10 m 的水槽，在槽的一端放 1 个水浮子，以保证有足够的水，舍内的走廊设在中间，走廊与鸭群之间用围栏隔离开来，食槽设在围栏的中心位置。

(3)种鸭舍　目前，种鸭舍采用最多的是地面平养鸭舍，鸭舍有单列式和双列式 2 种。双列式鸭舍的走廊在中间，两边设有陆上运动场和水上运动场。种鸭舍与雏鸭的基本相同。要有通风设备以保证足够的新鲜空气。同时，保温性能要求较高，房顶要有天花板，采用绝缘材料建筑鸭舍，要求鸭舍墙壁的隔热性能良好。种鸭舍每幢容量以不超过 400 只为宜，鸭舍檐高 2.6～2.8 m，窗户的有效采光面积与地面面积之比为 1∶10，舍内地面比舍外稍高，以防进水潮湿。饲养密度为每平方米 3 只肉种鸭。为预防鸭群夏季热应激，可在北面开设地脚窗，但不用玻璃，只安装铁条或铁丝网，以防鼠害，在冬季寒冷时用帆布或塑料布封闭，以防漏风。

气温温和地区鸭舍朝南边可以无墙，也不设窗户全敞开。

鸭舍内每 250 只种鸭装备 1 个 6 m 长的饲槽，饲槽的高度为 10～15 cm。或采用塔式喂料器。每 250 只种鸭设置 1 个长 5 m 的水槽，水槽的位置设在远离母鸭产蛋地点的墙角处，也可将水槽吊挂在舍外，以防止水溅在种蛋上。产蛋箱要尽量放在远离水槽的地方，其尺寸为 40 cm×40 cm×40 cm，可用 1 cm 厚的木板制成。每 4 只母鸭备 1 个产蛋箱，10 个产蛋箱为 1 组放在一起。

(4)填鸭舍　填鸭舍的建筑要求与育成鸭舍基本相同，填鸭舍的要求更简单，一般地面为夯实的泥土，不必要求水泥地面，地面向走廊倾斜，在走廊一侧设置饮水槽，水槽下面有排水沟，使水槽溢出的水直接进入排水沟。由于填鸭舍是育成鸭的进一步肥育，鸭的个体大，因此填鸭舍要分隔成若干个小圈，每圈 12 m^2 左右，可容纳 50～60 只填鸭，平均饲养密度为 5 只/m^2。

(三)旧场舍的改造与利用

近年来，肉鸭的养殖速度在不断地加快，更多的养殖户加入到肉鸭养殖的行业中，其中有很多养殖户有一定的硬件条件，比如原来养过肉鸡或蛋鸡，现在要将这些场舍用于养殖肉鸭，必须对现有场舍进行多方面的改造，如果改造的好，就可减少投资，降低成本。但在现实情况下，相当多的养殖户改造后的效果并不理想，现就如何将旧场舍改造成合格的肉鸭舍提出几点建议。

1. 根据肉鸭养殖条件，制定对旧场的改造规划　为了将旧场舍改造成适于肉鸭生产的鸭舍，首先要掌握肉鸭养殖的基本规律和条件，再根据旧场舍的现有条件，制定合理的改造计划。

2. 要高度重视鸭舍屋顶和采暖设施的改造　鸭舍屋顶散发的热量最大，约占鸭舍总散热量的 65%，而旧场舍的屋顶普遍存在着无顶棚、严密性差、厚度小的缺陷。因此，养殖户要根据具体情况因地制宜地做好屋顶的改造。如吊顶等，能较好地解决保温问题。

3. 重视窗户和墙体的改造　采光要合理。改造采光窗时，应根据养殖目的、鸭的饲养阶段和窗户的采光系数(窗户的有效采光面积与鸭舍地面面积之比)进行有针对性的改造。

加强墙壁的保温隔热性能，如若墙壁保温性能不够，应加厚墙壁，可对鸭舍墙体内壁抹沙灰泥，以增加墙体厚度和热阻效果。

4. 注意提高鸭舍的通风换气能力　肉鸭在养殖过程中，由于肉鸭的代谢强度高，舍内容易产生污浊空气，因此必须加强鸭舍的通风换气。如果旧鸭舍本身的通风换气就不好，必须进行彻底的改造。如考虑在旧场舍的墙上安装轴流式风机以及在夏季安装水帘等措施。

5. 实施严格的消毒　旧场舍在改造前，应做好卫生清理工作。改造后同样要进行严格的消毒，切不可掉以轻心，把改造后的鸭舍看作是新鸭舍，这样做的后果是很严重的。

三、肉用种鸭的饲养管理

（一）0～4 周龄鸭的饲养管理

0～4 周龄种鸭的饲养管理，可参照前述商品肉鸭的饲养管理进行。这里不再赘述。

养种鸭毕竟与养商品肉鸭不同，它关系到后代的品质和经济效益，因此有几点注意事项应引起养殖户的高度重视，简述如下：

1. 种鸭来源必须可靠　无论是养祖代鸭还是父母代鸭，其来源必须可靠。我国的北京鸭只有北京有原种场和曾祖代种鸭。樱桃谷祖代鸭，必须从英国樱桃谷公司引进，才能购得正宗的种鸭。我国目前樱桃谷祖代鸭场主要有四川省绵阳市的绵英祖代鸭场，江苏省南京市的宁英祖代鸭场等。

2. 种鸭选留必须严格

①种鸭的留种一般选择春、秋两季。

②种雏的选择：从国内、国外引种时，引进的多为种鸭苗。好的种雏应具备如下特征：羽毛清洁，富有光泽，呈鲜黄色，嘴、腿、蹼呈橘红或橘黄色，两腿健壮有力，小鸭活泼好动，眼大有神，反应敏感。手感选择。用手握住小鸭，感到身体饱满，有弹性，体重大小均匀，腹部宽阔、平坦、柔软，卵黄吸收良好，脐部干燥无出血，小鸭挣扎有力，鸣声响亮。小鸭出壳 1～2 天，应及时进行公、母鉴别，公、母鸭的留种比例为 1∶(4～5)，这样可减少公鸭饲养量，节省种鸭培养费用。

（二）5～25 周龄鸭的饲养管理

5～25 周龄的鸭又称为后备期或育成鸭。这一阶段的种鸭迅速生长发育并达到性成熟和体成熟，是决定成年鸭生产性能优劣的最主要的时期。倘若饲养管理不当，则可导致成年种鸭生产性能低下，经济价值低，甚至失去种用价值。

饲养肉用种鸭的根本目的是要获得优质健康的肉雏鸭，这与种鸭的生产性能有重要关系。种鸭的生产性能主要包括母鸭产蛋量和产蛋质量、种蛋受精率、种蛋孵化率及雏鸭强健情况等。

1. 种鸭育成阶段的饲养方式　种鸭的饲养方式主要有 4 种方式：地面平养、网上平养、半地面半网上饲养及、笼养。

在上述 4 种方式中，各种方式在前面已经做过介绍，养殖户具体想采用哪一种方式，应根据各自的条件灵活选用。

2. 种鸭育成阶段的关键技术 饲养种鸭的目的不是指望它们增加体重，而是为了将来有良好的产蛋性能，产蛋量高，蛋重大，饲料转化率高，所产后代雏鸭的育肥效果好。但在育成阶段，育成鸭的食欲旺盛，消化能力提高，极易导致体大过肥，而体大过肥的鸭子，其生产性能会大幅下降，主要表现为开产过早，产蛋量降低，蛋的品质下降。为了使鸭子具有良好的产蛋性能，必须保证鸭子不过肥，因此，在育成阶段，就要实行限制饲喂，使鸭的生长略受抑制，防止性成熟过早（开产过早，导致早产早衰），控制体重增长，维持标准开产体重，减少采食量，从而节省饲料，降低体内脂肪积累，以免体重过大鸭体过肥。因此，养好育成鸭的关键是防止育成鸭开产过早和育成后期过肥，防止开产过早和过肥的主要技术手段就是限制饲喂、控制体重和控制光照。只有三者的有机结合才能做到效果最佳。因此我们必须牢记，以下 3 条是养好育成鸭的关键技术：限制饲喂、控制体重、控制光照。

(1)限制饲喂 限制饲喂法有 3 种：

①限时法。限时法是指限时饲喂，或减少饲喂次数，或缩短饲喂时间。隔 1 天喂 2 次的方法，更符合育成鸭的饲养需要，效果最佳。

②限质法。控制营养水平，降低日粮中粗蛋白和能量的含量，增加纤维素。但钙、磷、微量元素和维生素仍保证满足需要，以促使鸭体骨骼和肌肉的正常生长发育。

③限量法。在日粮营养水平较高的情况下，适当减少其采食量，限喂前应根据出雏日期、体重标准、饲料及饲养方式等条件制定限喂计划。

无论采取何种限饲方法，必须注意以下几点：第一，育成种鸭的日粮应为营养全面的颗粒饲料，特别是维生素类和限制性氨基酸不可缺少。第二，隔天饲喂的饲料应在 4～6 h 内吃完，隔 1 天喂 2 天的饲料应在 3～5 h 内吃完。若饲料投喂量没变而采食时间发生变化，则需检查原因，投喂量是否过多或过少。第三，每只鸭要有适当的采食料位。育成期种鸭的采食间距每只应不少于 15 cm，饮水间距每只不少于 2 cm。第四，称量饲料要准确，使配给的饲料量准确无误；要定期抽样称量鸭体重，通常每 1 000 只鸭中抽称 50 只，空腹称重。第五，调整饲喂量，应在准确称量鸭体重，表明鸭群不符合品种体重标准以后再进行。饲喂量增加或减少的幅度应按每 100 只鸭 0.5 kg 的比例掌握，不要超过这个比例。第六，在母鸭开产前一段时间，需逐渐增加饲喂量，一般是每周增加 2 次或 3 次，每次按每 100 只鸭增加 1 kg；到刚开始产蛋时，需改为每日饲喂，并更大程度地增加饲喂量；至母鸭产蛋量达 5%左右时，应采取自由采食制，这样既能供给其足够的营养，用于蛋的形成，刺激开始产蛋，又能很好地控制其体重，并且尽量减少应激。

目前最常用的限饲方法是隔天饲喂和隔1天喂2天法两种方法。也有喂粉料或粗料而不限时间的，但这种方法不足取。隔天饲喂法是指将鸭2天该采食的总饲料量在1天之内投喂完毕，另外1天则停喂。隔1天喂2天法是指将鸭3天该采食的总饲料量平均分2天投喂完，而第3天停料。据统计，隔1天喂2天的方法更符合育成鸭的饲养需要，效果最佳。

(2)控制体重　育成鸭的体重可通过限制饲喂进行控制，但限制饲喂时，既不能过头，也不能不到位，应当是恰到好处，如何才能做到这一点呢，这就是通过抽样测定作为控制体重的监测手段。

抽样称重必须在空腹的条件下完成，因为品种标准表列出的是空腹体重。具体方法是：从第5周开始，每周的同一时间抽测体重1次，直到开产。随机抽取所有母鸭的5%和所有公鸭的5%，分别称量其公、母鸭的总重，算出平均数；再将这部分鸭的个体逐只称重。将公、母鸭体重平均数分别与其品种标准比较，如果相同或很接近，则饲喂量正常；若两者不同，就要相应改变饲喂量，如体重比标准轻，则需适当增加饲喂量；如体重比标准重，则需适当减少饲喂量。如果抽测鸭的体重个体差异大，则要改善饲喂方法，例如，增加饲喂设备、改变饲喂时间等。

(3)控制光照　光照是影响鸭性成熟的关键因素。如果在育成期光照时间过长，会导致性成熟过早，从而导致开产早、终身产蛋少，蛋重小、受精率低；如果光照时间过短，可导致性成熟晚，产蛋迟，终身产蛋少。

育成期的光照原则是：光照时间和光照强度不能增加。5～20周龄，每天固定9～10 h的自然光照。

在实际生产中，此阶段多采用自然光照。但如果日照时间是逐渐增加的，则与光照原则相矛盾，不利于产蛋期的产蛋。解决的办法是将光照时间固定在19周龄时当地的自然光照时间范围内，如果时间不够，则人工补充光照，但应注意整个育成期固定光照以不超过11 h为宜。如果日照时间是逐渐缩短的，则利用自然光照即可。从21～25周龄，逐渐增加光照时间，直到25周龄时达到16 h光照。由20周龄时的光照时间与25周龄开始时的16 h光照时间的差值，计算出每周应增加的光照时间，分别在早上和晚上增加，直到25周龄时。

(4)种鸭育成阶段管理工作的重点

①公母分群饲养。

②密度适宜：育成期地面平养每平方米不超过5只，网上饲养不超过10只，半地半网养不超过7只。

③加强通风换气。

④定期更换垫料。

⑤设置产蛋箱：产蛋箱于24周龄前(一般在22周龄)放入鸭舍，在舍内四周摆放均匀，位置不可随意更改。每个产蛋箱供4只母鸭产蛋，可以5～6个产蛋箱连在一起组成一列。产蛋箱底部铺上干燥柔软的垫料，垫料至少每周更换2次，越清洁则蛋越干净，孵化率越高。

⑥做好记录，主要包括育成鸭的只数、公母比例、饲喂量、体重、死亡淘汰数等。

(三)26周龄至淘汰期间的饲养管理

25周龄以后，是种鸭的产蛋期，种鸭的产蛋个数、种蛋的受精率以及孵化率的高低是衡量种鸭饲养好坏的重要指标。

1. 饲养方式 产蛋鸭的饲养方式与育雏期基本相同，根据条件可选择地面平养、网上平养、半地面半网上饲养及笼养。有的养殖户采用了育成后期不转群的方式，也是可行的。

2. 光照管理 每日提供16 h光照，时间要固定，开关灯时间固定，不可随意更改，否则会严重影响产蛋。

3. 公母比例 在育成期，就要及时淘汰不合格的种公鸭。在产蛋期间，公母比例为16∶100。公鸭的数量既不要多，也不要少，过多的公鸭或新增进的公鸭会扰乱鸭群的秩序，需要立即剔除过剩的公鸭。

4. 种蛋收集 凌晨3～4时是鸭的集中产蛋时间，产蛋后期产蛋时间会有所延迟，在6～8时产完，多数母鸭在7时以前产完蛋，因此应根据鸭的产蛋时间，固定每天早晨收集种蛋的时间。产蛋箱外的种蛋要及时收走，以防被污染。统一收集种蛋以后产出的蛋也要及时捡走。种蛋收集后，要尽快放入烟熏消毒柜(室)中消毒，并转入蛋库贮存。种蛋贮存时间不宜过长，一般2周以内应进行孵化。一个管理良好的种鸭群，种蛋的受精率应在90%以上，入孵蛋孵化率应大于80%。

5. 垫料管理 地面垫料必须保持干燥清洁，应及时清除和更换。

6. 种鸭饲养效果的检查 种鸭饲养效果是否正常，可用下述指标进行衡量：

(1)育雏效果：育雏率应达90%以上，体重达到品种标准。

(2)育成效果：育成率应达90%～95%，体重达到品种标准。

(3)产蛋效果(以樱桃谷鸭及北京鸭为例)：

①全程平均每只鸭产蛋数为230～260枚。

②孵化率75%～85%，受精率90%左右。

③月死淘率1%以下。

④正常情况的产蛋率为：26周龄5%，28～30周龄15%，33～35周龄90%或以上，进入产蛋高峰期。产蛋高峰期可持续1～3个月。

7. 做好记录

四、商品肉鸭的饲养管理

（一）进雏前的准备

1. 设备检修　进雏前要对所有育雏器具（如饲喂设备、饮水设备）、通风设备、采光设备、电源等进行一次全面检修，以保证育雏的顺利完成。

2. 鸭舍维修　进雏前，对鸭舍进行一次细致的检查维修，堵塞漏洞和鼠洞。

3. 铺设垫料，调试温度　雏鸭进舍前2天，应在舍内地面和网上铺设好干净的垫料和垫层，垫层要求干燥，清洁，柔软，吸水性好，粉尘少，无尖硬杂物，切忌霉烂。常用的垫料有刨花、木屑、干草、麦秸、干沙、谷壳等。供温设施要认真检查试用，以确保供温安全可靠。

4. 饮水器充足，饮水卫生　雏鸭到达前，应提前4～6 h在育雏舍内安放好盛满水的饮水器，以使水温达到与室温一致。饮水器在育雏区域内要均匀分布，勿太靠近热源，且水槽高度与鸭背平齐，以保证雏鸭能顺利地饮水。饮水器的数量要足够。第一次饮水时，可在水中加入一些水溶性维生素、葡萄糖、抗生素等，如果是经过长途运输的雏鸭，还应在水中加入口服补液盐，以迅速补充体液。

5. 卫生消毒　在进雏2周前，应对育雏舍进行彻底的卫生清扫与消毒。

卫生清扫要干净，以保证消毒的彻底。如网上的积粪要刮干净，然后用水冲洗。消毒要彻底，包括屋顶、墙壁、地面、各种用具等，不要有遗漏。

(1)鸭舍消毒的基本方法

①清理鸭舍内的废弃物，并对地面进行清扫。

②高压水枪冲洗。

③熏蒸消毒。鸭舍按每立方米容积用福尔马林14 mL，高锰酸钾7 g，密封熏蒸24 h，为了提高熏蒸效果，可将室温控制在24℃、湿度75%以上。24 h后，打开门窗，通风换气。

④地面墙壁的消毒。可用浓度为0.3%的过氧乙酸（每立方米用量30 mL）喷洒鸭舍的地面、墙壁和屋顶。

(2)预防性消毒与临时性消毒

①预防性消毒。是指平时对鸭舍进行经常性或定期的消毒，达到杀灭病菌、预防疾病的目的。这是鸭舍、鸭场最为常用的方法。

②临时性消毒。由于临近的村或养殖场所发生了危害性较大的传染病，或者由于某些环节处理不当，怀疑鸭舍或鸭场的某些场所、道路、水源、用具、车辆、衣物等可能被传染源污染，为了安全起见，对上述物体或场所进行的临时性的消毒措

施，称为临时性消毒，亦称突击性消毒。其目的是为了消灭病原体，切断传播途径，防止传染病的扩散。

(3)常用的消毒药及其使用特性　为了让广大养鸭户更好地掌握常用消毒药的使用，下面介绍几种常用的环境消毒药物，供参考。

①福尔马林(甲醛)溶液。甲醛属醛类消毒剂。一般含甲醛 36%～40%。甲醛是最简单的脂肪醛，有极强的还原活性，能使蛋白质中的氨基发生烷化反应，使蛋白质变性，而起到杀菌作用。

甲醛为广泛使用的杀菌剂，0.25%～0.5%的甲醛液在 6～12 h 能杀死细菌、芽孢及病毒，可用于仓库、畜舍、孵化室的消毒以及器械、标本、尸体防腐；并用于雏鸡、种蛋的消毒。

福尔马林用于熏蒸消毒时，消毒前先将房室打扫干净，再进行熏蒸消毒。福尔马林与高锰酸钾以 2∶1 混合使用，房舍消毒时按每立方米容积，15 mL 福尔马林和 7.5 g 高锰酸钾混合，熏蒸 24 h，为提高效果，可将舍温提高到 20℃以上，相对湿度提高到 75%以上，关闭门窗熏蒸，时间越长越好，熏蒸完毕，打开门窗或风机进行通风。

消毒时，先将高锰酸钾倒进比福尔马林用量体积大 10 倍、能耐高温的铁容器或搪瓷容器内(不能使用铝容器)，然后再倒入福尔马林。为防止火灾，舍内易燃物品应预先搬出。

②氢氧化钠(烧碱、火碱、苛性钠)。氢氧化钠为白色或黄色块状或棒状物质，易溶于水和醇，露置空气中易吸收二氧化碳和湿气而潮解，使消毒效果减弱，故需密闭保存。3%～4%溶液能杀死病毒和细菌。30%溶液能在 10 min 内杀死炭疽芽孢，加入 10%食盐能加强氢氧化钠的杀灭芽孢的能力；0.5%～1%氢氧化钠溶液可作家畜体表消毒。

③生石灰(氧化钙)。生石灰为白色块状或粉状，主要成分是氧化钙；加水即成氢氧化钙。俗称熟石灰或消石灰，属碱性，吸湿性很强。

生石灰具有消毒力强、价廉易得，不留恶臭、不污染、不损坏物品等特点。主要以氢氧根离子起消毒作用；钙离子也能与细菌原生质起作用形成蛋白钙，使蛋白质变性。生石灰或熟石灰，必须在有水的情况下，才会游离出 OH^-，发挥消毒作用。生石灰对一般细菌有效，对芽孢和结核杆菌无效，主要用于墙壁、地面、粪池及污水沟等的消毒。石灰乳的消毒浓度为 10%～20%。熟石灰存放过久，吸收空气中的二氧化碳变成碳酸钙则失去消毒作用；因此，配制石灰乳时应随配随用。

④漂白粉。漂白粉是次氯酸钙、氯化钙与氢氧化钙的混合物，为灰白色粉末，有氯臭。药典规定漂白粉的有效氯应为 25%～30%，有效氯低于 15%即不宜应

用。漂白粉易吸收空气中的二氧化碳而缓慢分解，消耗有效氯。因此应置于密闭、干燥、阴暗、通风、凉爽(20～25℃)处保存。漂白粉在水中分解出次氯酸而发挥杀菌作用。漂白粉在酸性环境中杀菌力最强，在碱性环境中杀菌力较弱。此外还与温度、有机物的存在有关。漂白粉的消毒用量：

a.饮水消毒：每 1 m^3 水中加入 6～10 g，拌匀 30 min 后饮用。

b.饮水槽、饲料槽及非金属性用具消毒：用 1%～3%澄清液。

c.排泄物消毒：10%～20%乳剂用于畜禽排泄物消毒，或将干粉与粪便按1∶5的比例混合消毒。

⑤来苏儿。亦称甲酚皂溶液，呈黄棕色至红棕色黏稠液，含甲酚 50%，能浴于水或醇中。来苏儿杀菌能力强于苯酚，且腐蚀性、毒性较低，对一般繁殖型病原菌作用良好，但对芽孢和病毒作用不可靠。以 3%～5%浓度用于畜舍、用具等的消毒，以 5%～10%的浓度用于排泄物的消毒。

⑥克辽林(臭药冰)。克辽林是油状黑色液体，由粗制煤酚中加入肥皂、树脂和氢氧化钠少许加温制成，以水稀释时即成乳白色，毒性低。以 5%～10%浓度消毒畜舍、用具及处理排泄物。

⑦百毒杀消毒剂。百毒杀是一种常用的消毒剂，据测定，使用该消毒剂后，可在 5～10 min 内将沙门氏杆菌、金黄色葡萄球菌、多杀性巴氏杆菌、大肠杆菌、鸡新城疫病毒、法氏囊病毒等病原微生物杀灭，是一种新型消毒剂。

(二)0～3 日龄鸭的饲养管理

1.温度控制 温度控制是否得当，是育雏能否取得成功的关键。

雏鸭刚出生时，由于体温比成年鸭低 2～3℃，无皮脂，绒毛短，体温调节机能不健全，防寒能力差，加之胃容积小，采食量少，产生的热量少，对外界温度的变化非常敏感，因而在育雏的最初几天，供暖尤其重要。

根据育雏温度的高低，分为高温育雏、低温育雏和适温育雏。

(1)高温育雏 高温育雏的温度为 31～33℃。其特点是雏鸭生长迅速，饲料报酬高，但体质较弱，而且房舍保温条件高，成本较大。

(2)低温育雏 低温育雏的温度为 23～25℃。其特点是雏鸭生长较慢，饲料报酬低，但体质强壮，对饲养管理条件要求不高，相对成本较少。

(3)适温育雏 适温育雏的温度为 27～30℃。其特点是温度适宜，雏鸭感到舒服，发育良好且均匀，生长速度也较快，体质健壮。从综合效果看，是最好的一种育雏方法。

(4)适温育雏效果的掌握 由于育雏温度受到地区差异及季节差异的影响，育雏温度是否适宜，应根据雏鸭的表现来调整。温度适宜时，雏鸭活泼好动，均匀散开，饮水适量，采食积极，食后分散卧伏，睡得香甜，没有叫声；温度过低时，雏鸭围聚在热源旁，缩颈耸翅，互相堆挤，并发出“吱吱”的尖叫声；温度过高时，雏鸭远离热源，张口喘气，不断饮水，采食减少。饲养管理人员要学会观察，并根据鸭群的动态，及时采取调整措施，才能养好雏鸭。

此外，白天雏舍的温度可比适温稍低，夜间雏舍的温度可比适温稍高，这对白天增加雏鸭活动量，夜间保持雏鸭的正常休息是有利的。

2. 湿度控制 用于表示湿度的指标有多种，日常管理中用的最多的指标是相对湿度，所谓相对湿度是指空气中水汽的相对含量，用“%”来表示。

0～3 日龄，相对湿度保持在 80%是较为适宜的。

0～3 日龄，相对湿度为 80%，这和雏鸭出孵时孵化机器内湿度接近，可避免雏鸭因呼吸干燥空气而散发体内大量水分，影响机体正常功能。当湿度过低时，由于空气过于干燥，雏鸭易出现饮水过多，食欲减弱，羽毛生长不良，脚胫干瘪，群体生长发育不均，下痢，卵黄吸收不良，不眠，灰尘刺激诱发呼吸道疾病等。当湿度过大时，由于空气过于潮湿，有利于细菌、病毒和寄生虫的滋生繁殖，因此极易导致球虫病、呼吸道病、腹泻和消化不良等疾病的发生。虽然常温下各地湿度基本上都在 50%～70%，但当热源开启后，空气被加热，室内的空气相对湿度随之降低，空气变得干燥，这对鸭群是不利的。因此，在刚孵出的最初几天应注意加湿。

当空气的相对湿度不足时，为了养好雏鸭，就应增加湿度。方法是通过增加饮水器和水盆的数量或适当调整其位置来进行。

3. 密度控制 密度是指每平方米的面积上能饲养雏鸭的只数。它与品种、体型大小和生长速度直接相关，也与饲养方式密切相关。一般来说，密度小，每只鸭的活动范围就大，饲养效果就好。缺点是房舍和设备的利用率低，人工的费用增大，成本提。如果密度大，房舍和设备的利用率高，人工费用降低，成本也会降低，但鸭子的活动受到限制，造成抢食，影响生长发育；空气污浊，卫生条件下降，容易感染各种疾病，并诱发啄羽癖，导致死亡率增高。

饲养密度还与育雏季节有关。冬季和早春气温低，密度可适当大一些；夏季气温高，要降低密度，适当疏散。管理人员要根据具体情况，灵活掌握。

控制密度的关键技术是随着鸭子的逐渐长大，要相应地调整密度。

地面平养时，密度控制在每平方米 20～30 只。

网上平养时，密度控制在每平方米 25～35 只。

4. 光照控制 光对雏鸭的生长有很大的作用。可促进雏鸭采食和机体新陈代谢，促使维生素 D 和色素等的形成，维持骨骼的迅速生长。雏鸭开食后，采食量小，采食速度慢，为了保证雏鸭有足够的采食和饮水时间，晚上适当增加人工光照。

0～3 日龄，采用全天 24 h 光照。光线强度以雏鸭能看见饲料和饮水为宜(每平方米 1～2 W)。有时故意熄灯 0.5 h，目的是为了让雏鸭适应突然停电的影响。

5. 饮水控制　初生雏鸭第 1 次饮水，俗称“开水”；第 1 次喂食称为“开食”。饲养雏鸭要掌握“早饮水、早开食，先饮水、后开食”的原则。在雏鸭开食前最好先饮 0.1%的高锰酸钾水或 5%的葡萄糖水。一般是在出壳毛干后 20 h 左右进行，还要根据季节和雏鸭的健康状况做些调整。雏鸭出壳后，如果经过长途运输，体内水分损耗较多，所以要及时补充水分，以免脱水。

春末至秋初，当气温较低时，如果低于 15℃时，可直接在冷水中加些热水，提高水温。

6. 采食控制

(1)开食时间　过早或过迟开食都不好。开食过早，雏鸭身体软弱，采食活动能力差，达不到开食的目的；开食过迟，不能及时补充鸭所需的营养，使雏鸭体内养分消耗过多，过分疲劳，降低了胃肠的消化吸收功能。通过观察，当有六七成的雏鸭有求食的表现时，就可以开食了。

(2)开食方法　在地上摊开塑料布或草席，布上洒点水，使略带潮湿。然后放出小鸭，饲养员一边轻撒饲料，一边吆呼调教，引诱雏鸭啄食。喂料时要撒得均匀，撒得开。当雏鸭正在采食而需要再次撒料时，要注意向空隙处投料，使雏鸭采食时不拥挤，以免互相践踏，并让体质软弱的雏鸭也有机会吃到饲料。

(3)尽可能让所有的鸭子都吃上料　喂料时，要使每只鸭子都能吃到饲料。但也不能吃得太多，六七成饱就可以了。

(4)少喂多餐和定时定餐　初生的雏鸭，食道尚未形成明显的膨大部，贮存饲料的容积很小，消化器官还没有经过饲料的刺激和锻炼，消化机能不健全，肌胃的肌肉尚不坚实，磨碎饲料的功能很差，所以要少喂多餐。每昼夜喂食 6～7 次，其中白天 4～5 次，夜间 2 次。

(三)4～7 日龄鸭的饲养管理

1. 温度控制　高温育雏的温度为 29～31℃。低温育雏的温度为 20～23℃。适温育雏的温度为 24～27℃。

温度下降的快慢应视雏鸭的体质强弱和育雏季节而定，体质强壮的，下降的快一些；体质较弱时，下降的要慢一些。

2. 湿度控制　4～7 日龄，相对湿度保持在 60%～80%是较为适宜的。此阶段，雏鸭饮水量开始增加，排粪多而湿，呼吸也大大加快，呼出水分增多，因此不需要再考虑加湿的问题，反而要十分注意防止湿度过大，保持舍内干燥，给雏鸭创造一个干净、清洁的生活环境。此时需勤清除粪便，勤换勤添垫料，保持良好的通风，饮水器和水盆上面最好盖有铁丝网，只让雏鸭头颈能通过而不让其他部位进入。

3. 密度控制 饲养密度与 0～3 日龄时基本相同。地面平养时，密度控制在每平方米 20～30 只。网上平养时，密度控制在每平方米 25～35 只。

4. 光照控制 4～7 日龄，每天光照 23 h，在天气晴朗时将门窗适当打开，或将雏鸭逐渐放出室外进行运动，接受阳光照射，增强体质。

5. 饮水控制 气温较低时，特别是当气温低于 15℃时，可直接在冷水中加些热水，提高水温。

6. 采食控制 4～7 日龄的雏鸭，每昼夜喂食 6～7 次，其中白天 4～5 次，夜间 2 次。除中午留出较长的休息时间外，其余各餐的间隔时间大致相等。在此期间，与 0～3 日龄有所不同，一定要让雏鸭吃饱。

7. 管理注意事项 看雏施温，防止扎堆。

温度是育雏早期的第一要素，特别是在 10 日龄之内，准确施温是育雏成功的关键。施温的标准能教条，本书提供的数据可作为参考数据，绝不能生搬硬套。一个合格的饲养者，必须做到看雏施温。本书介绍的高温、低温和适温育雏要灵活掌握。在实际生产中，有时室温已经达到或超过了标准温度，但鸭群仍有扎堆现象。开始时少数鸭子挤叠成一堆，慢慢越堆越大，像个小山包，这时被挤在中间或被压在下面的鸭子想逃出来已不可能，时间稍长，重则窒息死亡，轻则全身湿毛，稍不谨慎，便会受凉感冒致病。发生这种现象，有时是温度低的原因，但也有的不是因为温度低，而是雏鸭习惯性动作造成的。因为雏鸭有互相堆挤的习性，幼小时尤其突出。饲养员对此要特别留心。当雏鸭临睡时和刚睡着后，要多次检查，如发现扎堆现象，要及时分开，过 20 min 后再检查一遍，如仍有扎堆现象发生，还要再分一次，直至鸭睡熟后，方可安心离开。千万不可任其堆压，形成湿毛，俗称“蒸窝”。蒸窝过的鸭子，是很难养好的。有条件的地方，在育雏室内沿墙分隔成很多小格子，当雏鸭吃饱喝足后，把它们关进小格内，每小格关 25～40 只。分格的栏高不低于 30 cm，以免雏鸭从格栏上跳出。

分堆工作的重点是在 10 日龄以内，尤其是 5 日龄以内的小鸭，要特别关注，需把保温和分堆工作结合起来，昼夜有人值班管理。在这个问题上，千万不可大意，否则会造成育雏工作的失败。

（四）2～3 周龄鸭的饲养管理

1. 温度控制 高温育雏的温度为 20～29℃。低温育雏的温度为 16～20℃。适温育雏的温度为 16～24℃。

温度下降的快慢应视雏鸭的体质强弱和育雏季节而定，体质强壮的下降的快一些，体质较弱时，下降的要慢一些。每天下降 0.5～1℃。

2. 湿度控制 相对湿度保持在50%～60%是较为适宜的。

3. 密度控制 第2周龄的饲养密度为：

地面平养时，密度控制在每平方米10～20只。

网上平养时，密度控制在每平方米15～25只。

第3周龄的饲养密度为：

地面平养时，密度控制在每平方米7～10只。

网上平养时，密度控制在每平方米10～15只。

4. 光照控制 从第8天开始，每天减少光照1 h，直至采用自然光照。

5. 饮水控制 饮用水的温度应与室温相同。

6. 采食控制 8～21日龄的雏鸭，每昼夜喂食4～5次，白天喂3次，夜间喂2次或1次。

7. 管理注意事项

(1)防止扎堆 在育雏期间特别是在临睡前，要做好分堆工作。分堆工作从育雏开始，一直要进行至2周龄左右方能结束。

(2)及时分群，保持合适密度 在育雏期间，应根据雏群的大小、强弱等因素，分成若干小群，作为喂食和管理的单位。每群以300～500只为宜。群分好后，要保持相对固定，在一般情况下，不作随意调整，但要每隔1周进行1次微调。微调时只将群中最大、最强者和最小、最弱者捉出，然后强弱分别组合，把强大者合为1群，弱小者合为1群，分别对待，精细饲养。按此法操作，不但成活率高，而且全群生长均匀，雏鸭质量好。

(3)搞好清洁卫生 随着雏鸭日龄逐渐增大，饮水量增加，排泄物增多，环境很容易脏污，且有利于病原微生物的滋生繁殖，导致引发各种疾病。因此鸭舍必须每日定时清扫，勤换垫草，保持圈窝内清洁。垫草要干燥松软，减少疾病的发生。

(4)加强调教 鸭的习性与鸡不同，它的合群性很强，是喜欢集体活动的禽类。而雏鸭阶段是可塑性最好的时期，许多良好的习性和指挥信号，如出圈、入圈、饮水、采食、游水、上滩理毛、暗灯休息等作息指挥信号，都要在雏鸭阶段予以调教，长大以后，不论圈养或放牧，不论小群或大群，管理人员都能指挥若定，管理得井井有序。

(五)4～7周龄鸭的饲养管理

4～7周龄的鸭又称中雏或仔鸭。是鸭子生长发育迅速的时期，对营养需求高，食欲旺盛，采食量大。中雏期的特点，是对外界环境的适应性较强，比较容易管理。

1. 温度控制 由于鸭子的适应能力的增强，鸭舍内通常不用加温，若舍内自然温度与育雏末期的温度要求相差太大(超过 3～5℃),则会引起鸭子感冒或其他疾病的发生,因此,应在开头的几天内适当提高舍内温度。

2. 湿度控制 此阶段,鸭子对湿度的要求比较宽松,湿度的高低对鸭子的生长发育影响不大,因此自然湿度就可以了。较为理想的相对湿度是 50%～60%。

3. 密度控制 第 4～7 周龄的饲养密度为:

地面平养时,密度控制在每平方米 3～4 只。

网上平养时,密度控制在每平方米 5～7 只。

育雏期在网上饲养的鸭子,刚从网上转移到地面饲养时,鸭子的活动范围应进行限制,以防止雏鸭下地后因活动量增大造成喘气、拐腿或瘫痪现象的发生。限制的方法是将鸭子的活动范围用席子圈小些,两三天后再逐渐扩大。

4. 光照控制 采用自然光照。

5. 饮水控制 此阶段的鸭子,由于适宜性增强,饮用室温水就可以了。

鸭在吃食时有饮水洗嘴的习惯,因此,圈内应放置数量足够的水槽或水盆,并保证供给清洁的饮水。

6. 采食控制 此阶段的鸭子,营养水平要求较高,大多数养殖户采用喂商品料的办法进行饲养,因此在选购饲料时,一定要注意选购信誉度高的饲料厂的料。

此阶段喂的料已由雏鸭料改为中雏料,因此,在转入中雏舍的前 3～5 天,逐渐将雏鸭料改换成中雏料,使鸭子逐渐适应新的饲料。防止换料过快,造成鸭子的应激过强,影响生长。

在喂法上,最常用的方法是一昼夜饲喂 4 次,定时定量。有条件的最好喂颗粒料。喂粉料时,用水拌湿,鸭子比较爱吃。

(六)填鸭的饲养管理

1. 填饲前的准备

(1)分群 鸭子转到填鸭舍前,应根据体重和体质进行分群,凡体质强健、发育正常的鸭子可填饲,体弱、病残及个体小的鸭子应予淘汰,以便于收到较好的填饲效果。

(2)备料 填鸭饲料是一种专用饲料,不能用普通料代替。填鸭料可自己配制或购买专用料。如果是购买一定到有信誉的饲料厂购买。

2. 填饲

(1)日龄及体重要求 用于填饲的鸭子,通常在 40～42 日龄,体重达 1.7 kg 以上时就可开始填饲。开填日龄早,饲料报酬较高,开填日龄过晚,饲料转化率降低,经济效益差。但过早地填饲,由于雏鸭发育还不十分健全,消化机能达不到要求,容易造成瘫痪和死亡。

(2)填料方法　填料采用水拌料，水料比为1.2∶1。刚开始填料时，每只每日0.25～0.3 kg，以后逐渐增加到每只每日0.4～0.5 kg，约为鸭体重的1/12。每日填4次，每隔6 h填1次。填料前，要停水30 min，其余时间要供给充足的清洁饮水。夏季填食时，夜间多填，白天少填，对个别食量小和消化不良的鸭要少填或停止填料，以免发生“填鸭病”(即瘫痪或病死)。

3. 光照方法　填鸭白天采用自然光照，夜间黑暗。

4. 通风换气　填鸭具有体型大、代谢强的特点，同时鸭没有汗腺，填鸭的皮下又沉积了大量脂肪，因此在饲养过程中，要特别注意通风换气，舍内要设风机，特别是在高温、高湿的情况下，要引起高度重视。舍外应进行绿化、植树，为填鸭生长创造良好的外部环境，以期获得最佳的经济效益。

5. 其他方面

①由于填鸭排粪多，网床每隔2～3天应打扫1次，鸭舍环境每周消毒1次。

②填鸭体大笨重，赶鸭要慢；道路及运动场要平整，防止摔伤。

③做好疫病防治工作。

第五节　鹅的生产

一、鹅的生活习性

鹅有很多生活习性与鸭相同，如喜水合群、反应灵敏、生活有规律、耐寒等。但还有独特的一些生活习性。鹅是体型较大的草食性水禽，肌胃、盲肠发达，能很好地利用含粗纤维较高的草类饲料，比其他禽类消化粗纤维的能力高45%～50%。因此，鹅能大量食用青绿饲料。鹅有等级群序行为，饲养时应保持鹅群相对稳定，防止打斗而影响生产力的发挥。

鹅听觉灵敏，警惕性高，遇到陌生人或其他动物，就会高声鸣叫或用喙啄击，用翅扑打。

二、雏鹅的饲养管理

0～4周龄的幼鹅称为雏鹅。育雏时，首先要选择雏鹅，讲究饲喂方法，把握住管理要点。

(一)雏鹅的选择

品质好的雏鹅应是正常孵化日期出壳，延迟出壳多为弱雏鹅。正常的雏鹅绒毛光亮，眼睛明亮有神，活泼。用手提起，挣扎有力，叫声响亮。腹部收缩良好，脐部收缩完全，周围无血斑和水肿。雏鹅的绒毛、喙、跖、噗颜色等应具有该品种的特征。泄殖腔周围的绒毛无胎粪粘着的现象。跖和蹼伸展自如无弯曲。

（二）饲喂方法

雏鹅出壳后 12～24 h 以内便饮水和开食，第一次饮水称“潮口”。饮水方法与鸭相同。开食饲料一般是用水浸过的碎米，将碎米撒在塑料布上任雏鹅自由啄食，然后可再喂少量切成细丝状的青菜叶，第一次喂食不宜太饱。雏鹅开食后便可正常饲喂（表 4-4，表 4-5）。

表 4-4 每 100 只鸭的日饲料消耗量 kg

	周龄			
	1	2	3	4
精料	2～4	9～11	12～14	15～17
青料	4～6	15～17	19～21	24～26

表 4-5 0～4 周龄雏鹅饲喂次数

	周龄			
	1	2	3	4
每日总次数	6～8	6～7	5～6	4～5
夜间次数	2～3	2～3	1～2	1

雏鹅日粮中一般混合精料占 30%～40%，青料占 60%～70%。夜间喂料可促进生长发育，增重较快。喂料时应采用每餐定时，少给勤添。喂料时间注意供给充足饮水，帮助消化。1 周龄以后可开始适当放牧、放水，气温低时可延迟到 2 周后进行。开始放牧时间不宜太长，距离不要太远。雏鹅放牧可促进新陈代谢，增强体质，提高抗病力和适应性。

（三）雏鹅的管理要点

1. 保温 适宜温度可促进初生雏鹅的生长发育和提高成活率（表 4-6）。雏鹅保温是管理的重点。

表 4-6 雏鹅的育雏温度

周龄	1	2	3	4
温度（℃）	27～28	25～26	22～24	19～21

育雏保温的方法常用的有 2 种，一种是供温育雏，适用于气温较低或大群育雏。一种是自温育雏，适用于气温较高或养鹅数量较少时。供温育雏采用电热保姆伞、红外线灯泡或煤炉加热保温等。自温育雏需注意加厚垫料，垫料可采用稻

草、木屑为材料。育雏温度是否合适，可通过雏鹅的表现及食欲情况来断定。温度适宜时，雏鹅食欲旺盛，饮水正常，雏鹅分布均匀，安静无声，睡眠时间长；温度低时，雏鹅集中成堆，挤成一团，不时发出尖叫声，不食不饮；温度过高，张口喘气，行动不安，饮水增多，采食量减少，不睡。雏鹅一般保温 2～3 周，脱温时应注意天气变化情况，做到逐渐脱温。

2. 防湿 潮湿会影响雏鹅的生长发育，引起疾病的发生，在春季要特别注意。育雏鹅舍内适宜的相对湿度为 60%～70%。垫料应经常更换，喂水用具固定放置并防止水外溢，注意通风换气。

3. 分群与防止打堆 20 日龄雏鹅喜欢聚集成群，特别是低温条件下更是如此，易出现压伤、压死现象，饲养员应注意及时赶堆分散。雏鹅阶段一般每群以 100～120 只为宜。分群时，要注意密度，一般雏鹅的饲养密度每平方米为：1～10 日龄 20～24 只，11～20 日龄 15～18 只，20 日龄以上 5～10 只。

4. 卫生防疫 加强鹅舍的卫生和环境消毒工作。要经常打扫卫生，勤换垫料。用具及周围环境保持清洁卫生，经常进行消毒。按时进行雏鹅的免疫接种和做好疾病的防治。

三、肉用仔鹅的饲养管理

饲养 90 日龄作为商品肉鹅出售的称肉用仔鹅。肉用仔鹅对环境的适应性很强，抗病力也增强。消化道容量增大，可采食大量的饲料，生长迅速，是长肌肉、长骨骼和长羽毛的阶段。肉用仔鹅可以放牧饲养，放牧时应进行补饲，饲养管理目标就是要达到育肥效果。

(一)放牧饲养

30 日龄后可采用全天放牧，并尽量早出晚归，但严冬或盛夏则要掌握一定的原则，天冷时晚出早归，天热时早出晚归，中午防止烈日曝晒。放牧场地应选择有丰富优质的鹅喜欢采食的牧草，牧场附近应有小河或池塘，给鹅有清洁饮水和洗浴清洁羽毛的水源，还有遮阴的树林或搭临时遮阴棚。放牧群一般以 250～300 只为宜，如放牧地开阔，牧草充足，可增到 500 只左右一群。放牧以固定相应的信号，使鹅群对出牧、休息、缓行、归牧建立条件反射，便于放牧管理

(二)放牧鹅的补饲

放牧鹅如能吃到丰富的牧草或收割的遗谷，一般可不补饲或少补饲，但牧地牧草较少，又不是在谷、麦收获季节，放牧的鹅群应进行补饲。补饲饲料包括精料和青料。每天补喂的饲料量及饲喂次数主要根据品种、日龄和放牧情况而定。精

料可按 50 日龄以下每天补饲 100～150 g，每昼夜喂 3～4 次；50 日龄以上 150～300 g，每昼夜喂 1～2 次。精料一般在放牧前和归牧后补饲。

（三）肉用仔鹅的育肥

肉用仔鹅的育肥方法有放牧育肥、舍饲育肥和填饲育肥 3 种方法。

1. 放牧育肥 利用稻田或麦收割后遗落的谷粒进行放牧，给以适当的补饲，一般育肥期 2～3 周。采用这种方法可节省饲料，但必须充分掌握当地农作物的收割季节，计划育雏。具体方法见肉用仔鹅的放牧饲养。

2. 舍饲育肥 又称关棚饲养，采用专用鹅舍，仔鹅 60～70 日龄时全部人工喂料，饲料以全价配合饲料或以玉米加蛋白质饲料为主，补以青绿饲料。每昼夜喂 3～4 次，采用自由采食，每次喂足后放鹅下水活动片刻。每平方米饲养 4～6 只，育肥期一般 3 周左右。舍饲育肥肉用仔鹅生长速度较快，但饲养成本较高。

3. 填饲育肥 又称强制育肥，分人工填饲和机器填饲两种。鹅经过 3 周左右时间人工强制填饲营养丰富的配合饲料，鹅生长迅速，增重快效果好，但饲养成本高，需要一定的人工和物力。

四、肥肝生产技术

鹅肥肝是一种新型的水禽产品。用 3 月龄左右，生长发育良好的肉用鹅，在短期内用高能量饲料进行人工强制填饲后所生产的特大脂肪肝称鹅肥肝。一般鹅肝重 60～100 g，但鹅肥肝可重达 500～900 g，大者可达 1 800 g。鹅肥肝脂肪含量接近 60%，蛋白质 4%，糖分含量很少，其肝质地细嫩，口味鲜美，还有一种独特的香味，鹅肥肝是一种高档的营养食品。要选择适宜的生产鹅，做好预饲期饲养管理，填饲肥肝鹅，抓好填饲期一般饲养管理。

（一）肥肝生产鹅的选择。

为了保证鹅肥肝的重量和质量，通常选择体型越大的鹅品种越好，肥肝平均重越大，如我国的狮头鹅、法国的朗德鹅是较理想的品种。但由于大型鹅产蛋少，为了提高鹅肥肝的生产潜力，可采用大型鹅品种作父本，用产蛋多的小型鹅品种作母本，然后利用杂种一代来生产肥肝，这样经济效益高。因为种母鹅提供了较多的雏鹅，杂种鹅生长发育快，适应性增强而有利于肥肝的生产。公鹅填饲效果比母鹅好。特别是 80 日龄的青年公鹅，经填饲后生产的肥肝最大，质量也最好。

（二）肥肝鹅预饲期的饲养管理

肉用仔鹅通过选择，经过驱虫和预防接种后，转入预饲期的饲养。预饲期一般为 3 周，通过预饲期喂给高能量饲料，促进生长发育，使鹅群迅速增加体重。

1. 预饲期的饲养 预饲期阶段的饲料：含碳水化合物丰富的黄玉米、碎米占70%～80%，豆饼或花生饼占25%～30%，有条件的地方可加入0.3%的蛋氨酸。每天早、中、晚3次定时饲喂，自由采食，每只采食量在200～240 g。在这期间，要特别保证青饲料的喂给，使鹅群大量摄食青饲料，让其消化道膨大、柔软，以便于下一阶段的填饲。同时还要注意饮水和沙砾的整日供应，以促进消化。

2. 预饲期的管理 预饲期以舍饲为主，逐步减少外出活动和下水时间，上、下午各1次，预饲期结束前3天停止放牧，使鹅群慢慢习惯于填饲阶段的圈养。在这期间，鹅舍应经常清扫与消毒，通风干燥。鹅群按品种、公母分圈饲养，每圈鹅数不超过20只为宜。一般每平方米的圈舍面积饲养2只鹅。鹅舍采用暗光线，保持安静，避免一切应激因素，为填饲创造良好的环境条件。

（三）肥肝鹅的填饲

1. 填饲的饲料及填饲量 黄玉米是生产鹅肥肝的最好饲料，用黄玉米作填饲料，生产的肥肝大且色泽较深，因此价格贵。粒状玉米用文火炒成八成熟，填饲前用温水浸泡1～1.5 h，随后沥去水，加入0.5%～1%的食盐，还可加入1%～2%猪油，将饲料拌匀即可。大型鹅填饲量为850～1 000 g，中型鹅700～940 g，小型鹅550～650 g。填饲量由少逐渐增多，日填饲次数一般为3～4次。

2. 填饲期 肥肝鹅的填饲时间一般为3～4周，大中型鹅为4周，小型鹅为3周，具体还要根据鹅的实际增重和外形表现来确定。填饲期结束即可屠宰取脏。

3. 填饲操作 有手工填饲和机器填饲两种。机器填饲方法同鸭。手工填饲方法：用左手握住鹅头，双膝夹紧鹅体，左手的拇指和食指将鹅嘴撑开，右手将事先准备好的食团填入鹅的食道内。开始时，每次填3～5个食团，每天3次，以后逐步增加食团数和填饲数量。填饲时动作要快，但需防止将饲料塞入鹅的气管内。人工填饲只适用于小群肥肝鹅的饲养，大群饲养应采用机器填饲。

（四）肥肝鹅填饲期的一般管理

肥肝鹅在填饲期主要采取舍饲，不设运动场和水池，不让填饲鹅运动和下水，以尽量减少其能量消耗。填饲期内保证充足饮水。鹅舍要求冬暖夏凉，清洁干燥，环境安静，光线宜稍暗。到填饲后期，鹅体重增大和肥肝的形成，抓鹅时要轻提轻放，防止挤伤或惊吓。

五、种鹅的饲养管理

种鹅的饲养主要是掌握种鹅的特点及产蛋规律，在此基础上做好后备种鹅和种鹅在开产前、产蛋期、休产期的饲养管理。

(一)种鹅的特点及产蛋规律

1.种鹅的特点 种鹅的行动迟缓,放牧时应选择路地面平坦的草地,不宜强赶或急赶。鹅的自然交配在水上进行,种鹅应每天定时有规律的下水3～4次,以保证种蛋的受精率。母鹅有择窝产蛋的习惯,应让母鹅在固定的地方产蛋。母鹅有就巢行为,就巢时及时隔离,采取积极措施,促使其醒抱。

2.种鹅的产蛋规律 鹅性成熟迟,开产时间一般在6～8月龄。大型鹅开产较迟,小型鹅开产早。鹅产蛋较少,年产蛋量仅为30～100枚,小型鹅产蛋较多,有的品种鹅全年分2～3期产蛋,每产7～14枚蛋即就巢孵化。蛋重一般为130～200 g,鹅的产蛋量随年龄增加,第二年比第一年增加15%～20%,第三年比第二年增加30%～45%。母鹅一般利用4～5年,优秀的利用7～8年。母鹅产蛋时间多数在清晨4时到上午9时。

(二)后备种鹅的饲养管理

从80日龄起至产蛋配种前的鹅称后备种鹅。

1.选留后备种鹅 为了保证种鹅有较高的产蛋量及良好的品质,对后备种鹅应进行严格的选择。选择要进行2次,第一次在80日龄时,选择体型大,符合品种特征,羽毛生长快,健康无病,无生理缺陷的个体。公母比例可按:大型鹅1∶2;中型鹅1∶(3～4);小型鹅1∶(4～5)。第二次选择在开产前,选择公鹅的标准是:体型大,体质健壮,胸宽背长,腿粗且有力。母鹅的标准是:体型结构匀称,颈细清秀,臀部宽广而丰满,两腿结实。公母配种比例为:大型鹅1∶(3～4);中型鹅1∶(4～5);小型鹅1∶(6～7)。

2.后备种鹅的限制饲养 后备种鹅体重过大过肥,不仅以后产蛋量下降,而且蛋的品质也会受到影响。对种鹅进行限制饲养,可控制体重和性成熟期,防止过早开产,并培养种鹅耐粗饲的性能。限制饲养时间70天左右,即80～150日龄,在这期间,精料逐渐减少,由精向粗过渡,120日龄后转入粗饲阶段,喂米糠、酒糟等饲料。母鹅的日平均饲料量比生长阶段减少50%～60%。补料次数由多变少,直到每日喂2次。尽量延长放牧时间,如有草质良好的牧场,可不喂或少喂饲料。

(三)开产前的饲养管理

开产前一个月开始补饲精料,逐步增加喂量,每天每只90～180 g,日喂2～3次,注意定时饲喂,使鹅群体质恢复,增加体重,在体内积累一定的营养。此间公母分开饲养,公鹅提早补饲精料,使其在母鹅开产前有充沛的精力和体质,以提高种蛋的受精率。在繁殖季节开始前2～3周组群,公母搭配。保证充足饮水,放牧应早出晚归。

(四)产蛋期的饲养管理

产蛋期的母鹅以舍饲为主,放牧为辅,放牧晚出早归。放牧前检查鹅群,观察产蛋情况,有蛋者应留在舍内产蛋。舍饲饲料采用配合饲料。精料每天喂量:大型鹅为 150～180 g,中型鹅为 120～150 g,小型鹅为 100～120 g,分 3～4 次喂给,同时每天保证青饲料的供应,青料可不定量,牧地青草丰富可少加青料,日粮中注意加适量贝壳粉。

为了提高种鹅的产蛋量和种蛋受精率,应做好以下管理工作:种鹅的公母配比以 1∶(3～5)为合适,大型鹅配比应低些,小型鹅可高些,冬季配比应低些,春季可高些。鹅的自然交配在水中进行,每日早晨鹅群出栏后,让其在清洁水域中嬉水、交配,然后再采食放牧,牧地选择近水处,放牧 2～3 h 后,应赶鹅群下水自由交配,需建立规律,鹅群每天下水 3～4 次。产蛋鹅每天光照时间应以 16 h 为好,如光照时间不足,每天补充人工光照 2～3 h。冬季做好防寒保暖工作。充分准备产蛋箱或产蛋窝,让母鹅在固定的地方产蛋。发现就巢母鹅要采取隔离、停料、供水,经 2～3 天后,可促使其醒巢。

(五)休产期的饲养管理

种鹅每年产蛋时间只有 5～6 个月,一般是当年的 10 月份到第二年的 3～4 月份,以后就自行停产。停产种鹅的日粮应由精到粗,转入放牧为主并逐步停止补饲。目的是促进母鹅消耗体内脂肪,促使羽毛干枯,容易脱落而迅速换羽,降低饲养成本。此期的喂料次数逐渐减少到每天喂 1 次或 2 天喂 1 次,然后改为 3～4 天喂 1 次,饲料由青粗料组成。每天延长放牧时间。

在停产时间内对鹅群进行一次淘汰选择,并按比例补充新的后备种鹅。母鹅可利用年限一般 4～5 年,在这些年限中的鹅尽量少淘汰,但对病、残、产蛋极少的应及时选出淘汰。种鹅应按一定的年龄比例组群,以提高种鹅的利用率和保证产蛋率,1 岁鹅占 30%～40%,2 岁鹅占 25%,3～4 岁鹅占 15%～20%,5 岁鹅占 5%～10%。新组成的鹅群必须按公母比例同时换放公鹅。休产期的鹅可进行人工强制换羽。具体方法如下:停料 2～3 天,只提供少量青绿饲料,停止人工光照,但保证饮水;第 4 天开始喂适量青粗饲料;经过 10～12 天,鹅体重减轻,主翼羽和主尾羽出现干枯现象,即可逐根拔除,先拔主翼羽,再拔副翼羽,最后拔掉尾羽。拔羽后的鹅群应圈在运动场内喂料、喂水和休息,不能下水,拔羽后第 2 天就可以放牧下水。拔羽后除加强放牧外,还应根据羽毛生长情况适当补料。人工强制换羽可比自然换羽的母鹅早 20～30 天产蛋。

参 考 文 献

[1] 杨公社. 猪生产学. 北京：中国农业出版社. 2002.

[2] 加拿大阿尔伯特农业局畜牧处. 养猪生产. 北京：中国农业出版社. 2006.

[3] 杨宁. 家禽生产学. 北京：中国农业出版社. 2002.

[4] 邱怀. 牛生产学. 北京：中国农业出版社. 1995.

[5] 赵有璋. 羊生产学. 北京：中国农业出版社. 2002.

图书在版编目(CIP)数据

畜禽养殖/李玉冰主编.—北京:中国农业大学出版社,2009.9
建设新农村培养新农民系列丛书
一产农民"技能+基础"专用教材
ISBN 978-7-81117-872-2

Ⅰ.畜…　Ⅱ.李…　Ⅲ.畜禽-饲养管理　Ⅳ.S815

中国版本图书馆 CIP 数据核字(2009)第 162194 号

书　名　畜禽养殖
作　者　李玉冰　主编

策划编辑　董夫才　赵　中　　**责任编辑**　冯雪梅
封面设计　郑　川　　**责任校对**　陈　莹　王晓凤
出版发行　中国农业大学出版社
社　址　北京市海淀区圆明园西路 2 号　　**邮政编码**　100193
电　话　发行部 010-62818525,8625　　读者服务部 010-62732336
编辑部 010-62732617,2618　　出　版　部 010-62733440
网　址　http://www.cau.edu.cn/caup　　**e-mail**　cbsszs@cau.edu.cn
经　销　新华书店
印　刷　北京时代华都印刷有限公司
版　次　2009 年 10 月第 1 版　　2014 年 8 月第 11 次印刷
规　格　787×980　16 开本　13.75 印张　248 千字
定　价　20.00 元